高职高专"十二五"规划教材

焊接技能实训

主　编　任晓光　安才　刘丹
副主编　韩雪　王洋　李明杰

北　京
冶金工业出版社
2015

内 容 提 要

　　本书主要介绍了目前焊接生产中各种常用焊接方法的操作理论和实践。内容包括：焊条电弧焊板-板、板-管、管-管之间焊接的理论知识和操作要领；气割、等离子弧切割基本理论知识和操作要领；手工钨极氩弧焊板-板、管-管之间焊接的理论知识和操作要领；二氧化碳气体保护电弧焊板-板、管-管之间焊接的理论知识和操作要领；埋弧焊板-板对接直缝、管-管对接环缝、角焊缝的理论知识和操作要领；焊接工艺图。另外本书注重综合素质及自学能力的培养，每一部分都有详细的考核标准和细则；内容由浅入深、循序渐进，实用性很强。

　　本书既可作为职业院校焊接技术及自动化专业的教材，也可作为焊接技术培训单位的培训资料，还可供相关企业、科研院所焊接技术人员参考。

图书在版编目(CIP)数据

　　焊接技能实训/任晓光，安才，刘丹主编．—北京：冶金工业出版社，2015.7
　　高职高专"十二五"规划教材
　　ISBN 978-7-5024-6945-0

　　Ⅰ.①焊… Ⅱ.①任… ②安… ③刘… Ⅲ.①焊接—高等职业教育—教材 Ⅳ.①TG4

　　中国版本图书馆 CIP 数据核字(2015)第 149911 号

出 版 人　谭学余
地　　　址　北京市东城区嵩祝院北巷39号　邮编　100009　电话　(010)64027926
网　　　址　www.cnmip.com.cn　电子信箱　yjcbs@cnmip.com.cn
责任编辑　贾怡雯　美术编辑　杨　帆　版式设计　葛新霞
责任校对　李　娜　责任印制　牛晓波
ISBN 978-7-5024-6945-0
冶金工业出版社出版发行；各地新华书店经销；固安华明印业有限公司印刷
2015 年 7 月第 1 版，2015 年 7 月第 1 次印刷
787mm×1092mm　1/16；17 印张；411 千字；262 页
39.00 元

冶金工业出版社　投稿电话　(010)64027932　投稿信箱　tougao@cnmip.com.cn
冶金工业出版社营销中心　电话　(010)64044283　传真　(010)64027893
冶金书店　地址　北京市东四西大街 46 号(100010)　电话　(010)65289081(兼传真)
冶金工业出版社天猫旗舰店　yjgycbs.tmall.com
　　　　　　　　(本书如有印装质量问题，本社营销中心负责退换)

前　言

　　焊接技术是一种将材料永久连接的制造技术。据发达国家统计，世界钢产量的 60% 用于焊接加工。绝大多数的金属产品，从不足 1 克的微电子元件到几十万吨巨轮，在生产制造中都不同程度地应用到焊接技术，因此焊接技术是国民经济生产中一门重要的核心技术。本书以焊接生产岗位职业标准为依据，参照国家职业技能鉴定标准中应知应会的内容和要求，结合相关企业职工队伍素质和企业整体素质的建设需求编写而成，对焊接从业人员掌握焊接操作技能有着重要的指导作用。

　　本书由辽宁机电职业技术学院任晓光、安才、刘丹担任主编，韩雪、王洋、李明杰担任副主编。其中，绪论、第 1 章、第 3 章由任晓光、安才、刘丹共同编写，第 2 章、第 5 章由韩雪编写，第 4 章由李明杰编写，第 6 章由任晓光编写，第 7 章由王洋编写。

　　本书在编写过程中参阅了部分高校同类教材内容及相关专业资料，在此一并表示衷心感谢！

　　由于编者经验及知识水平有限，书中难免有疏漏和不足之处，诚请读者批评指正！

编　者

2015 年 5 月

目　录

0 绪　论

0.1　焊接技术概述

0.1.1　焊接及其在现代工业中的地位

0.1.1.1　焊接及其本质

焊接是指通过加热、加压，或两者并用，并且用填充材料（有时也可不用），使焊件达到原子结合状态的一种方法。被结合的两个物体可以是各种同类或不同类的金属、非金属（石墨、陶瓷、塑料等），也可以是一种金属与一种非金属。但是，目前工业中应用最普遍的还是金属之间的结合。

金属等固体之所以能保持固定的形状是因为其内部原子间距（晶格距离）十分小，原子之间形成了牢固的结合力。要把两个分离的金属焊件连接在一起，从物理本质上来看就是要使这两个焊件连接表面上的原子拉近到金属晶格距离，即 $0.3 \sim 0.5$ nm（$3 \sim 5$Å）。然而，在一般情况下材料表面总是不平整的，即使经过精密磨削加工，其表面平面度仍比晶格距离大得多（约几十微米）；另外，金属表面总难免存在着氧化膜和其他污物，阻碍着两分离焊件表面原子间的接近。因此，焊接过程的本质就是通过适当的物理化学过程克服这两个困难，使两个分离焊件表面的原子接近到晶格距离而形成结合力。这些物理化学过程，归结起来不外乎是用各种能量加热和用各种方法加压两类。

0.1.1.2　焊接在现代工业中的地位

在现代工业中，金属是不可缺少的重要材料。高速行驶的汽车、火车、载重万吨至几十万吨的轮船、耐腐耐压的化工设备以至宇宙飞行器等都离不开金属材料。在这些工业产品的制造过程中，需要把各种各样加工好的零件按设计要求连接起来制成产品，焊接就是将这些零件连接起来的一种加工方法。

在工业生产中采用的连接方法主要有可拆连接和不可拆连接两大类。螺钉、键、销钉等连接方式属于可拆连接，它们通常不用于制造金属结构，而是用于零件的装配和定位工作。不可拆连接有铆接、焊接和粘接等几种方式，它们通常用于金属结构或零件的制造。其中铆接应用较早，但它工序复杂、结构笨重、材料消耗也较大，因此，现代工业中已逐步被焊接所取代。黏接虽然工艺简单，而且在黏接过程中对被黏材料的组织和性能不产生任何不良影响，但是其接头强度一般较低。相反，焊接方法不但易于保证焊接结构等强度的要求，而且相对来说工艺比较简单，加工成本也比较低廉，所以焊接方法得到了广泛应用和飞速发展。据不完全统计，目前全世界年产量45%的钢和大量有色金属，都是通过焊接加工形成产品的。特别是焊接技术发展到今天，几乎所有部门（如机械制造、石油化工、交通能源、冶金、电子、航空航天等）都离不开焊接技术。因此可以这样说，焊接技术的发展水平是衡量一个国家科学技术先进程度的重要标志之一，没有现代焊接技术的发展，就不会有现代工业和科学技术的今天。

工业生产的快速发展，对焊接技术提出了多种多样的要求。如对焊接产品的使用方面，提出了动载、强朝、高压、高温、低温和耐蚀等项要求；从焊接产品结构形式上，提出了焊接厚壁零件到精密零件的要求；从焊接材料的选择上，提出了焊接各种黑色金属和有色金属的要求。具体地说，在造船和海洋开发中要求解决大面积拼板以及大型立体框架结构的自动焊及各种低合金高强度钢的焊接问题；在石油化学工业的发展中，要求解决耐高温、低温以及耐各种腐蚀性介质的压力容器制造问题；在航空工业及空间开发中，要求解决大量铝、钛等轻合金结构的制造问题；在重型机械工业中，要求解决大截面构件的焊接问题；在电子及精密仪表工业中，则要求解决微型精密零件的焊接问题。总之，工业生产的发展对焊接技术提出了高要求，科学技术的发展又为焊接技术的进步开拓了新的途径。为适应我国现代化建设的需要，相信焊接技术必将得到更迅速的发展，并在工业生产中发挥出更重要的作用。

0.1.2　焊接方法分类

目前，在工业生产中应用的焊接方法已达百余种。根据它们的焊接过程特点可将其分为熔焊、压焊、钎焊三大类，每大类又可按不同的方法细分为若干小类，如图 0-1 所示。

0.1.2.1　熔焊

将待焊处的母材金属熔化以形成焊缝的焊接方法称为熔焊。实现熔焊的关键是要有一个能量集中、温度足够高的局部热源。若温度不够高，则无法使材料熔化；而能量集中程度不够，则会加大热作用区的范围，徒增加能量损耗。按所使用热源的不同，熔焊可分为以下一些基本方法：电弧焊（以气体导电时产生的电弧热为热源，以电极是否熔化为特征分为熔化极电弧焊和非熔化极电弧焊两类）、气焊（以乙炔或其他可燃气体在氧中燃烧的火焰为热源）、铝热焊（以铝热剂放热反应产生的热量为热源）、电渣焊（以熔渣导电时产生的电阻热为热源）、电子束焊（以高速运动的电子流撞击焊件表面产生的热为热源）、激光焊（以激光束照射到焊件表面而产生的热为热源）等若干种。

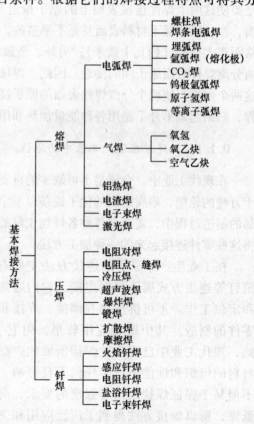

图 0-1　焊接方法的分类

0.1.2.2　压焊

焊接过程中，必须对焊件施加压力（加热或不加热）以完成焊接的方法称为压焊。为了降低加压时材料的变形抗力，增加材料的塑性，压焊时在加压的同时常常伴随加热措施。

按所施加焊接能量的不同，压焊的基本方法分为电阻焊（包括点焊、缝焊、凸焊、对焊）、摩擦焊、超声波焊、扩散焊、冷压焊、爆炸焊和锻焊等。

0.1.2.3　钎焊

采用比母材熔点低的金属材料作钎料，将焊件和钎料加热到高于钎料熔点，低于母材熔化温度，利用液态钎料润湿母材，填充接头间隙并与母材相互扩散实现连接焊件的焊接方法称为钎焊。钎焊时，通常要清除焊件表面污物，增加钎料的润湿性，这就需要采用钎剂。

钎焊时也必须加热熔化钎料（但焊件不熔化）。按热源的不同可分为火焰钎焊（以乙炔在氧中燃烧的火焰为热源）、感应钎焊（以高频感应电流流过焊件产生的电阻热为热源）、电阻钎焊（以电阻辐射热为热源）、盐浴钎焊（以高温盐溶液为热源）和电子束钎焊等。也可按钎料的熔点不同分为硬钎焊（熔点450℃以上）和软钎焊（熔点在450℃以下）两类。钎焊时通常要进行保护，如抽真空、通保护气体和使用钎剂等。

0.1.3　焊接接头、焊接位置及坡口形式

0.1.3.1　焊接接头

由焊缝、熔合区、热影响区组成的整体称为焊接接头，焊件在热能的作用下熔化形成熔池，热源离开熔池后，熔化金属（熔池里的母材金属和填充金属）冷却并结晶，与母材连成一体，即形成焊接接头，如图0-2所示。

焊接接头常用的基本形式有对接接头、搭接接头、角接接头和T形接头四种，如图0-3所示。

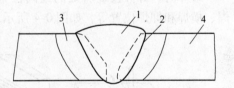

图0-2　焊接接头
1—焊缝区；2—熔合区；3—热影响区；4—母材

A　对接接头

两焊件端面相对平行的接头称为对接接头。对接接头在各种焊接结构中应用非常广泛，是一种较为理想的接头形式，对接接头能够承受较大的载荷。

B　搭接接头

两焊件重叠构成的接头称为搭接接头。搭接接头一般用于厚为12mm以下的钢板，其重叠部分为板厚的3~5倍，采用双面焊接。搭接接头的应力分布不均匀，承载能力较低，但由于搭接接头焊前准备和装配工作较对接接头简单，其横向收缩量也比对接接头的小，所以得到了一定程度的应用。

C　角接接头

两焊件端面间构成30°~135°夹角的接头，称为角接接头。角接接头的焊缝承载能力

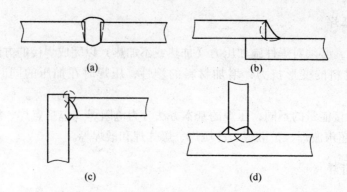

图 0-3 焊接接头的基本形式

（a）对接接头；（b）搭接接头；（c）角接接头；（d）T形接头

很差，一般用于不重要的焊接结构或箱形构件上。一般情况下，角接接头较少开坡口。

D T形接头

一焊件的端面与另一焊件的表面构成直角或近似直角的接头，称为T形接头。这种接头的用途仅次于对接接头，特别在船体中约70%的接头是这种形式。

T形接头一般用作联系焊缝，钢板厚度在2～30mm时，不开坡口，若焊缝要求承受载荷，可开成单边V形、带钝边双单边V形或带钝边双J形等坡口形式，使接头焊透，以提高接头强度。

0.1.3.2 焊接位置

熔焊时，焊件接缝所处的空间位置，可用焊缝倾角和焊缝转角来表示。有平焊、立焊、横焊和仰焊位置等，如图0-4所示。

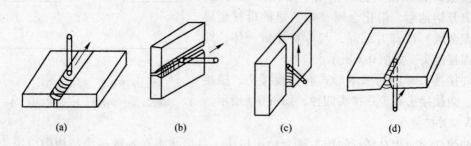

图 0-4 对接的焊接位置

（a）平焊；（b）横焊；（c）立焊；（d）仰焊

A 平焊位置

焊缝倾角为0°、焊缝转角为90°的焊接位置称为平焊位置，如图0-4（a）所示。在平焊位置进行的焊接称为平焊。

B 横焊位置

焊缝倾角为0°、180°，焊缝转角为0°、180°的对接位置称为横焊位置，如图0-4（b）

所示。在横焊位置上进行的焊接称为横焊。

　　C　立焊位置

焊缝倾角为90°（立向上）、270°（立向下）的焊接位置称为立焊位置，如图0-4(c)所示。在立焊位置上进行的焊接称为立焊。

　　D　仰焊位置

对接焊缝倾角为0°、180°，转角为270°的焊接位置称为仰焊位置，如图0-4(d)所示。在仰焊位置上进行的焊接称为仰焊。

0.1.3.3　坡口形式

　　根据设计或工艺需要，在焊件的待焊部位加工并装配成一定几何形状的沟槽称为坡口。焊接接头常见的坡口基本形式主要有I形、V形、X形和U形，如图0-5所示。

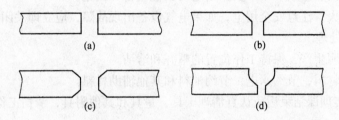

图0-5　对接接头坡口的基本形式
(a)I形坡口；(b)V形坡口；(c)X形坡口；(d)带钝边U形坡口

　　A　I形坡口

I形坡口用于较薄钢板的对接焊接。采用焊条电弧焊或气体保护焊，焊接厚度在5～6mm以下的钢板可以开成I形坡口。

　　B　V形坡口

V形坡口形状简单，加工方便，是最常用的坡口形式。厚度为12mm以下可以考虑采用单面焊双面成形的方法，单面焊接时应采取反变形措施防止焊接变形。厚度为12mm以上一般可考虑开单面V形坡口，双面焊接，但是背面施焊前应气刨清根。

　　C　X形坡口

X形坡口常用于12～60mm厚钢板的焊接。它与V形坡口相比，在厚度相同的情况下，焊缝金属量可以减少约1/2。由于采用双面焊，焊后的残余变形较小。

　　D　U形坡口

U形坡口用于厚板焊接。对于大厚度钢板，当焊件厚度相同时，U形坡口的焊缝填充金属要比V形、X形坡口少得多，而且焊缝变形也小。但是U形坡口加工困难，一般用于重要的焊接结构。

　　以上四种坡口只是基本的坡口形式，实际中可根据其具体结构确定。如用于平焊的有带钝边的V形坡口和不带钝边的V形坡口、单边钝边V形坡口和单边U形坡口；用于T形接头的单边V形坡口、K形坡口、双U形坡口；用于角接接头的单边V形坡口、K形坡口等。

0.2　焊接安全知识

0.2.1　焊接实训安全规程

0.2.1.1　文明生产守则

文明生产守则包括：

（1）上、下课有秩序地进出生产实训场地。

（2）上课前穿好工作服，穿胶底鞋入场地，准备好实训用相关护具。

（3）不准穿背心、拖鞋和戴围巾进入生产实训场地。

（4）在实训课上要团结互助，遵守纪律，不准随便离开生产实训场地。

（5）在实训中要严格遵守安全操作规程，避免出现人身和设备事故。

（6）爱护工具、量具和生产实训场地的其他设备、设施。

（7）注意防火，注意安全用电，如果电气设备出现故障，应立即关闭电源，报告实训教师，不得擅自处理。

（8）搞好文明生产，保持工作位置的整齐和清洁。

（9）节约原材料，节约水电，节约油料和其他辅助材料。

（10）生产实训课结束后应认真清理工具、量具和其他附具，清扫工作地，关闭电源。

0.2.1.2　电焊工安全操作规程

电焊工安全操作规程包括：

（1）工作前应认真检查工具、设备是否完好，焊机的外壳是否可靠地接地。焊机的修理应由电气保养人员进行，其他人员不得拆修。

（2）工作前应认真检查工作环境，确认为正常方可开始工作，施工前穿戴好劳动保护用品，戴好安全帽。高空作业要戴好安全带。敲焊渣、磨砂轮戴好平光眼镜。

（3）接拆电焊机电源线或电焊机发生故障，应会同电工一起进行修理，严防触电事故。

（4）接地线要牢靠安全，不准用脚手架，钢丝缆绳、机床等作接地线。

（5）在靠近易燃物品的地方焊接，要有严格的防火措施，必要时须经安全员同意方可工作。焊接完毕应认真检查确无火源，才能离开工作场地。

（6）焊接密封容器、管子应先开好放气孔。修补已装过油的容器，应清洗干净，打开入孔盖或放气孔，才能进行焊接。

（7）在已使用过的罐体上进行焊接作业时，必须查明是否有易燃、易爆气体或物料，严禁在未查明之前动火焊接。焊钳、电焊线应经常检查、保养，发现有损坏应及时修好或更换，焊接过程发现短路现象应先关好焊机，再寻找短路原因，防止焊机烧坏。

（8）焊接吊码、加强脚手架和重要结构应有足够的强度，并敲去焊渣认真检查是否安全、可靠。

（9）在容器内焊接，应注意通风，把有害烟尘排出，以防中毒。在狭小容器内焊接应有2人，以防触电等事故。

（10）容器内油漆未干，有可燃体散发不准施焊。

（11）工作完毕必须断掉龙头线接头，检查现场，灭绝火种，切断电源。

0.2.2 安全用电常识

焊接过程中，如果操作不当，所有用电的焊工都有触电的危险，因此必须懂得安全用电常识。

0.2.2.1 电流对人体的危害

电对人体有三种类型的危害，即电击、电伤和电磁场生理伤害。

A 造成触电的因素

a 流经人体的电流

电流引起人的心室颤动是电击致死的主要原因。电流越大，引起心室颤动所需时间越短，致命危险越大。能使人感觉到的电流，交流约1mA，直流约5mA；交流5mA能引起轻度痉挛；人触电后自己能摆脱的电流，交流约10mA，直流约50mA；交流达到50mA时在较短的时间就能危及人的生命。

根据人能触及的电压，可将触电分成两种情况：

（1）单相触电。当人站在地上或其他导体上时，身体其他部位碰到一根火线引起的触电事故称为单相触电，此时碰到的电压是交流220V，是比较危险的。

（2）两相触电。人体同时接触两根火线引起的触电事故称为两相触电，因碰到的电压是交流380V，触电的危险会更大些。

b 通电时间

电流通过人体的时间越长，危险性越大。人的心脏每收缩扩张一次，中间约有0.1s间歇，这段时间心脏对电流最敏感。若触电时间超过1s，肯定会与心脏最敏感的间隙重合，故会增加危险。

c 电流通过人体的途径

通过人体的心脏、肺部或中枢神经系统的电流越大，危险越大，因此人体从左手到右脚的触电事故最危险。

d 电流的频率

现在使用的工频交流电是最危险的频率。

e 人体的健康状况

人的健康状况不同，对触电的敏感程度不同，凡患有心脏病、肺病和神经系统疾病的人，触电伤害的程度都比较严重，因此一般不允许有这类疾病的人从事电焊作业。

B 焊接作业用电特点

不同的焊接方法对焊接电源的电压、电流等参数的要求不同，我国目前生产的手弧焊机的空载电压限制在90V以下，工作电压为25~40V；自动电弧焊机的空载电压为70~90V；电渣焊机的空载电压一般是40~65V；氩弧焊、CO_2气体保护焊的空载电压是65V左右；氢原子焊机的空载电压为300V，工作电压为100V；等离子弧切割电源的空载电压高达300~450V；所有焊接电源的输入电压为220V/380V，都是50Hz的工频交流电，因此触电的危险是比较大的。

　　C　焊接操作时造成触电的原因

　　（1）直接触电。发生在以下情况：

　　1）在更换焊条、电极和焊接过程中，焊工的手或身体接触到焊条、焊钳或焊枪的带电部分，而脚或身体其他部位与地或工件间无绝缘防护。当焊工在金属容器、管道、锅炉、船舱或金属结构内部施工，以及当人体大量出汗，或在阴雨天或潮湿地方进行焊接作业时，特别容易发生这种触电事故。

　　2）在接线、调节焊接电流或移动焊接设备时，易发生触电事故。

　　3）在登高焊接时，碰上低压线路或靠近高压电源线易引起触电事故。

　　（2）间接触电。发生在以下情况：

　　1）焊接设备的绝缘烧损、振动或机械损伤，使绝缘损坏部位碰到机壳，而人在碰到机壳时会引起触电。

　　2）焊机的火线和零线接错，使外壳带电。

　　3）焊接操作时人体碰上了绝缘破损的电缆、胶木电闸带电部分等。

0.2.2.2　安全用电注意事项

　　通过人体的电流大小，决定于线路中的电压和人体的电阻。人体的电阻除人体自身的电阻外，还包括人所穿的衣服、鞋等的电阻。干燥的衣服、鞋及干燥的工作场地，能使人体的电阻增大。人体的电阻约为 $800 \sim 50000\Omega$。通过人体的电流大小不同，对人体的伤害轻重程度也不同。当通过人体的电流强度超过 $0.05A$ 时，生命就有危险；达到 $0.1A$ 时，足以使人致命。根据欧姆定律推算可知，$40V$ 的电压足以对人身产生危险。而焊接工作场地所用的网路电压为 $380V$ 或 $220V$，焊机的空载电压一般都在 $60V$ 以上。因此，焊工在工作时必须注意防止触电。

　　（1）焊工要熟悉和掌握有关电的基本知识，以及预防触电和触电后的急救方法等知识，严格遵守有关部门规定的安全措施，防止触电事故发生。

　　（2）遇到焊工触电时，切不可赤手去拉触电者，应先迅速将电源切断。如果切断电源后触电者呈昏迷状态，应立即对其实施人工呼吸，直至送到医院为止。

　　（3）在光线昏暗的场地或容器内操作或夜间工作时，使用的工作照明灯的安全电压不大于 $36V$，高空作业或在特别潮湿的场所作业，其安全电压不超过 $12V$。

　　（4）焊工必须穿胶鞋，带皮手套。目前我国使用的劳保用鞋、皮手套，偶然接触 $220V$ 或 $380V$ 电压时，还不致造成严重后果。

　　（5）焊工的工作服、手套、绝缘鞋应保持干燥。

　　（6）在潮湿的场地工作时，应用干燥的木板或橡胶板等绝缘物作垫板。

　　（7）焊工在拉、合电源刀开关或接触带电物体时，必须单手进行。因为双手操作电源刀开关或接触带电物体时，如发生触电，会通过人体心脏形成回路，造成触电者迅速死亡。

　　（8）绝对禁止在电焊机开动的情况下接地线、手把线。

　　（9）焊接电缆软线（二次线），外皮烧损超过两处，应更换或经检修后再用。

0.2.3　预防火灾和爆炸的安全技术

焊接时，由于电弧及气体火焰的温度很高，而且在焊接过程中有大量的金属火花飞溅物，稍有疏忽大意，就会引起火灾甚至爆炸。因此焊工在工作时，为了防止火灾及爆炸事故的发生，必须采取下列安全措施：

（1）焊接前要认真检查工作场地周围是否有易燃易爆物品（如棉纱、油漆、汽油、煤油、木屑等），如有易燃易爆物品，应将这些物品移至距离焊接工作地 10m 以外。

（2）在焊接作业时，应注意防止金属火花飞溅而引起火灾。

（3）严禁设备在带压时焊接或切割，带压设备一定要先解除压力（卸压），并且焊割前必须打开所有孔盖。未卸压的设备严禁操作，常压而密闭的设备也不许进行焊接或切割。

（4）凡被化学物质或油脂污染的设备都应清洗后再进行焊接或切割。如果是易燃、易爆或者有毒的污染物，更应彻底清洗，经有关部门检查，并填写动火证后，才能进行焊接或切割。

（5）在进入容器内工作时，焊接或切割工具应随焊工同时进出，严禁将焊接或切割工具放在容器内而焊工擅自离去，以防混合气体燃烧和爆炸。

（6）焊条头及焊后的焊件不能随便乱扔，要妥善管理，更不能扔在易燃、易爆物品的附近，以免发生火灾。

0.2.4　预防有害气体和烟尘中毒的安全技术

焊接时，焊工周围的空气常被一些有害气体及粉尘所污染，如氧化锰、氧化锌、臭氧、氟化物、一氧化碳和金属蒸气等。焊工长期呼吸这些烟尘和气体，对身体健康是不利的，甚至会引起肺尘埃沉着症（俗称尘肺）及锰中毒等，因此，应采取下列预防措施：

（1）焊接场地应有良好的通风。焊接区的通风是排出烟尘和有毒气体的有效措施，通风的方式有以下几种：

1）全面机械通风。安装数台轴流式风机向外排风，使车间内经常更换新鲜空气。

2）局部机械通风。在焊接工位安装小型通风机械，进行送风或排风。

3）充分利用自然通风。正确调节车间的侧窗和天窗，加强自然通风。

（2）合理组织劳动布局，避免多名焊工拥挤在一起操作。

（3）尽量扩大埋弧自动焊的使用范围，以代替焊条电弧焊。

（4）做好个人防护工作，减少烟尘等对人体的侵害，目前多采用静电防尘口罩。

0.2.5　预防弧光辐射的安全技术

弧光辐射主要包括可见光、红外线、紫外线三种辐射。过强的可见光耀眼炫目；眼部受到红外线辐射，会感到强烈的灼伤和灼痛，发生闪光幻觉；紫外线对眼睛和皮肤有较大的刺激性，它能引起电光性眼炎。电光性眼炎的症状是眼睛疼痛、有砂粒感、多泪、畏光、怕风吹等，但电光性眼炎治愈后一般不会有任何后遗症。皮肤受到紫外线照射时，先是痒、发红、触疼，以后会变黑、脱皮。如果工作时注意防护，以上症状是不会发生的。

因此，焊工应采取下列措施预防弧光辐射：

（1）焊工必须使用有电焊防护玻璃的面罩。

（2）面罩应该轻便、成形合适、耐热、不导电、不导热、不漏光。

（3）焊工工作时，应穿白色帆布工作服，以防止弧光灼伤皮肤。

（4）操作引弧时，焊工应该注意周围工人，以免强烈弧光伤害他人眼睛。

（5）在厂房内和人多的区域进行焊接时，应尽可能地使用防护屏，避免周围人受弧光伤害。

0.2.6　特殊环境焊接的安全技术

特殊环境焊接，是指在一般工业企业正规厂房以外的地方，例如，在高空、野外、容器内部等进行的焊接。在这些地方焊接时，除遵守上面介绍的一般技术要求外，还要遵守一些特殊的规定。

（1）高处焊接作业。焊工在距基准面 2m 以上（包括 2m）有可能坠落的高处进行焊接作业称为高处（登高）焊接作业。

1）患有高血压、心脏病等疾病与酒后人员，不得进行高处焊接作业。

2）高处焊接作业时，焊工应系安全带，地面应有人监护（或两人轮换作业）。

3）在高处焊接作业时，登高工具（如脚手架等）要安全、牢固、可靠，焊接电缆线等应扎紧在固定地方，不能缠绕在身上或搭在背上工作。不能用可燃物（如麻绳等）作固定脚手架、焊接电缆线和气割气管的材料。

4）乙炔瓶、氧气瓶、焊机等焊接设备器具应尽量留在地面上。

5）雨天、雪天、雾天或刮大风（六级以上）时，禁止高处焊接作业。

（2）容器内焊接作业。在容器内进行焊接作业时要注意：

1）进入容器内部前，先要弄清容器内部的情况。

2）把该容器和外界联系的部位，都要进行隔离和切断，如电源和附带在设备上的水管、料管、蒸气管、压力管等均要切断并挂牌。如容器内有污染物，应进行清洗并经检查确认无危险后，才能进入内部进行焊接。

3）进入容器内部焊接要实行监护制，派专人进行监护。监护人不能随便离开现场，并与容器内部的人员经常取得联系。

4）在容器内焊接时，内部尺寸不应过小，还应注意通风排气工作。通风应用压缩空气，严禁使用氧气作为通风。

5）在容器内部作业时，要做好绝缘防护工作，最好垫上绝缘垫，以防止触电等事故的发生。

（3）露天或野外作业。露天或野外作业时要注意：

1）夏季在露天工作时，必须有防风雨棚或临时凉棚。

2）露天作业时应注意风向，不要让吹散的铁液及焊渣伤人。

3）雨天、雪天或雾天时，不准露天作业。

4）夏季进行露天气焊、气割时，应防止氧气瓶、乙炔瓶直接受烈日暴晒，以免气体膨胀发生爆炸。冬季如遇瓶阀或减压器冻结时，应用热水解冻，严禁火烤。

0.2.7 劳动保护用品的种类及要求

0.2.7.1 焊接护目镜

焊接弧光中含有的紫外线、可见光、红外线强度均大大超过人体眼睛所能承受的限度，过强的可见光将对视网膜产生烧灼，造成眩晕性视网膜炎；过强的紫外线将损伤眼角膜和结膜，造成电光性眼炎；过强的红外线将对眼睛造成慢性损伤。因此必须采用护目滤光片来进行防护。关于滤光片颜色的选择，根据人眼对颜色的适应性，滤光片的颜色以黄绿、蓝绿、黄褐为宜。焊工务必根据电流大小及时更换不同遮光号的滤光片，切实改正不论电流大小均使用一块滤光片的陋习，否则必将损伤眼睛。

0.2.7.2 焊接防护面罩

常用焊接面罩如图 0-6 和图 0-7 所示。面罩是用 1.5mm 厚钢纸板压制而成，质轻、坚韧、绝缘性与耐热性好。护目镜片可以启闭的 MS 型面罩如图 0-8 所示，手持式面罩护目镜启闭按钮设在手柄上，头戴式面罩护目镜启闭开关设在电焊钳胶木柄上。引弧及敲渣时都不必移开面罩，焊工操作方便，以便得到更好的防护。

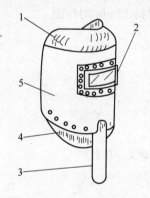

图 0-6 手持式电焊面罩
1—上弯司；2—观察窗；3—手柄；
4—下弯司；5—面罩主体

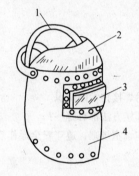

图 0-7 头盔式电焊面罩
1—头箍；2—上弯司；3—观察窗；
4—面罩主体

0.2.7.3 防护工作服

焊工用防护工作服，应符合国标《焊接防护服》（GB 15701—1995）规定，具有良好的隔热和屏蔽作用，以保护人体免受热辐射、弧光辐射和飞溅物等伤害。常用的有白帆布工作服和铝膜防护服，用防火阻燃织物制作的工作服也已开始应用。

0.2.7.4 防尘口罩

当采用通风除尘措施不能使烟尘浓度降到卫生标准以下时，应佩戴防尘口罩。国产自吸过滤式防尘口罩如图 0-9 所示。

0.2.7.5 电焊手套和工作鞋

电焊手套宜采用牛绒面革或猪绒面革制作，以保证绝缘性能好和耐热不易燃烧。

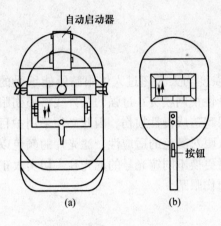

图 0-8　MS 型电焊面罩图
（a）头戴式；（b）手持式

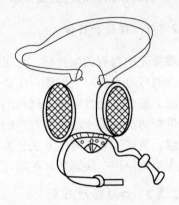

图 0-9　自吸过滤式防尘口罩

　　工作鞋应为具有耐热、不易燃、耐磨和防滑性能的绝缘鞋，现一般采用胶底翻毛皮鞋。新研制的焊工安全鞋具有防烧、防砸性能，绝缘性好（用干法和湿法测试，通过电压 7.5kV 保持 2min 的绝缘性试验），鞋底可达耐热 200℃ 保持 15min 的性能。

复习思考题

0-1　谈谈对焊接技术的认识。

0-2　常用焊接方法都有哪些?

0-3　遵守实训室规则，遵守安全操作规程，养成文明生产习惯的意义是什么?

1 焊条电弧焊

1.1 焊条电弧焊概述

1.1.1 焊条电弧焊的原理与特点

1.1.1.1 焊条电弧焊基本原理

焊条电弧焊是用手工操纵焊条进行焊接的电弧焊方法。焊条电弧焊时，在焊条末端和工件之间燃烧的电弧所产生的高温使焊条药皮与焊芯及工件熔化，熔化的焊芯端部迅速地形成细小的金属熔滴，通过弧柱过渡到局部熔化的工件表面，融合一起形成熔池。药皮熔化过程中产生的气体和熔渣，不仅使熔池和电弧周围的空气隔绝，而且和熔化了的焊芯、母材发生一系列冶金反应，保证所形成焊缝的性能。随着电弧以适当的弧长和速度在工件上不断地前移，熔池液态金属逐步冷却结晶，形成焊缝。焊条电弧焊的过程如图 1-1 所示。

在工件与焊条两电极之间的气体介质中持续强烈的放电现象称为电弧。焊条电弧焊焊接低碳钢或低合金钢时，电弧中心部分的温度可达 6000 ~ 8000℃，两电极的温度可达到 2400 ~ 2600℃，如图 1-2 所示。

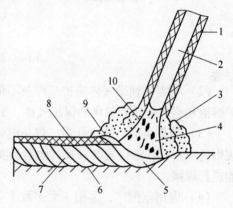

图 1-1　焊条电弧焊的过程

1—药皮；2—焊芯；3—保护气；4—电弧；
5—熔池；6—母材；7—焊缝；8—渣壳；
9—熔渣；10—熔滴

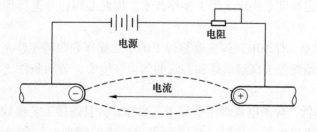

图 1-2　电弧示意图

1.1.1.2 焊条电弧焊的特点

焊条电弧焊具有以下优点：

（1）焊条电弧焊的设备如图1-3所示，其使用的设备比较简单，价格相对便宜并且轻便。焊条电弧焊使用的交流和直流焊机都比较简单，焊接操作时不需要复杂的辅助设备，只需配备简单的辅助工具。因此，购置设备的投资少，而且维护方便，这是它广泛应用的原因之一。

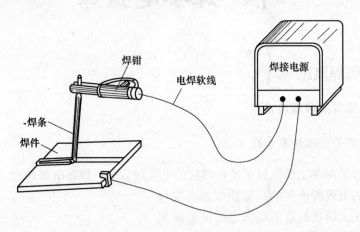

图1-3　焊条电弧焊设备简图

（2）不需要辅助气体防护。焊条不但能提供填充金属，而且在焊接过程中能够产生保护熔池和避免焊接处氧化的保护气体，另外其还具有较强的抗风能力。

（3）操作灵活，适应性强。焊条电弧焊适用于焊接单件或小批量的产品，和短的、不规则的、空间任意位置的以及其他不易实现机械化焊接的焊缝。凡焊条能够达到的地方都能进行焊接。

（4）应用范围广，适用于大多数工业用的金属和合金的焊接。焊条电弧焊选用合适的焊条不仅可以焊接碳素钢、低合金钢，而且还可以焊接高合金钢及有色金属，不仅可以焊接同种金属，而且可以焊接异种金属，还可以进行铸铁焊补和各种金属材料的堆焊等。

但是，焊条电弧焊有以下的缺点：

（1）对焊工操作技术要求高，焊工培训费用大。焊条电弧焊的焊接质量，除靠选用合适的焊条、焊接工艺参数和焊接设备外，主要靠焊工的操作技术和经验保证，即焊条电弧焊的焊接质量在一定程度上决定于焊工操作技术。因此必须经常进行焊工培训，所需要的培训费用很大。

（2）劳动条件差。焊条电弧焊主要靠焊工的手工操作和眼睛观察完成全过程，焊工的劳动强度大，并且始终处于高温烘烤和有毒的烟尘环境中，劳动条件比较差，因此要加强劳动保护。

（3）生产效率低。焊条电弧焊主要靠手工操作，并且焊接工艺参数选择范围较小，另外，焊接时要经常更换焊条，并要经常进行焊道熔渣的清理，与自动焊相比，焊接生产率低。

（4）不适于特殊金属以及薄板的焊接。对于活泼金属和难熔金属，由于这些金属对氧的污染非常敏感，焊条的保护作用不足以防止这些金属氧化，保护效果不够好，焊接质量达不到要求，所以不能采用焊条电弧焊；对于低熔点金属，由于电弧的温度对其来讲太高，所以也不能采用焊条电弧焊焊接。另外，焊条电弧焊的焊接工件厚度一般在1.5mm以上，1mm以下的薄板不适于焊条电弧焊。

由于焊条电弧焊具有设备简单、操作方便、适应性强、能在空间任意位置焊接的特点，所以被广泛应用于各个工业领域，是应用最广泛的焊接方法之一。

1.1.2　焊条的基本知识

焊条是涂有药皮的并供焊条电弧焊用的熔化电极，由药皮和焊芯两部分组成。近10年来焊接技术迅速发展，各种新的焊接工艺方法不断涌现，焊接技术的应用范围也越来越广泛，但是焊条电弧焊仍然是焊接工作中的重要方法。根据资料统计，焊条电弧焊的焊条用钢约占焊接材料用钢（包括焊条及各种自动焊焊丝的总和）的60%～80%，这充分说明手工电弧焊在焊接工作中占有重要地位。

焊条电弧焊时，焊条既作为电极，在焊条熔化后又作为填充金属直接过渡到熔池，与液态的母材熔合后形成焊缝金属。因此，焊条不但影响电弧的稳定性，而且直接影响到焊缝金属的化学成分和力学性能。为了保证焊缝金属的质量，必须对焊条的组成、分类、牌号及选用、保管知识有较深刻的了解。

焊条是由焊芯（金属芯）和药皮组成。在焊条前端药皮有45°左右的倒角，这是为了便于引弧。在尾部有一段裸焊芯，约占焊条总长1/16，便于焊钳夹持并有利于导电。焊条直径（实际是指焊芯直径）通常为2mm、2.5mm、3.2mm或3mm、4mm、5mm、5.8mm（或6mm）等几种，常用的是ϕ3.2mm、ϕ5mm、ϕ5.8mm三种，其长度一般在250～450mm之间。

1.1.2.1　焊芯

A　焊芯的作用

焊芯是与焊件之间产生电弧并熔化作为焊缝的填充金属。焊条电弧焊时，焊芯金属约占整个焊缝金属的50%～70%。焊芯的化学成分将直接影响焊缝质量。

B　焊芯中合金元素

焊芯中通常含有碳、锰、硅、铬、镍、硫、磷等元素，不同成分的焊条，其焊芯中这些元素的含量有所不同，各元素对焊缝的影响也不相同。下面主要介绍钢焊条中碳、锰、硅、硫、磷元素对焊接性能的影响。

（1）碳：在焊接过程中，碳是一种很好的脱氧剂，在电弧高温作用下与氧化合作用，生成一氧化碳和二氧化碳气体。减少了空气中氧、氮与熔池的作用。但含碳量过高时，会引起较大的飞溅和产生气孔，同时会使钢的淬硬性和裂纹敏感性增加。

（2）锰：在焊接过程中，锰是一种较好的脱氧剂。锰还可使焊缝的强度和韧性提高，同时锰还能减少硫的有害作用。一般碳素结构钢焊芯中锰的质量分数为0.3%～0.55%，低合金钢焊条的焊芯中锰的质量分数可达0.8%～1.1%或更高些。

（3）硅：在焊接过程中，硅具有比锰还强的脱氧能力，能与氧形成二氧化硅，使熔渣变调，增加溶渣的黏度，造成脱渣困难。过多的二氧化硅，还会增加焊接熔化金属的飞溅，因此焊芯中的含硅量应尽量少。

（4）硫：硫是一种有害杂质。在焊接过程中，硫在高温的条件下能与铁化合成低熔点的硫化亚铁（FeS），硫化亚铁还能与其他物质形成熔点更低的低熔点共晶（熔点985℃），集聚在晶界，使焊缝在高温下产生裂纹（热裂）。因此，焊芯中硫的质量分数不得大于0.04%。

（5）磷：磷也是一种有害杂质。在焊接过程中，由于磷与铁化合生成磷化铁（Fe_3P），使熔化金属的流动性增大，而当金属凝固后，使金属变脆，焊缝产生冷脆现象。另外，磷化铁还能和其他物质形成低熔点共晶体，致使产生热裂纹。所以，焊芯中磷的质量分数不得大于0.04%，在焊接重要结构时，磷的质量分数不得大于0.03%。

1.1.2.2　药皮

A　药皮的作用

焊条中药皮的作用主要有：

（1）防止空气对熔池的侵入。

（2）提高焊接电弧的稳定性。

（3）提高焊缝质量。

B　药皮的类型及特点

常用的焊条药皮有8种类型，其特点如下：

（1）高钛钠和高钛钾型：电弧稳定，引弧容易，熔深较浅，熔渣覆盖良好，脱渣容易，焊波整齐，适用于全位置焊接。但熔敷金属塑性及抗裂性能较差。焊接电源为交流或直流正接。

（2）钛钙型：电弧稳定，熔渣流动性良好，脱渣容易，熔深适中，飞溅少，焊波整齐。这类焊条适用于全位置焊接，焊接电源为交流或直流正、反接。

（3）铁矿型：熔渣流动性良好，电弧稍强，熔深较深，熔渣覆盖良好，脱渣容易，飞溅一般，焊波整齐，适用于全位置焊接。焊接电源为交流或直流正、反接。

（4）氧化铁型：电弧吹力大，熔深较深，电弧稳定，再引弧容易，熔化速度快，熔渣覆盖好，脱渣性好，焊缝致密，略带凹度，飞溅稍大。焊接电源为交流或直流正接。

（5）高纤维素钠型和高纤维素钾型：电弧吹力大，熔深较深，熔化速度快，熔渣少，脱渣容易，飞溅一般，通常限制采用大电流焊接。这类焊条适用于全位置焊接，焊接电流为直流反接。

（6）低氢钠和低氢钾型：熔渣流动性好，焊接工艺性能一般，焊波较粗，角焊缝略凸，熔深适中，脱渣性较好，焊接时要求焊条干燥，并采用短弧焊。这类焊条可全位置焊接，焊接电源为直流反接。

（7）石墨型：焊接工艺性能较差，飞溅较多，烟雾较大，熔渣极少。这种焊条只适用于平焊工作。采用有色金属芯的石墨型药皮焊条，一般焊接工艺性能较好，飞溅极少，熔深较浅，熔渣少，适用于全位置焊接。石墨型药皮焊条引弧容易，药皮强度较差。

（8）盐基型：由于药皮吸潮性较强，焊条使用前必须烘干。焊条的工艺性能较差，并有熔点低，熔化速度快的特点。焊接时要求电弧很短。熔渣具有一定的腐蚀性，要求焊后仔细清除干净。焊接电源为直流反接。

1.1.2.3 焊条的分类

焊条可分为以下几类:

(1) 碳钢焊条。主要用于强度等级较低的低碳钢和低合金钢的焊接。

(2) 低合金钢焊条。主要用于低合金高强度钢、含合金元素较低的钼和铬钼耐热钢及低温钢的焊接。

(3) 不锈钢焊条。主要用于含合金元素较高的钼和铬钼耐热钢及各类不锈钢的焊接。

(4) 堆焊焊条。用于金属表面层堆焊,其熔敷金属在常温或高温中具有较好的耐磨性和耐蚀性。

(5) 铸铁焊条。专用于铸铁的焊接或焊补。

(6) 镍及镍合金焊条。用于镍及镍合金的焊接、焊补或堆焊。其中某些焊条可用于铸铁焊补及异种金属的焊接。

(7) 铜及铜合金焊条。用于铜及铜合金的焊接、焊补或堆焊。其中某些焊条可用于铸铁焊补或异种金属的焊接。

(8) 铝及铝合金焊条。用于铝及铝合金的焊接、焊补或堆焊。

(9) 特殊用途焊条。指用于水下焊接、切割的焊条及管状焊条、高硫堆焊焊条、铁锰焊条等。

1.1.3 焊接工艺参数的选择

焊条电弧焊的焊接工艺参数通常包括:焊条直径、焊接电流、电弧电压、焊接速度、电源种类和极性、焊接层数等。焊接工艺参数选择的正确与否,直接影响焊缝形状、尺寸、焊接质量和生产率,因此选择合适的焊接工艺参数是焊接生产中不可忽视的一个重要问题。

1.1.3.1 焊条直径

焊条直径是指焊芯直径,它是保证焊接质量和效率的重要因素。焊条直径一般根据焊件厚度选择,同时还要考虑接头形式、施焊位置和焊接层数,对于重要结构还要考虑焊接热输入的要求。在一般情况下,焊条直径与焊件厚度之间关系的参考数据见表1-1。

表 1-1 焊条直径与焊件厚度之间的关系

焊件厚度/mm	2	3	4~5	6~12	13 以上
焊条直径/mm	2	3.2	3.2~4.0	4.0~5	4~6

在板厚相同的条件下,平焊位置的焊接所选用的焊条直径应比其他位置大一些,立焊、横焊和仰焊应选用较细的焊条,一般不超过4.0mm。第一层焊道应选用小直径焊条焊接,以后各层可以根据焊件厚度选用较大直径的焊条。T形接头、搭接接头都应选用较大直径的焊条。

1.1.3.2 焊接电源种类和极性的选择

用交流电源焊接时,电弧稳定性差。采用直流电源焊接时,电弧稳定、柔顺,飞溅少，但电弧磁偏吹较交流严重。低氢型焊条稳弧性差，通常必须采用直流弧焊电源。用小电流焊接薄板时，也常用直流弧焊电源，因为引弧比较容易，电弧比较稳定。

低氢型焊条用直流电源焊接时，一般要用反接，因为反接的电弧比正接稳定。焊接薄板时，焊接电流小，电弧不稳，因此焊接薄板时，不论用碱性焊条还是用酸性焊条，都选用直流反接。

1.1.3.3 焊接电流的选择

选择焊接电流时，应根据焊条类型、焊条直径、焊件厚度、接头形式、焊接位置和层数等因素综合考虑。如果焊接电流过小会使电弧不稳，造成未焊透、夹渣以及焊缝成形不良等缺陷。反之，焊接电流过大易产生咬边、焊穿，增加焊件变形和金属飞溅量，也会使焊接接头的组织由于过热而发生变化。所以，焊接时要合理选择焊接电流。

对于一定直径的焊条有一个合适的焊接电流范围，可参考表1-2选择。

表1-2 焊接电流与焊条直径的关系

焊条直径/mm	1.6	2.0	2.5	3.2	4.0	5.0
焊接电流/A	25 ~ 40	40 ~ 65	50 ~ 80	100 ~ 130	160 ~ 210	220 ~ 270

焊接位置不同，电流也不一样。平焊最大，横焊次之，仰焊第三，立焊最小。

在相同条件的情况下，碱性焊条使用的焊接电流一般比酸性焊条小10%左右，否则焊缝中易产生气孔。

总之，在保证不焊穿和成形良好的条件下，应尽量采用较大的焊接电流，并适当提高焊接速度，以提高焊接生产率。

1.1.3.4 焊缝层数的选择

在焊件厚度较大时，往往需要进行多层焊。对于低碳钢和强度等级较低的低合金钢的多层焊时，每层焊缝厚度过大时，对焊缝金属的塑性（主要表现在冷弯上）有不利影响。因此，对质量要求较高的焊缝，每层厚度最好不大于4 ~ 5mm。

焊接层数主要根据焊件厚度、焊条直径、坡口形式和装配间隙等来确定，可用式(1-1)近似估算：

$$n = \delta / d \tag{1-1}$$

式中 n——焊接层数；

　　　　δ——焊件厚度，mm；

　　　　d——焊条直径，mm。

1.1.3.5 电弧电压与焊接速度的控制

焊条电弧焊的电弧电压主要由电弧长度来决定。电弧长度越大，电弧电压越高；电弧长度越短，电弧电压越低。在焊接过程中，应尽量使用短弧焊接。立焊、仰焊时弧长应比平焊更短些，以利于熔滴过渡，防止熔化金属下滴。碱性焊条焊接时应比酸性焊条弧长短一些，以利于电弧的稳定和防止气孔产生。

焊接过程中，焊接速度应该均匀适当，既要保证焊透，又要保证不焊穿，同时还要使焊缝宽度和余高符合设计要求。如果焊接速度过快，熔化温度不够，易造成未熔合、焊缝成形不良等缺陷；如果焊接速度过慢，则高温停留时间增长，热影响区宽度增加，易使焊接接头的晶粒变粗，力学性降低，同时使焊件变形量增大，当焊接较薄焊件时，易形成烧穿。

焊接速度直接影响焊接生产率，所以应该在保证焊缝质量的基础上采用较大的焊条直径和焊接电流，同时根据具体情况适当加快焊接速度，以提高焊接生产率。

焊接参数对热影响区的大小和性能有很大的影响。采用小的焊接参数，如降低焊接电流、增大焊接速度等，都可以减小热影响区的尺寸。不仅如此，从防止过热组织和晶粒细化角度看，也是采用小参数比较好。

1.1.4 焊条电弧焊设备的使用与维护

1.1.4.1 对焊条电弧焊设备的要求

焊接电源是焊条电弧焊的主要设备。电源外特性、动特性及焊接参数调节特性的优劣，直接影响电弧和焊接过程的稳定性，所以焊条电弧焊电源应满足下列要求。

A 对弧焊电源外特性曲线形状的要求

弧焊电源的外特性是指在其他参数不变的情况下，其端电压与输出电流之间的关系，即 $U = f(I)$。用这种关系组成的曲线称为弧焊电源的外特性曲线。

焊条电弧焊电极尺寸较大，电流密度低，在电弧稳定燃烧条件下，其负载特性处于 U 形曲线的水平段，故首先要求电源外特性曲线与电弧静特性曲线的水平段相交，即要求焊条电弧焊的电源应具有下降的外特性。再从焊接参数稳定性考虑，要求电源外特性曲线形状陡降一些为好，因为对于相同的弧长变化，陡降外特性曲线电源所引起的焊接电流变化比缓降外特性曲线电源所引起的焊接电流变化要小得多，如图1-4所示。焊条电弧焊过程

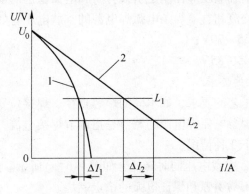

图 1-4 外特性形状对电流稳定性的影响
1—陡降外特性曲线；2—缓降外特性曲线

中，弧长的变化是经常发生的。为了保证焊接参数稳定，从而获得均匀一致的焊缝，显然要求电源具有陡降的外特性曲线。陡降曲线外特性能克服由于弧长波动所引起的焊接电流变化，但其短路电流过小，不利于引弧。近年来一些电焊机厂已研制成一种具有外拖特性的焊条电弧焊电源，其外特性曲线如图 1-5 所示。在正常电弧电压范围内，弧长变化时焊接电流保持不变。当电弧电压低于拐点电压值时，外特性曲线向外倾斜，焊接电流变大，增大了熔滴过渡的推力。由于短路电流也相应增大，有利于引燃电弧，这被认为是最理想的焊条电弧焊电源外特性曲线。

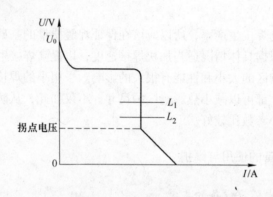

图 1-5　焊条电弧焊电源理想的外特性曲线

B　对电源空载电压的要求

电源空载电压的确定应遵循下列原则：

（1）保证引弧容易。电源的空载电压越高，引弧越容易，电弧燃烧的稳定性越好。

（2）保证电弧功率稳定。为了保证交流电弧功率稳定，要求 $U_0 \geqslant (1.8 \sim 2.25) U_h$（$U_h$ 为焊接电压）。

（3）要有良好的经济性。空载电压越高，所需铁、铜材料越多，焊机的体积和质量越大，同时还会增加能量的损耗，降低弧焊电源效率。

（4）保证人身安全。为了确保焊工安全，对空载电压必须加以限制。

因此，弧焊电源的空载电压应在满足引弧容易和电弧稳定的前提下，尽可能采用较低的空载电压。对于通用交流和直流焊条电弧焊电源的空载电压有如下规定：

交流弧焊电源 $U_0 = 55 \sim 70V$；

直流弧焊电源 $U_0 = 45 \sim 85V$。

C　对电源调节特性的要求

为了满足不同焊接工艺的要求，如不同的焊芯直径、焊接位置、焊件厚度等，要求焊机有良好的调节特性。焊条电弧焊电源的调节是指调节焊接电流，实质上是改变电源的外特性。其调节特性有以下 3 种情况：

（1）焊接电流小时，空载电压同时降低，如图 1-6（a）所示。这种调节特性不够理想，当用小电流焊接时低，不易引弧和保证电弧的稳定燃烧。

（2）空载电压 U_0 不变，通过改变电源外特性陡降程度而实现焊接电流的改变。这种调节特性是比较好的，用小电流焊接时，仍能保证引弧容易，如图 1-6（b）所示。

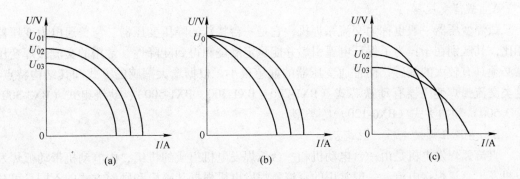

图 1-6 焊机外特性在调节时的变化

（a）焊接小电流；（b）空载电压 U_0 不变；（c）空载电压 U_0 与焊接电流变化相反

（3）空载电压随焊接电流的减小而增大，随焊接电流的增大而减小，如图 1-6（c）所示。这种调节特性是最理想的，因为在小电流焊接时，U_0 高，引弧容易、电弧稳定；而在使用大电流焊接时，虽然 U_0 低，但焊接电流和短路电流大，引弧性能和稳弧性能仍然较好。

D 对弧焊电源动特性的要求

焊接电弧对弧焊电源而言是一个动负载。形成动负载的主要原因是熔滴过渡时弧长发生频繁的变化。尤其短路过渡时这种变化尤为突出，使电弧的过程经常处于不稳定状态。这就要求弧焊电源具有良好的动态特性，从而适应焊接电流和电弧电压的瞬态变化。

1.1.4.2 常用焊条电弧焊机简介

目前，我国焊条电弧焊机有三大类：弧焊变压器、直流弧焊发电机和弧焊整流器。这三大类焊机的比较见表 1-3。

表 1-3 三类手弧焊机比较

项 目	弧焊变压器	直流弧焊发电机	弧焊整流器
稳弧性	较 差	好	较 好
电网电压波动的影响	较 小	小	较 大
噪 声	小	大	较 小
硅钢片与铜导线需要量	少	多	较 少
结构与维修	简 单	复 杂	较简单
功率因数	较 低	较 高	较 高
空载损耗	较 小	较 大	较 小
成 本	低	高	较 高
质 量	轻	重	较 轻

A 弧焊变压器

弧焊变压器一般也称为交流弧焊机，它是一台特殊的降压变压器。与普通电力变压器相比，其区别在于：为了保证电弧引燃并能稳定燃烧和得到陡降性，常用的交流弧焊变压器必须具有较大的漏感，而普通变压器的漏感很小。根据增大漏感的方式和其结构特点，这类交流弧焊变压器有动铁芯式（BX1-200、BX1-300、BX1-500）、动绕组式（BX3-300、BX3-500）和抽头式（BX6-120）等类型。

B 直流弧焊发电机（已淘汰）

直流弧焊发电机是由一台电动机和一台弧焊发电机组成的机组，由电动机带动弧焊发电机发出直流焊接电流。一般常用的直流弧焊发电机根据其磁极和励磁方式的不同，可分为裂极式（AX-320）、差复励式（AX1-500、AX7-500）、换向极去磁式（AX4-300）等几种。

C 弧焊整流器

弧焊整流器有硅弧焊整流器与晶闸管式弧焊整流器两种。

（1）硅弧焊整流器。硅弧焊整流器是一种直流弧焊电源，它由三相变压器和硅整流器系统组成。交流电源经过降压和硅二极管的桥式全波整流获得直流电，并且通过电抗器（交流电抗器或磁饱和电抗器）调节焊接电流，获得陡降的外特性曲线。

（2）晶闸管式弧焊整流器。晶闸管式弧焊整流器用晶闸管作为整流元件。由于晶闸管具有良好的可控性，因此，焊接电源外特性、焊接参数的调节，都可以通过改变晶闸管的导通角来实现。它的性能优于硅弧焊整流器，目前已成为一种主要的直流弧焊电源。我国生产的晶闸管式弧焊整流器有 ZX5 系列和 ZDK-500 型等。

D 弧焊逆变器

弧焊逆变器是一种新型的弧焊电源。将单相或三相 50Hz 的交流网路电压先经过整流器整流和滤波变为直流电，再经过大功率开关电子元件的交替开关作用，变成几千赫或几万赫的中频交流电；若再用输出整流器整流并经电抗器滤波，则可输出适于焊接的直流电，此逆变器便是直流电源。这种弧焊整流器的优点是：

（1）高效节能，效率可达 80% ~ 90%，功率因数可提高到 0.99，空载损耗小，因此是一种节能效果极为显著的弧焊电源。

（2）质量轻、体积小，整机质量仅为传统弧焊电源的 1/10 ~ 1/5，体积也只有传统弧焊电源的 1/3 左右。

（3）具有良好的动特性和焊接工艺性能。

我国生产的弧焊逆变器有 ZX7 系列产品。

综上所述，弧焊变压器的优点是结构简单、使用可靠、维修容易、成本低、效率高；其缺点是电弧稳定性差、功率因数低。直流弧焊发电机与弧焊变压器相比，具有引弧容易、电弧稳定、过载能力强等优点；其缺点是效率低、空载损耗大、噪声大、造价高、维修难，在我国当前大力提倡节约能源的情况下不宜继续使用。弧焊整流器与直流弧焊发电机相比，具有制造方便、价格低、空载损耗小、噪声低等优点，而且大多可以远距离调节，能自动补偿电网波动对电弧电压、焊接电流的影响。弧焊逆变器具有高效节能、体积小、功率因数高、焊接性能好等独特优点，是一种最有发展前途的普及型焊条电弧焊机。

到目前为止，我国国产弧焊逆变器质量尚不稳定。

1.2 基本操作技能训练

1.2.1 项目1：焊条电弧焊引弧训练

1.2.1.1 实训目标

焊条电弧焊引弧训练的目标有：

(1) 掌握划擦法引弧和直击法引弧的方法。

(2) 能够熟练掌握焊条与焊件黏接的处理方法。

(3) 通过定点引弧和引弧堆焊来提高操作技能。

1.2.1.2 实训图样

焊条电弧焊引弧实训图样如图1-7所示。

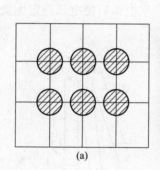

(a)   (b)

图1-7　焊条电弧焊引弧实训图样

(a) 定点引弧；(b) 引弧堆焊

技术要求：

(1) 焊条电弧焊定点引弧、引弧堆焊实训。

(2) 高度约为20mm，直径约10mm。

(3) 控制熔池的温度，防止金属流淌。

1.2.1.3 实训须知

A 操作姿势

平焊时，一般采取蹲式操作，如图1-8所示。蹲姿要自然，两脚夹角为70°~80°。两脚距离约240~260mm。持焊钳的胳膊半伸开，并抬起一定高度，以保持焊条与焊件间的正确角度，悬空无依托地操作。

B 引弧方法

a 划擦引弧法

先将焊条末端对准焊件，然后像划火柴似的将焊条在焊件表面划擦一下，当电弧引燃后立即提起维持2~3mm的高度，电弧就能稳定地燃烧，如图1-9(b)所示。操作时手腕顺

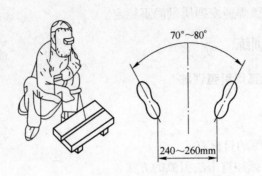

图 1-8　操作姿势

时针方向转动,使焊条端头与焊件接触后再抬弧。使用碱性焊条时,为避免焊条与焊件黏结,适宜采用这种引弧法。

b　直击引弧法

先将焊条垂直对准焊件,然后用焊条撞击焊件,当出现弧光后迅速提起焊条,并保持一定距离,约 2~3mm,如图 1-9(a)所示,产生电弧后使电弧稳定燃烧。操作时必须掌握好手腕的上下动作距离。

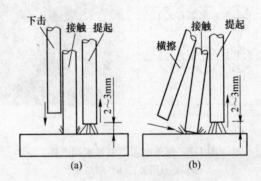

图 1-9　引弧方法
(a) 直击引弧法;(b) 划擦引弧法

1.2.1.4　实训设备

A　焊接设备

弧焊变压器选用 BX1-330 型,逆变焊机选用 WS-200 型。

B　焊条

焊条选用 E4303 型或 E5015 型,焊条直径为 2.5mm、3.2mm 和 4.0mm。

C　焊件

采用 Q235 钢板,规格为 200mm × 150mm × (3~12)mm。

1.2.1.5　实训步骤及操作要领

A　定点引弧

如图 1-7(a)所示,用粉笔在焊件上画线,然后在直线的交点处用划擦法引弧。引弧后，保持适当的电弧长度，焊成直径为 10mm 的焊点后灭弧。如此不灭地重复完成若干个焊点的引弧训练。

B　引弧堆焊

将上述焊点上的渣壳清除后，用直击法在其中心引弧，然后迅速将电弧拉到外缘，适当拉长电弧预热。待金属表面"出汗"后，压低电弧用连续画圈的方法进行堆焊。焊完一层后灭弧，当金属凝固快要结束时，再重新引弧堆焊，如此反复地操作，直到堆起 20m 的高度为止，如图 1-7(b)所示。

在引弧堆焊过程中，通过电弧反复交替燃烧与熄灭，并控制熄弧时间，从而控制熔池的温度、形状和位置以获得良好的内部质量。

C　焊接工艺性验证

练习引弧可以分别用 E4303 型和 E5015 型焊条，并分别使用交流和直流弧焊机，从中可以发现 E4303 型焊条适用于交、直两用弧焊电源，而 E5015 型焊条只适用于直流弧焊电源。

D　操作技巧

（1）引弧处应无油污、锈斑，以免影响导电和使熔池产生氧化物，导致焊缝产生气孔和夹渣。

（2）无论是划擦法还是直击法引弧，都应注意手腕的运动，切不可靠手臂的运动来完成引弧动作。如采用一种引弧方法连续数次都无法引燃电弧，则应改用另一种引弧方法，两种引弧方法必定有一种能够使电弧引燃。

（3）划擦法引弧比较容易，但在不允许划伤焊件表面的情况下，应采用直击法引弧，但直击法引弧容易发生短路现象。操作时，焊条上拉太快或提高过快，都不易引燃电弧；相反，动作太慢则可能使焊条与焊件黏结在一起，造成焊接回路短路。因此，要掌握好焊条离开焊件时的速度和距离。

（4）焊条与焊件接触后，焊条提起的时间要适当。太快，气体电离差，难以形成稳定的电弧；太慢，则焊条和焊件黏在一起造成短路，时间过长会烧坏焊机。如果焊条不能脱离焊件，应左右摆动焊钳使焊条脱离焊件，如果还不能解决应该立即将焊钳从焊条上取下，待焊条冷却后，用手将焊条扳下。

（5）引弧应在焊缝内进行，避免引弧时烧伤焊件表面。

1.2.1.6　注意事项

（1）初学引弧，要严格注意安全；如果多次被电弧光灼到眼睛应暂停一段时间再进行练习。对刚焊完的焊件和焊条头不要用手触摸，以免烫伤。

（2）引弧的质量主要用引弧的熟练程度来衡量，在规定时间内，引燃电弧的成功次数越多，引弧的位置越准确，说明越熟练。可先用焊条在低碳钢板上进行空操作，待手法熟练后再实际引弧。

（3）练习电弧反复交替燃烧与熄弧并控制熄弧时间。

（4）控制熔池的温度，防止熔化金属流淌。

（5）找准焊接点位置，不要焊偏。

（6）严格按照安全操作规程进行操作，安全文明生产。

1.2.2　项目2：平敷焊技能训练

1.2.2.1　实训目标

平敷焊技能训练的目标有：
（1）熟悉运条及运条方法。
（2）掌握焊道起头、运条、连接、收尾的方法。
（3）通过平敷焊的技能训练，区分熔渣和熔化金属。

1.2.2.2　实训图样

平敷焊实训图样如图1-10所示。
技术要求：
（1）材料Q235，20mm×150mm×（3～12）mm。
（2）焊缝宽度$c=(10±2)$mm；焊缝余高$h=(2±1)$mm。
（3）焊缝要求平直。

1.2.2.3　实训须知

平敷焊是在平焊位置上堆敷焊道的一种操方法。平敷焊操作动作包括焊道的起头、运条、连接和收尾四个基本动作。平敷焊是完成平焊及其他焊接操作的基础。

A　焊道的起头

在刚开始焊接时，一般情况下即使这部分焊道略高些，质量也难以保证。因为焊件未焊之前温度较低，而引弧后又不能迅速使焊件温度升高，所以起始部分的熔深较浅；对焊条来说在引弧后的2s内，由于焊条药皮未形成大量保护气体，最先熔化的熔滴几乎是在无保护气氛的情况下过渡到熔池中去的，这种保护不好的熔滴中有不少气体。如果这些熔滴在施焊中得不到二次熔化，其内部气体就会残留在焊道中形成气孔。

为了解决熔深太浅的问题，可在起始点前面10mm左右引弧，引弧后先将电弧稍微拉长（即弧柱区），使电弧对端头有预热作用，等起始处形成熔池，然后适当缩短电弧进行正式焊接。其操作过程如图1-11所示。

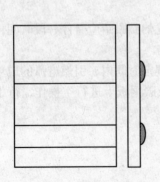

图1-10　平敷焊实训图

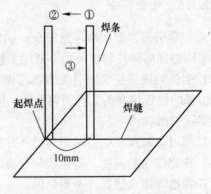

图1-11　焊道的起头

另一种方法是采用引弧板，即在焊前装配一块金属板，从这块板上开始引弧，焊后割掉。采用引弧板，不但保证了起头处焊缝质量，也能使焊接接头始端获得正常尺寸的焊缝，常在焊接重要结构时采用。

B　运条

在焊接过程中，焊条相对焊缝所做的各种动作的总称为运条。为保证焊缝质量，正确运条是十分必要的。

a　三个运动

当引燃电弧进行焊接时，焊条要有三个方向的基本动作，才能得到良好成形的焊缝。这三个方向的基本动作是焊条送进动作、焊条横向摆动动作、焊条前移动作，如图1-12所示。

（1）焊条送进动作。焊条在电弧热的作用下，会逐步熔化缩短，为了保持电弧长度，必须将焊条朝着熔池方向（见图1-12）逐渐送进。要求焊条送进的速度与焊条熔化的速度相等，如果焊条送进速度过快，则电弧长度迅速缩短，使焊条与焊件接触，造成短路，电弧熄灭；如果焊条送进速度过慢，则电弧的长度增加，直至灭弧。

电弧长度对焊缝质量有极大的影响，一般而言，长电弧不稳定，空气容易侵入，导致产生气孔，热量不集中，散失大，焊缝熔深浅，电弧吹

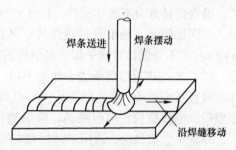

图1-12　焊条的三个基本运动

力小，容易产生夹渣。因此，一般焊接时，采用短弧、均匀的送进速度，保持电弧长度恒定，是获得质量优良焊缝的重要因素。

（2）焊条横向摆动动作。焊条横向摆动的目的是得到一定宽度的焊缝。焊条摆动的幅度与焊缝要求的宽度、焊条的直径有关。摆动越大，则焊缝越宽，但要保证焊缝两侧的良好熔合。一般焊缝宽度在焊条直径的2~5倍左右。

（3）焊条前移动作。焊条沿着焊接方向向前移动，对焊缝的成形质量影响很大。焊条前移的快慢表示焊接速度的快慢。过快则电弧来不及熔化足够的焊条与母材金属，造成焊缝灭面太小及形成未焊透等焊接缺陷；过慢则熔化金属堆积过多，产生溢流及成形不良，同时由于热量集中，薄件容易烧穿，厚件则产生过热，降低焊缝金属的综合力学性能。因此，焊条前移速度应适当，前移速度应根据电流大小、焊条直径、焊件厚度、装配间隙、焊缝位置、焊件材质等因素综合考虑。另外，焊条前移速度应均匀，不能时快时慢，以保证焊缝均匀一致。

上述三个动作不能机械地分开，而应互相协调，才能焊出满意的焊缝。

b　焊条角度

引弧后，应使焊条保持左右垂直，并与焊接方向成70°~80°夹角，如图1-13所示。

c　焊条电弧焊运条方法

焊条电弧焊运条方法是指焊接操作人员在焊接过程中，对焊条运动的手法。其与焊条角度、焊条运动三个基本动作共同构成了焊工操作技术，都是能否获得优良焊缝的重要操作因素。

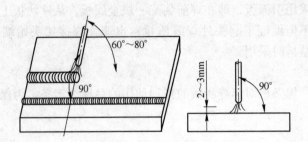

图 1-13 焊条角度

常用的运条方法如图 1-14 所示，其使用范围如下：

（1）直线形运条法。如图 1-14（a）所示，直线形运条法是指在焊接时保持一定的弧长，沿着焊接方向不摆动前移。由于焊条不作横向摆动，电弧比较稳定，焊接速度也较快，熔深比较浅，对于易过热焊件、薄板的焊接有利，但焊缝成形较窄。适用于板厚在 3～5mm 的不开坡口对接平焊、多层焊的第一层封底焊和多层多道焊。

（2）直线往返形运条法。如图 1-14（b）所示，直线往返运条法是焊条末端沿焊缝方向作来回直线形摆动。在实际操作中，电弧长度是变化的，焊接时保持较短的电弧。焊接一小段后，电弧拉长，向前跳动，待熔池稍凝，焊条又回到熔池继续焊接。该法焊接速度快、焊缝窄、散热快，适用于薄板和对接间隙较大的底层焊接。

（3）锯齿形运条法。如图 1-14（c）所示，锯齿形运条法是将焊条末端向前移动的同时作锯齿形的连续摆动。摆动运条时两侧稍加停顿，停顿时间视工件厚度、电流大小、焊缝宽度及焊接位置而定，这主要是为了保证两侧熔化良好，不产生咬边。锯齿形摆动的目的是为了控制焊缝熔化金属的流动和得到必要的焊缝宽度，并获得较好的焊缝成形。应用于平焊、立焊、仰焊的对接接头和立焊的角接接头。

斜锯齿形运条法适用于平、仰焊位置和 T 形接头焊缝和对接接头的横焊缝。运条时两侧的停留时间应是上长下短，以利于控制熔化金属的下流，有助于焊缝成形。

（4）月牙形运条法。如图 1-14（d）所示，月牙形运条法在实际生产中应用较广泛，操作方法与锯齿形相似。采用月牙形运条法时，为了使焊缝两侧熔合良好、避免咬边，应注意在月牙两尖端的停留时间。对熔池的加热时间相对较长，金属的熔化良好，容易使溶池中的气体析出和熔渣的浮出，能消除气孔和夹渣，焊缝质量较高。但由于熔化金属向中间集中，增加了焊缝表面的余高，所以不适用于宽度小的立焊缝。当对接接头平焊时，为避免焊缝金属过高和使两侧熔透，有时采用反月牙形运条法。

（5）三角形运条法。如图 1-14（e）所示，三角形运条法是焊条末端在前移的同时，作连续的三角形运动。根据场合的不同，可分为正三角形和斜三角形两种。

正、斜三角形运条法在实际应用时，应根据焊缝的具体情况而定，立焊时，在三角形折角处应作停顿；斜三角形转角部分的运条速度要慢些，如果对这些动作掌握得协调一致，就能取得良好的焊缝成形。

（6）圆圈形运条法。如图 1-14（f）所示，圆圈形运条法是焊条末端连续作圆圈运动，并不断前移。正圆圈运条法只适用于焊接较厚的焊件平焊缝。其优点是熔池在高温停留的时间长，使溶解在熔池中的氧、氮等气体有时间充分析出，同时也有利于熔渣的上浮。

斜圆圈运条法适用于平、仰焊位置的 T 形接头和对接接头的横焊缝。其特点是有利于控制熔化金属不受重力的影响而产生下淌现象，有助于横焊缝的成形。

（7）8 字形运条法。如图 1-14（g）所示，8 字形运条法是焊条末端连续作 8 字形运动，并不断前移。这种运条方法比较难掌握，只适用于宽度较大的对接焊缝及立焊缝的表面层焊缝。用此法焊接对接立焊的表面层时，运条手法需灵活，运条速度应快些，这样能获得焊波较细、均匀美观的焊缝表面。

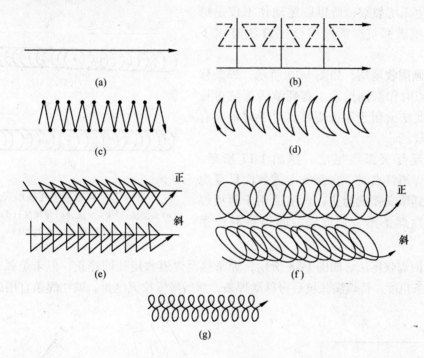

图 1-14　运条方法
（a）直线形；（b）直线往返形；（c）锯齿形；（d）月牙形；
（e）三角形；（f）圆圈形；（g）8 字形

以上几种焊条的运条方法是最基本的运条方法，在实际应用过程中，同一焊接接头焊缝，可根据自己的习惯进行选择。

C　焊道的连接

一条完整的焊缝是由若干根焊条焊接而成的，每根焊条焊接的焊道应有完好的连接。连接方式一般有四种：头尾法、头头法、尾尾法、尾头法，如图 1-15 所示。

第一种连接方式应用最多。接头的方法是在先焊的焊道弧坑前面约 10mm 处引弧，将拉长的电弧缓缓地移到原弧坑处，当新形成的熔池外缘与原弧坑外缘相吻合时，压低电弧，焊条再作微微转动，待填满弧坑后，焊条立即向前移动进行正常焊接。注意更换焊条的速度要快，采用"热接头"方法。

第二至第四种连接方式应用较少，一般用于长焊缝分段焊时，采用焊道的头与头相接、尾与尾相接和尾压头相接。它们的操作方法与第一种连接方式的操作方法基本相同，即利用长弧预热，适时而准确压弧，保证接头平滑。

　　D　焊缝的收尾

　　收尾是指焊接一条焊道结束时的熄弧操作。如何收尾，如果操作者无经验，收尾时即拉灭电弧，则会形成低于焊件表面的弧坑，过深的弧坑使焊道收尾处强度减弱，并容易造成应力集中而产生弧坑裂纹，所以收尾动作不仅是熄弧，还要填满弧坑。常用的收尾方法有以下三种：

　　（1）画圈收尾法。如图 1-16 所示，焊条移至焊道终点时作圆圈运动，直到填满弧坑再拉灭电弧。此法适用于厚板焊接，对于薄板则有烧穿的危险。

　　（2）反复灭弧收尾法。如图 1-17 所示，焊条移至焊道终点时，在弧坑上需数次反复熄弧引弧直到填满弧坑为止，此法适用于薄板焊接。但碱性焊条不宜用此法，因为容易产生气孔。

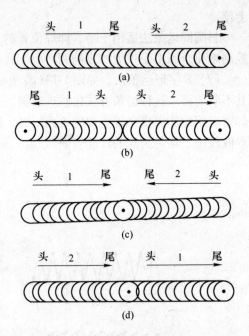

图 1-15　焊缝接头连接形式

（a）头尾法；（b）头头法；（c）尾尾法；（d）尾头法
1—先焊焊缝；2—后焊焊缝

　　（3）回焊收尾法。如图 1-18 所示，焊条移至焊道收尾处即停止，但未熄弧，此时适当改变焊条角度，待填满弧坑后再移动焊条，然后慢慢拉灭电弧。碱性焊条宜用此法。

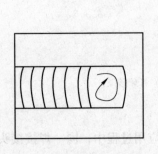

图 1-16　画圈收尾法

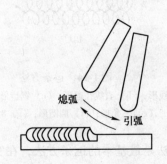

图 1-17　反复灭弧收尾法

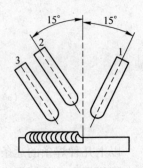

图 1-18　回焊收尾法

1.2.2.4　实训准备

　　A　焊接设备

BX1-300 型焊机一台或 WS-200 型逆变焊机一台。

　　B　焊条

焊条选用 E4303 型或 E5015 型，焊条直径为 2.5mm、3.2mm 和 4.0mm。

　　C　焊件

采用 Q235 钢板，规格为 200mm × 150mm × （3 ~ 12）mm。

D 工具

面罩、敲渣锤、焊缝检验尺、角向磨光机、放大镜等。

1.2.2.5 实训过程及操作要领

A 画线

在焊件上，用石笔以20mm的间距画出焊缝位置线，如图1-10所示。

B 电流选择

使用直径为2.5mm的焊条在60~90A范围内适当调节焊接电流；直径为3.2mm的焊条在90~120A范围内适当调节焊接电流。直径为4.0mm的焊条在140~180A范围内适当调节焊接电流。

C 操作过程

(1) 以焊缝位置线作为运条的轨迹，分别采用直线运条法、锯齿形运条法、正圆圈形运条法运条。要求焊后的焊件上不应有引弧痕迹，每条焊道尺寸符合技术要求，焊波均匀，无明显咬边。

(2) 操作过程中，变换不同的弧长、运条速度和焊条角度以了解诸因素对焊道成形的影响，并不断积累焊接经验。

(3) 进行起头、接头、收尾的操作训练。要求焊道的起头和连接处基本平滑，无局部过高现象，收尾处无弧坑。

(4) 每条焊缝焊完后，清理熔渣，分析焊接中的问题，再进行另外一条焊缝的焊接。

1.2.2.6 评分标准

评分标准见表1-4。

表1-4 评分标准

项 目	序 号	考核要求	配 分	评分标准	检测结果	得 分
实践操作	1	操作姿势	10	酌情扣分		
	2	焊道起头	10	酌情扣分		
	3	焊道接头	10	酌情扣分		
	4	焊道收尾	10	酌情扣分		
	5	运条方法	15	酌情扣分		
	6	焊缝宽度(10±2)mm	15	1处不合格扣2分		
	7	焊缝余高(3±1)mm	15	1处不合格扣2分		
	8	安全生产	15	酌情扣分		
总 分			100	总得分		

1.2.3 项目3：单面焊双面成形操作技术

1.2.3.1 实训目标

单面焊双面成形操作技术的训练目标有：

（1）掌握定位焊基本技能及定位焊缝特点。

（2）掌握单面焊双面成形的基本技能。

（3）熟练掌握灭弧法、连弧法在多层多道焊中的应用。

（4）掌握板-板焊接单面焊双面成形控制变形的方法。

（5）掌握板Ⅰ形、Ⅴ形坡口平对接焊的打底、填充、盖面层焊接的操作技能。

1.2.3.2　实训图样

板Ⅰ形、Ⅴ形坡口平对接焊单面焊双面成形实训图样如图 1-19 所示。

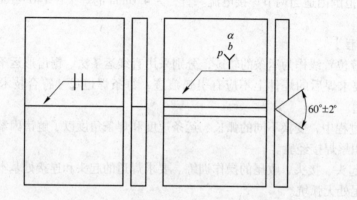

图 1-19　板Ⅰ形、Ⅴ形坡口平对接焊单面焊双面成形实训图样

技术要求：

（1）平对接单面焊双面成形。

（2）焊件根部间隙，$b = 3.2 \sim 4.0\text{mm}$，钝边 $p = 0.5 \sim 1\text{mm}$，坡口角度 $\alpha = 60°$。

（3）焊后变形量小于 $3°$。

1.2.3.3　实训须知

A　定位焊与定位焊缝

焊前为固定焊件的相对位置进行的焊接操作称为定位焊，俗称点固焊。定位焊形成的短小而断续的焊缝称为定位焊缝，或固焊缝。通常定位焊缝都比较短小，焊接过程中都不去掉，而成为正式焊缝的一部分保留在焊缝中，因此定位焊缝的质量好坏、位置、长度和高度等是否合适，将直接影响正式焊缝的质量及焊件的变形。根据经验，在生产中发生的一些重大质量事故，如结构变形大，出现未焊透及裂纹等缺陷，往往是定位焊不合格造成的，因此对定位焊必须引起足够的重视。

在焊接定位焊缝时，必须注意以下几点：

（1）必须按照焊接工艺规定的要求焊接定位焊缝。如采用与工艺规定相同牌号、直径的焊条，用相同的焊接参数施焊；若工艺规定焊前需预热，焊后需缓冷，则焊定位焊缝前也要预热，焊后也要缓冷。

（2）定位焊缝必须保证熔合良好，焊道不能太高，起头和收尾处应圆滑不能太陡，并防止在焊焊缝接头时两端焊不透的现象。

（3）定位焊缝的长度、余高、间距见表1-5。

表1-5　定位焊缝的参考尺寸　　　　　　　　　　　　　　　（mm）

焊件厚度	定位焊缝余高	定位焊缝长度	定位焊缝间距
<4	<4	5~10	50~100
4~12	3~6	10~20	100~200
>12	>6	15~30	200~300

（4）定位焊缝不能焊在焊缝交叉处或焊缝方向发生急剧变化的地方，通常至少应离开这些地方50mm才能焊定位焊缝。

（5）为防止在焊接过程中焊件裂开，应尽量避免强制装配，必要时可增加定位焊缝的长度，并减小定位焊缝的间距。

（6）在定位焊后必须尽快焊接，避免中途停顿或存放时间过长，定位焊用焊接电流可比正常焊接的焊接电流大10%~15%。

B　单面焊双面成形技术定义

在焊接锅炉及压力容器等结构时，有时要求焊接接头完全焊透，以满足受压部件的质量和性能要求。但由于构件尺寸和形状的限制，如小直径容器、管道，在里面无法施焊，只能在容器外侧进行焊接。如果在外侧采用常规的单面焊方法，里面会焊不透，存在咬边和焊瘤等缺陷，因此不能满足焊接质量的要求。

单面焊双面成形操作技术是采用普通焊条，以特殊的操作方法，在坡口背面没有任何辅助措施的条件下，在坡口的正面进行焊接，焊后保证坡口的正、反两面都能得到均匀、整齐，成形良好，符合焊接质量要求的焊缝的操作方法。它是焊条电弧焊中难度较大的一种操作技术，适用于无法从背面清除焊根并重新进行焊接的重要焊件。

C　单面焊双面成形技术接头形式

适用于焊条电弧焊单面焊双面成形的接头形式，主要有板状对接接头、管状对接接头和骑坐式管-板接头3种，如图1-20所示。按接头位置不同可进行平焊、立焊、横焊和仰焊等位置的焊接。

焊条电弧焊单面焊双面成形的焊接方法一般用于V形坡口对接焊、小直径容器环缝及管道对接焊、容器接管的管-板焊接。

单面焊双面成形在焊接方法上与一般的平焊、立焊、横焊、仰焊有所不同，但操作要点和要求基本一致。焊缝内不应出现气孔、夹渣，根部应均匀焊透，背面不应有焊瘤和凹陷等。

D　连弧焊和灭弧焊的特点

在进行单面焊双面成形焊接时，第一层打底焊道焊接是操作的关键，在电弧高温和吹力作用下，坡口根部部分金属被熔化形成金属熔池，在熔池前沿会产生一个略大于坡口装配间隙的孔洞，称为熔孔，如图1-21所示。焊条药皮熔化时所形成的熔渣和气体可通过

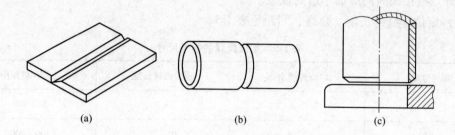

图 1-20　单面焊双面成形的接头形式
（a）板状对接接头；（b）管状对接接头；（c）管-板接头

熔孔对焊缝背面有效保护。同时，焊件背面焊道的质量由熔孔尺寸大小、形状、移动的均匀程度来决定。

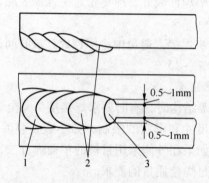

图 1-21　熔孔
1—焊缝；2—熔池；3—熔孔

　　单面焊双面成形按照第一层打底焊时的操作手法不同，可分为连弧焊法（又称连续施焊法）和灭弧焊法（又称间断灭弧施焊法）两种。
　　a　连弧焊法
　　连弧焊法在焊接过程中电弧连续燃烧，不熄灭，采取较小的坡口钝边间隙，选用较小的焊接电流始终保持短弧连续施焊。焊缝背面成形比较细密整齐，能够保证焊缝内部质量要求。但如果操作不当，焊缝背面易造成未焊透或未熔合的现象。操作时，从定位焊缝上引弧，焊条在坡口内侧作月牙形或锯齿形运条，但应保证熔池间有 2/3 重叠。熔孔明显可见，每侧坡口根部熔化缺口为 0.5mm 左右，同时听到击穿的"噗噗"声音。更换焊条要迅速，在接头处后面约 10mm 处引弧。
　　b　灭弧焊法
　　灭弧焊法在焊接过程中，通过电弧反复交替燃烧与熄灭并控制熄弧时间，从而控制熔池的温度、形状和位置，以获得良好的背面成形和内部质量。灭弧焊采取的坡口钝边间隙比连弧焊稍大些，选用的焊接电流范围也较宽，使电弧具有足够的穿透能力。在进行薄板、小直径管焊接和实际产品装配间隙变化较大的条件下，采用灭弧焊法施焊更显得灵活和适用。由于灭弧焊操作手法变化较大，掌握起来有一定的难度，要求焊工具有较熟练的操作技术。

1.2.3.4　实训准备

A　焊接设备

BX1-300 型焊机一台或 WS-200 型逆变焊机一台。

B　焊条

焊条选用 E4303 型或 E5015 型，焊条直径为 2.5mm、3.2mm 和 4.0mm。

C　焊件

采用 Q235 钢板，规格为 200mm×150mm×(3~12)mm，坡口面角度为 30°。

D　工具

面罩、敲渣锤、焊缝检验尺、角向磨光机、放大镜等。

1.2.3.5　实训步骤与操作要领

A　焊件装配

a　钝边

0.5~1mm，要求坡口平直。

b　清理

清除坡口面及其正、反两侧 20mm 范围内的油、锈、水分及其他污物，直至露出金属光泽。

c　焊件装配与定位焊

将两块钢板装配成 V 形坡口的对接接头，预留一定的根部间隙，终焊端的根部间隙应大于始焊端（装配时可分别用直径为 3.2mm、4.0mm 的焊条芯夹在焊件两端)，终焊端的根部间隙放大是考虑到焊接过程中的横向收缩量以保证熔透坡口根部所需要的间隙。然后在焊件背面的端部进行定位焊，定位焊缝的长度为 10~15mm，必须焊牢，以防止收缩作用造成末端坡口间隙变小而影响打底层焊接。焊件装配尺寸见表 1-6，如图 1-22 所示。

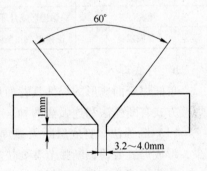

图 1-22　焊件及坡口尺寸

表 1-6　焊件装配尺寸

焊件厚度/mm	根部间隙/mm		坡口角度/(°)	钝边/mm	反变形量/(°)	错边量/mm
	始焊端	终焊端				
3~12	3.2	4.0	60	0.5~1	≤3	≤1

d　预留反变形量

由于 V 形坡口具有不对称性，只在一侧焊接，焊缝在厚度方向横向收缩不均，钢板会向上翘起产生角变形，其大小用变形角 α 来表示。变形角应控制在 3°以内，为此采用反变形法来预防焊后的角变形，即焊前将组对好的焊件向焊后角变形的相反方向折弯成一定的反变形量。如磕打法、测量法等。反变形量的控制与个人的工作经验息息相关。如图 1-23 所示。

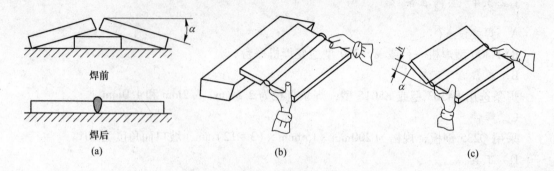

图 1-23　预留反变形量
（a）焊前、焊后反变形示意图；（b）测量法；（c）磕打法

B　焊接

a　焊接工艺参数

确定焊接工艺参数见表 1-7。

表 1-7　焊接工艺参数

焊接层次	运条方法	焊条直径/mm	焊接电流/A
打底层	灭弧焊法	3.2	100 ~ 105
填充层	锯齿形或月牙形运条法	4.0	150 ~ 170
盖面层	锯齿形或正圆圈形运条法		140 ~ 160

b　打底焊

单面焊双面成形的焊件其背面焊缝是否符合质量要求，关键在于底层的焊接。底层的焊接方式有断弧法和连弧法两种。

（1）断弧法。打底层断灭弧焊单面焊双面成形的操作要领是电弧要短，给送熔滴要少，形成焊缝要薄，断弧节奏要快。

正式焊接前，先在试板上试焊，检查焊接电流是否合适及焊条有无偏吹现象，确认无误后，从焊件间隙较小的一端开始引弧。

首先使焊条与定位焊缝接触，电弧引燃后迅速拉长，并作轻轻摆动，预热始焊部位，约 2 ~ 3s，然后立即将电弧压向坡口间隙根部，可以看到定位焊缝及坡口根部金属熔化形成熔池，并听到"噗噗"声，立即断弧，使之形成第一个熔池座。此时的焊条与焊件的角度为 30° ~ 50°，如图 1-24 所示。

当第一个熔池的部分金属已呈凝固状态（熔池颜色由明亮开始变暗）时，迅速将焊条落在熔池 2/3 处引弧，沿坡口一侧摆动到另一侧，然后向后方熄弧。接着新熔池的颜色变暗时，立即在刚熄弧的坡口那一侧引弧，压弧焊接之后再运条至另一侧，听到"噗噗"声立即熄弧（要求在两侧①②③④点均应作瞬间停顿，使钝边每侧熔化 0.5 ~ 1mm，形成大小均匀的熔孔）。这样左右击穿，周而复始，直至完成打底层焊接。

断弧焊法要求每个熔滴都要准确送到欲焊位置，燃熄弧节奏应控制在 45 ~ 55 次/min。

节奏过快，坡口根部熔不透；节奏过慢，熔池温度过高，焊件背面焊缝会超高（应控制在2mm以下），甚至出现焊瘤和烧穿等焊接缺陷。同时，每形成一个熔池都要在其前面出现一个熔孔，熔池的轮廓由熔池边缘和坡口两侧被熔化的缺口构成，如图1-24所示。打底层的焊接质量主要取决于熔孔的大小和间距，熔孔应大于根部间隙1~2mm，其间距始终应保持熔池之间有2/3的搭接量。

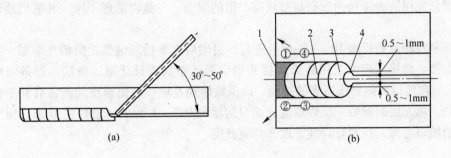

图1-24 打底层焊

(a) 焊条角度；(b) 熔孔的大小与间距

1—定位焊缝；2—焊道；3—熔池；4—熔孔

更换焊条前，压低电弧向熔池前沿连续过渡一两滴熔滴，使其背面饱满，防止形成冷缩孔，随即熄弧，更换焊条要快，迅速地进行接头。

接头时，在图1-25所示的位置①重新引弧，沿焊道焊至接头处的位置②，作长弧预热来回摆动几下之后（位置③④⑤⑥），在位置⑦压低电弧。当出现熔孔并听到"噗噗"声时，迅速熄弧。这时接头操作结束，转入正常断弧焊法。

(2) 连弧法。连弧法是在焊接过程中，电弧始终燃烧并作有规则的摆动，使熔滴均匀地过渡到熔池中，达到良好的背面焊缝成形。一般采用较小的根部间隙、适当的焊接电流、与电流相适宜的焊接速度，并通过熟练的运条动作，就可以获得均匀、细腻的背面焊缝。

操作时，从定位焊缝上引弧，焊条在坡口内作U形运条，如图1-26所示。电弧从坡口两侧运条时均稍停顿，焊接频率约为50个/min熔池。应保证熔池间重叠2/3，熔孔明显可见，每侧坡口根部熔化缺口为0.5mm左右，同时听到击穿坡口的"噗噗"声。一般3.2mm直径的焊条可焊长约80mm的焊缝。

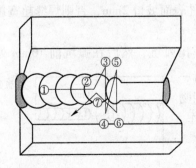

图1-25 更换焊条时的电弧轨迹

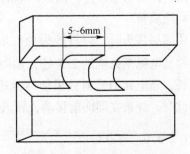

图1-26 连弧法焊接的运行轨迹

更换焊条应迅速，在接头处的熔池后面约 10mm 处引弧。焊至熔池处，应压低电弧击穿熔池前沿，形成熔孔，然后向前运条，以 2/3 的弧柱在熔池上，1/3 的弧柱在焊件背面燃烧为宜。收尾时，将焊条运动到坡口面上缓慢向后方提起收弧，以防止在弧坑表面产生缩孔。

c　填充焊

施焊前先用清渣锤和钢丝刷将打底层焊道的熔渣、飞溅物清理干净，并适当地调节焊接电流。

引弧要在距离始焊端 10～15mm 处进行，引燃后立即抬起电弧拉向始焊端部，压低电弧开始焊接。焊接过程中采用连弧焊接和锯齿形运条法或月牙形运条法，焊条倾角如图 1-27 所示。在坡口两侧要作适当的停顿，以保证熔池及坡口两侧温度均衡，有利于良好熔合和排渣。填充层的最后一层焊道应比坡口边缘低 0.5～1.5mm，最好呈 U 形，便于盖面时能看清坡口边缘，控制好焊缝宽度和焊缝高度。

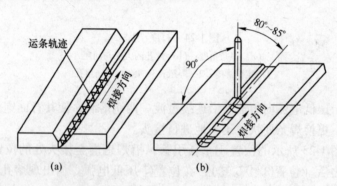

图 1-27　填充层操作

（a）运条方法；（b）焊条角度

d　盖面焊

盖面层的质量关系到焊件的外观质量是否合格，并且要注意焊接变形能否使焊件达到平整状态。

盖面焊时，焊接电流要低于填充焊 10%～15%，采用锯齿形或正圆圈形运条法，焊条与焊接方向倾角为 75°～85°。焊接过程中，焊条摆动幅度要比填充焊大，摆动幅度一致、运条速度均匀，在坡口两侧要稍作停顿，随时注意坡口边缘良好熔合，防止咬边。焊条的摆幅由熔池的边缘确定，保证熔池的边缘不得超过焊件表面坡口 2mm，否则焊缝超宽影响盖面焊缝质量。

盖面层接头时，应将接头处的熔渣轻轻敲掉仅露出弧坑，然后在弧坑前 10mm 处引弧，拉长电弧至弧坑的 2/3 处，如图 1-28 所示，保持一定弧长，靠电弧的喷射效果使熔池边缘与弧坑边缘相吻合。此时，焊条立即向前移动，转入正常的盖面焊操作。

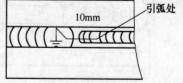

1.2.3.6　评分标准

评分标准见表 1-8。

图 1-28　盖面层焊接

表1-8　评分标准

序号	考核内容	考核要点	配分	评分标准	扣分	得分
1	焊前准备	（1）工件准备（焊前、焊后）； （2）定位焊； （3）焊接参数调整	5	（1）工件清理不干净； （2）定位焊定位不正确； （3）焊接参数调整不正确	扣1分 扣2分 扣2分 （扣完为止）	
2	焊缝外观质量	（1）焊缝余高； （2）焊缝余高差； （3）焊缝宽度差； （4）背面余高； （5）背面凹坑； （6）焊缝直线度； （7）角变形； （8）错边； （9）咬边； （10）气孔、夹渣、裂纹	50	（1）焊缝余高 >3mm； （2）焊缝余高差 >2mm； （3）焊缝宽度差 >3mm； （4）背面余高 >2mm； （5）背面凹坑 >1mm 或长度为总长度的 1/4 且 <25mm； （6）焊缝直线度 >2mm； （7）角变形 >3°； （8）错边 >1.2mm； （9）咬边 ≤0.5mm，累计长度每 5mm 扣 1 分，咬边深度 >0.5mm，或累计长度为总长度的 1/4 且 <25mm； （10）允许 ≤2mm 的气孔 4 个、夹渣深 ≤0.1δ（δ 为夹渣距离焊缝表面的深度），长 ≤0.3δ，允许 3 个，裂纹不允许出现	扣5分 扣5分 扣5分 扣5分 扣5分 扣5分 扣5分 扣5分 扣5分 扣5分 （扣完为止）	
3	焊缝内部质量	承压设备无损检测：JB/T 4730.2—2005	35	射线探伤后按 JB/T 4730.2—2005 评定： （1）焊缝质量达到 I 级； （2）焊缝质量达到 II 级； （3）焊缝质量达不到 II 级，此项考试按不及格论	扣0分 扣15分 扣35分 （扣完为止）	
4	安全文明生产	（1）劳保用品； （2）焊接过程； （3）场地清理	10	（1）劳保用品穿戴不齐； （2）焊接过程有违反安全操作规程的现象； （3）场地清理不干净，工具摆放不整齐	扣2分 扣5分 扣3分 （扣完为止）	
5	考试用时45min	考试用时超时		超时在总分中扣除，每超过时间允许差 5min（不足 5min 按 5min 计算） 超过额度时间15min	扣总分5分 本题0分	
合　计			100			

1.3　板-板焊接技能训练

1.3.1　项目1：板-板对接立焊

1.3.1.1　实训目标

板-板对接立焊的训练目标有：

（1）掌握立焊熔池形状与温度的控制。

（2）掌握 I 形、V 形坡口板对接立焊焊条电弧焊单面焊双面成形的操作要领。

1.3.1.2　实训图样

板 I 形、V 形坡口立对接焊实训图样如图 1-29 所示。

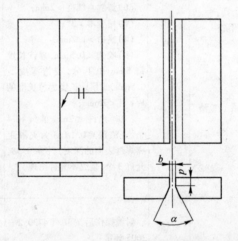

图 1-29　板立对接焊实训图样

技术要求：

（1）立对接单面焊双面成形。

（2）焊件根部间隙，$b = 3.2 \sim 4.0mm$，钝边 $p = 0.5 \sim 1mm$，坡口角度 $\alpha = 60° \pm 5°$。

（3）焊后变形量小于 $3°$。

（4）固定高度一般为 $600 \sim 800mm$。

1.3.1.3　实训须知

板-板对接立焊时，焊件焊缝坡口呈垂直向上位置。熔滴和熔渣受重力作用容易下淌。当焊接电流选择不当或操作方法不当时，易产生焊瘤，且成形低劣。打底焊时，由于酸性熔渣的流动性较差，极易阻碍熔滴向熔池的过渡，使电弧不稳定，并使空气侵入熔池，产生气孔。因此，应采用短弧焊接，正确的焊条倾角和运条方法成为立焊单面焊双面成形的关键。

立焊时，若焊接参数和运条方法选择合理，可以借助铁液和熔渣的下坠作用清晰地观察熔孔的尺寸和形状，从而可控制焊缝背面成形的尺寸和焊缝高度。

立焊时，金属熔池对铁液和熔渣的依托作用优于其他位置，因此熔池的温度容易控制，可采用断弧焊法中较为稳妥的单点击穿方法进行焊接。立焊因操作不当造成焊缝烧穿铁液下淌的可能性较小，因而有利于接头。

1.3.1.4 实训准备

A 焊接设备

BX1-300 型焊机一台或 WS-200 型逆变焊机一台。

B 焊条

焊条选用 E4303 型或 E5015 型，焊条直径为 2.5mm、3.2mm 和 4.0mm。

C 焊件

采用 Q235 钢板，规格为 200mm×150mm×(3～12)mm，坡口面角度为 30°。

D 工具

面罩、敲渣锤、焊缝检验尺、角向磨光机、放大镜等。

1.3.1.5 实训步骤及操作要领

A 焊件装配

a 钝边

0.5～1mm，要求坡口平直。

b 清理

清除坡口面及其正、反两侧 20mm 范围内的油、铁锈、水分及其他污物，直至露出金属光泽。

c 焊件装配与定位焊

将焊件背面朝上进行组对，检查有无错边现象，留出合适的根部间隙，始焊端预留间隙 3.2mm，终焊端预留间隙 4.0mm。在焊件两端进行定位焊，终焊端定位焊缝要牢固，以防焊接过程中焊缝收缩使间隙尺寸减小或开裂。定位焊后的焊件表面应平整，错边量不超过 1mm。检查无误后，将焊件通过磕打留出反变形量。焊件装配各项尺寸见表 1-9。

表 1-9 焊件装配尺寸

焊件厚度/mm	坡口角度/(°)	根部间隙/mm	钝边/mm	反变形角度/(°)	错边量/mm
3～12	30	3.2～4.0	0.5～1	3	≤1

B 焊接工艺参数

确定焊接工艺参数见表 1-10。

表 1-10 焊接工艺参数

焊接层次	运条方法	焊条直径/mm	焊接电流/A
打底层	左右挑弧法、断弧焊法	3.2	110～130
填充层	锯齿形运条法	3.2	100～110
盖面层	锯齿形、月牙形运条法	3.2	80～100

C　焊接

采用立向上焊接，始焊端在下方。

a　引弧、施焊

在定位焊缝的下端焊缝表面引弧，移至定位焊缝接头处，稍加预热后，将焊条向坡口根部顶一下，听到"噗噗"声后（表明坡口根部已被熔透，第一个熔池已形成），此时熔池前方应有熔孔，该熔孔向坡口两侧各深入 0.5～1mm，左右摆动几秒钟后，果断灭弧，以确保背面焊缝成形良好。灭弧时间应视熔池金属凝固时间、状态而定，当熔池金属即将凝固的一瞬间，立即送进施焊，进而形成第二个熔池，依此类推，如图 1-30 所示，直至焊完一根完整的焊条。在焊接过程中应确保形成的熔孔大小均匀一致。

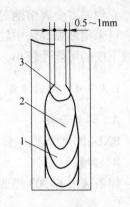

图 1-30　断弧焊熔孔的大小
1—焊缝；2—熔池；3—熔孔

单面焊双面成形打底焊时，每分钟的熄弧次数应确保不能低于 50～60 次/min，以免根部热影响区开裂，影响焊接质量。

b　焊条角度

焊条角度如图 1-31 所示。焊条与试板两侧夹角要确保 90°，以防电弧热量分布不均，击穿单边坡口。焊条向下倾角为 65°～80°，开始焊接时，由于试板两侧温度较低，可将焊条角度提高到 85°，焊接焊缝上部时，手臂伸长，焊条角度发生变化，因此要注意控制焊条角度，以防焊条倾角过大，介入空气，产生气孔。

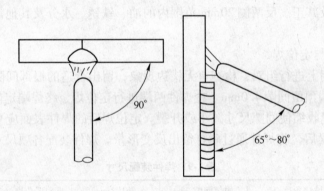

图 1-31　打底焊时焊条的角度

c　熔孔大小的控制

看——观察熔池形状和熔孔大小，并基本保持一致。熔池形状应为椭圆形，每个熔池前面始终应有一个深入母材两侧 0.5～1mm 的熔孔。

当熔孔过大时，可用以下三种方法减小熔孔：

（1）可适当地缩短燃弧时间，延长熄弧时间。

（2）可微微抬起电弧，左右摆动，让电弧多停留在熔池两侧的坡口面上。

（3）可将电弧的大部分，甚至全部下移至熔池，尽可能让电弧不击穿坡口，当熔池的铁水慢慢铺开，使熔孔的尺寸减小到原来的形状时恢复正常的操作手法。

切不可将电弧深入熔孔，以免背面焊缝过高或者形成焊瘤。操作时，根据具体情况，三种方法可单独使用也可以结合起来使用。

当钝边较厚或者间隙过小导致坡口不能击穿形成熔孔时，可以适当减小倾角，同时将焊条深入坡口，压低电弧，用大部分电弧击穿坡口根部以形成熔孔，也可改为连弧焊，当熔孔形成后，再恢复到原来的焊接手法。

听——注意听电弧击穿坡口根部发出的"噗噗"声，如没有这种声音就是没焊透。一般应保持焊条端部离坡口根部 1.5～2mm 为宜。

准——施焊时，熔孔的端点位置应把握准确，焊条的中心要对准熔池前端与母材的交界处，使每一个熔池与前一个熔池搭接 2/3 左右，保持电弧的 1/3 部分在焊件背面燃烧，以加热和击穿坡口根部，使背面焊缝成形良好。

d　收弧

打底焊道需要更换焊条停弧时，先在熔池上方做一熔孔，然后向坡口内侧下端回焊 10～15mm 停弧，或者以正常焊接时送入熔池液态金属量的一半，在熔池与坡口接触的边缘轻轻点焊两下，以减缓熔池的凝固速度，以防止冷缩孔和弧坑裂纹的产生。

e　接头

接头可分为热接和冷接两种方法。

（1）热接。当弧坑还处在红热状态下，在弧坑下方 10mm 左右焊缝表面划擦引弧，电弧引燃后，焊条端部运条至熔池 2/3 处时迅速压低电弧以防空气介入，产生气孔。向上运条至熔孔根部时。使焊条与焊件的下倾角增大到 90°左右，将焊条沿着预先做好的熔孔向坡口根部顶一下，听到"噗噗"声后，稍作停顿，恢复正常焊接，使背面焊缝接头饱满。停顿时间一定要适当，若过长，易使背面产生焊瘤；若过短，则易形成接头内凹或接头脱节等不良缺陷，另外接焊条的动作越快越好。

（2）冷接。当接头处熔池温度下降较多时，也可采用冷接法。采用冷接法时，用砂轮或扁铲将已焊的焊道收弧处，打磨成一个 10～15mm 的斜坡，在斜坡上引弧并预热，使弧坑根部温度逐渐升高，当焊至斜坡最低处时，将焊条沿预先作好的熔孔向根部顶一下，听到"噗噗"声后，稍作停顿并提起焊条进行正常的焊接。

f　接头的封闭

应先将待封闭焊缝始端修磨成斜坡形，待焊至斜坡前沿时，压低电弧，击穿坡口，并稍作停留后，恢复正常的弧长，连弧焊至与始焊缝重叠约 10mm 处，填满弧坑即可熄弧。

g　打底层厚度

要求坡口背面的高度约 1.5～2mm，正面厚度为 2～3mm。

D　填充焊

a　清理

填充焊前，应对打底焊道仔细进行清渣，应特别注意死角处的熔渣清理，接头处产生的凸起要用角向磨光机或錾子打平，形成焊道与坡口面的圆滑过渡，打磨时不得伤及坡口面。

b　引弧

在距离始焊端上方 10mm 左右处引弧后，将电弧拉回到始焊端，预热几秒钟后再压低电弧施焊，每次都应按此法进行，否则易产生夹渣等缺陷。

c　焊条角度与运条方法

焊条与试板的下倾角为 75°~80°，比打底焊时可稍小些，与试板两侧夹角要确保 90°，以防电弧热量分布不均。采用月牙形或横向锯齿形连弧运条，如图 1-32 所示，电弧要尽量短些。

d　焊接

填充层焊接一般需要两层，焊条伸入坡口的深浅直接影响着焊缝的高度。焊接第二层填充层时，应使焊条伸入坡口 2~3mm，以确保填充层比母材表面低 1~2mm，否则，易导致填充层焊缝过高或过低，影响盖面层的操作。焊条运至坡口两端要稍加停留，使熔池成扁圆形，以利熔合及排渣，防止立焊缝两边产生夹角缺陷。切记不可抬高电弧，熔化坡口棱边。填充层表面应平整，且呈凹形。

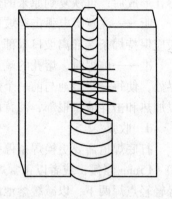

图 1-32　填充焊、表面焊运条法

E　盖面焊

a　引弧

引弧同填充层，运条手法采用月牙形或横向锯齿形连弧运条，如图 1-32 所示，焊条与试板的下倾角为 80°~85°，两侧夹角为 90°。

b　焊接

盖面焊时，在保证焊条端部高于上坡口的前提下，电弧越短越好。焊条的摆动频率应比平焊缝快些，当摆至坡口边缘时，焊条截面的 1/3 或 1/2 应对准坡口上缘，并稍作停留，使熔池成扁圆形，既可保证焊缝与坡口熔合良好，又可避免咬边等缺陷。

c　接头

换焊条前收弧时，应对熔池填些铁水，迅速更换焊条后，再在弧坑上方 10mm 左右处引弧，将电弧拉至原弧坑处预热几秒，待熔池表面熔化，压低电弧填满弧坑后，可继续施焊。清渣后的焊件要保持原始焊缝，不得修磨。

盖面焊缝余高、熔宽应保持均匀，无咬边、夹渣等焊接缺陷。

1.3.1.6　评分标准

评分标准见表 1-11。

表 1-11　评分标准

项目	序号	考核要求	配分	评分标准	检测结果	得分
焊缝外观检测	1	表面无裂纹	8	有裂纹不得分		
	2	无烧穿	8	有烧穿不得分		
	3	无焊瘤	8	若有，每处扣 4 分		
	4	无气孔	6	若有，每处扣 4 分		
	5	无咬边	6	深 <0.5mm，每 10mm 扣 4 分；深 >0.5mm，每 10mm 扣 4 分		
	6	无夹渣	10	若有，每处扣 3 分		

项目	序号	考核要求	配分	评分标准	检测结果	得分
焊缝外观检测	7	无未熔合	10	深＜0.5mm，每处扣3分		
	8	焊缝起头、接头、收尾无缺陷	8	凡脱节或超高每处扣3分		
焊缝内部检测	9	焊缝内部无气孔、夹渣、未焊透、裂纹	8	射线探伤后按 JB/T 4730.2—2005 评定： （1）焊缝质量达到Ⅰ级不扣分； （2）焊缝质量达到Ⅱ级扣8分； （3）焊缝质量达到Ⅲ级，此项考试按不及格论		
焊缝外形尺寸	10	焊缝允许宽度(13±2)mm	10	超差1mm，每处扣3分		
	11	焊缝余高0~3mm	6	超差1mm，每处扣3分		
焊后变形错位	12	角变形≤3°	4	超差不得分		
	13	错边量≤0.5mm	4	超差不得分		
安全文明生产	14	违章从得分中扣除	4	按实际情况酌情扣分		
总　分			100	总得分		

1.3.2　项目2：板T形接头立角焊

1.3.2.1　实训目标

板T形接头立角焊的训练目标有：

（1）掌握立角焊时不同焊脚尺寸的运条方法。

（2）掌握立角焊时的焊条角度。

（3）掌握立角焊熔池形状与温度的控制。

1.3.2.2　实训图样

立角焊实训图样如图1-33所示。

技术要求：

（1）焊缝表面平直，焊波均匀，无咬边现象。

（2）焊脚尺寸 $K = (12±2)$mm。

（3）焊后用煤油检验焊缝质量。

（4）焊件一经施焊，不得改变焊接位置。

（5）固定高度一般为600~800mm。

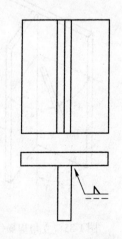

图1-33　立角焊实训图样

1.3.2.3 实训须知

立角焊是指 T 形接头焊件处于立焊位置时的操作。

立角焊与对接立焊的操作有许多相似之处，如用小直径焊条和短弧操作，操作姿势和握焊钳的方法基本相似。为了掌握立角焊的操作技能，还应了解以下操作要领。

A 熔池形状的控制

立角焊的关键是控制熔池形状。焊接时，熔池金属位于两直角板的夹角内，较容易控制。但是要获得良好的焊缝形状，焊条应根据熔池温度状况作有节奏地左右摆动并向上运条。

当温度过高时，熔池下边缘轮廓逐渐凸起变圆，甚至会产生焊瘤，如图 1-34 所示。这时可加快摆动节奏，同时让焊条在焊缝两侧停留时间长一些，直到把熔池下部边缘调整成平直外形。焊接底层时使熔池外形保持为椭圆形；焊接填充层、盖面层时为扁圆形。不论选择什么形状，都要使熔池外边缘保持平直，熔池宽度一致，厚度均匀。

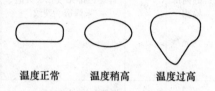

温度正常　　温度稍高　　温度过高

图 1-34　熔池形状与熔池温度的关系

B 焊接电流的选择

由于立角焊时熔池金属的热量向三个方向传递，散热条件较好，所需的焊接电流较对接立焊时要大一些，以保证焊缝两侧有良好的熔合。

C 焊条角度

为了使焊件能够均匀受热并有一定的熔深，焊接时焊条应处在两板面的角平分线位置上，并使焊条与焊件成 75°~90° 的下倾角，如图 1-35 所示。可利用电弧对熔池向上的吹力，使熔滴顺利过渡并托住熔池。

D 运条方法

对于焊脚尺寸较小的焊缝，可采用短弧挑弧法或断弧焊法。当焊脚尺寸较大时，可采用月牙形、三角形和锯齿形运条法，如图 1-36 所示。

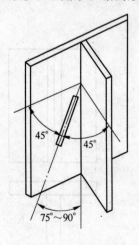

图 1-35　立角焊操作

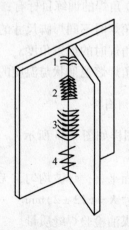

图 1-36　立角焊的运条方法

1—短弧挑弧运条；2—三角形运条；3—月牙形运条；4—锯齿形运条

运条时应采用短弧施焊。短弧焊是指焊接时弧长不大于焊条直径。短弧既可以控制熔滴过渡准确到位，又可避免因电弧电压过高而使熔池温度升高，以致难以控制熔化过程。

E 合理运用焊钳方法

如图 1-37 所示，握焊钳的方法有正握法和反握法两种，一般在操作方便的情况下均用正握法。当焊接部位距地面较近使焊钳难以摆正时采用反握法。正握法在焊接时较为灵活，活动范围大，尤其立焊位置时便于控制焊条摆动的节奏。因此，正握法是常用的握焊钳方法。

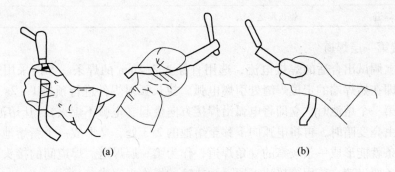

图 1-37 握焊钳的方法
(a) 正握法；(b) 反握法

1.3.2.4 实训准备

A 焊接设备
BX1-300 型焊机一台或 WS-200 型逆变焊机一台。

B 焊条
焊条选用 E4303 型或 E5015 型，焊条直径为 2.5mm、3.2mm 和 4.0mm。

C 焊件
采用 Q235 钢板，200mm×150mm×(3～12)mm 及 200mm×100mm×(3～12)mm 钢板各一块。

D 工具
面罩、敲渣锤、焊缝检验尺、焊条保温桶、角向磨光机、放大镜等。

1.3.2.5 实训步骤及操作要领

A 焊件装配
a 清理
清理焊件表面上的铁锈、油污。

b 装配与定位焊
将焊件清理干净并矫平之后，装配成 T 形接头，并在焊件两端对称进行定位焊，定位焊缝长约 10～15mm。

B 焊接
a 确定焊接工艺参数

立角焊一般均采用多层焊，具体焊缝的层数根据焊件的厚度或图样给定的焊脚尺寸来确定。该焊件的板厚为12mm，确定焊脚尺寸为(12±2)mm，采用三层三道焊接，焊接工艺参数见表1-12。

表 1-12 焊接工艺参数

焊 接 层 次	运 条 方 法	焊条直径/mm	焊接电流/A
第一层焊道	短弧挑弧法、三角形法	3.2	110～125
第二层焊道	锯齿形运条法	3.2	110～130
第三层焊道	锯齿形运条法	3.2	90～110

b 焊接第一层焊道

在试板上调试出合适的焊接电流，选用直径为3.2mm的焊条。本例采用短弧挑弧法进行焊接，即在始焊端的定位焊缝处引燃电弧，拉长弧对焊件进行预热1～2s后，压弧焊接。当形成第一个熔池时，立即将电弧沿焊接方向挑起（电弧不熄灭），让熔池冷却凝固。待熔池颜色由亮变暗时，再将电弧向下移至熔池的2/3处，又形成一个新熔池。这样不断有节奏地运条就能形成一条较窄的立角焊道，作为第一层焊道。焊道间的接头可采取热接法，更换焊条要迅速。若用冷接法可通过预热法的操作来完成。

短弧挑弧法焊接要根据熔池的熔化状况进行挑弧和落弧。若前一个熔池尚未冷却，还处于红热状态时而急于落弧，使局部温度过高，会产生焊瘤等缺陷。

c 焊接第二层焊道

清理前一层焊道的熔渣后，采用锯齿形运条法进行焊接，为了避免出现咬边等缺陷，除选用合适的焊接电流外，焊条在焊道中间摆动应稍快些，两侧稍作停顿，使熔化金属填满焊道两侧边缘部分，并保持每个熔池均成扁圆形，即可获得平整的焊道。

d 第三层焊道即盖面焊

由于连续焊接，焊件温度会相应升高，焊接电流要作适当地调节，应比第二层焊道稍小些。盖面焊也采用锯齿形运条法，焊条摆动的宽度要小于所要求的焊脚尺寸，如所要求的焊脚尺寸为12mm，焊条摆动的范围应在10mm以内（考虑到熔池的熔宽），待焊缝成形后就可达到焊脚尺寸的要求。

焊接过程中应在待焊处引弧，不允许焊件表面随意引弧。

1.3.2.6 注意事项

操作时要注意：

（1）掌握电弧焊焊接设备的使用性能，根据焊件材料选择焊接工艺参数。

（2）焊条必须按规定要求烘干，随用随取。

（3）焊前将焊缝两侧10～20mm范围内清理干净，直至露出金属光泽。

（4）焊件一经施焊，不得改变焊接位置，焊接完毕后，将焊缝表面清理干净，并保持原始状态。

（5）焊缝应无咬边，接头处无脱节和超高现象，焊缝表面波纹应均匀、宽度一致、无夹渣等缺陷。

（6）严格按照安全操作规程进行操作，安全文明生产。

1.3.2.7 评分标准

评分标准见表1-13。

表1-13 评分标准

项 目	序号	考核要求	配分	评 分 标 准	检测结果	得分
焊脚高度	1	焊脚高度（10±1）mm	8	每超差1mm扣4分		
焊缝余高差	2	≤1	8	每超差1mm扣4分		
焊缝宽窄差	3	≤1	8	每超差1mm扣4分		
焊瘤	4	无	8	每处扣3分		
接头形式	5	良好	6	凡脱节或超高每处扣3分		
夹渣	6	无	8	若有夹渣，每处扣8分		
咬边	7	无	10	深<0.5mm，每10mm扣4分；深>0.5mm，每10mm扣4分		
气孔	8	无	6	若有，每处扣3分		
弧坑	9	无	8	若有，每处扣4分		
焊缝成形	10	整齐、美观	12	整齐、美观，否则每项扣4分		
焊件变形	11	≤1°	4	凡大于1°扣4分		
电弧擦伤	12	无	4	若有，每处扣2分		
表面清洁	13	清洁	6	若有不清洁处，每处扣3分		
安全文明生产	14	安全文明操作	4	按实际情况酌情扣分		
总 分			100	总 得 分		

1.3.3 项目3：板-板对接横焊

1.3.3.1 实训目标

板-板对接横焊的训练目标有：
(1) 掌握板对接横焊的分类及焊接特点。
(2) 掌握Ⅰ形、V形坡口板对接立焊焊条电弧焊单面焊双面成形的操作要领。

1.3.3.2 实训图样

对接横焊实训图样如图1-38所示。
技术要求：
(1) 平对接单面焊双面成形。
(2) 焊件根部间隙，$b=3.2\sim4.0$mm，钝边$p=0.5\sim1$mm，坡口角度$\alpha=60°$。
(3) 焊后变形量小于3°。
(4) 固定高度一般为600~800mm。

1.3.3.3 实训须知

对接横焊是指对接接头焊件处于垂直而接口处于水平位置时的焊接操作。

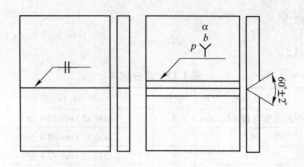

图 1-38　板对接横焊实训图样

对接横焊时，熔化金属在自重的作用下容易下淌，并且在焊缝的上侧易出现咬边，下侧易出现下坠而造成未熔合和焊瘤等焊接缺陷。因此，为克服重力的影响，避免缺陷的产生，应采用较小直径焊条、较小的焊接电流和多层多道焊等工艺措施，同时运用短弧操作方法。对接横焊根据钢板的厚度不同分为不开坡口单、双面焊，开坡口多层焊或多层多道焊。

A　I 形坡口的横对接焊

当焊件厚度小于 6mm 时，一般不开坡口，采取双面焊接。

a　正面焊缝的焊接

焊件装配时，可留有适当间隙（1～2mm），以得到一定的熔透深度。两端定位焊后，要进行校正，不应错边。采取两层焊，第一层焊道宜用直线往复运条法，选用直径 3.2mm 的焊条，焊条向下倾斜与水平面成 15°左右夹角，与焊接方向成 70°左右夹角，如图 1-39 所示。这样可借助电弧的吹力托住熔化金属，防止其下淌。选择焊接电流可比平对接焊小 10%～15%。

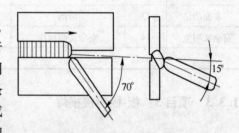

图 1-39　横对接焊焊条角度

操作中，要时刻观察熔池温度的变化，若温度偏高，熔池有下淌趋向，要适时运用灭弧法来调节，以防止出现烧穿、咬边等缺陷。表面层的焊接，可采用多道焊作为表面修饰焊缝。一般堆焊三条焊道：

（1）第一条焊道应该紧靠在第一层焊道的下面焊接。

（2）第二条焊道压在第一条焊道上面约 1/2～2/3 的宽度。

（3）第三条焊道压在第二条焊道上面约 1/3～1/2 的宽度。

要求第三条焊道与母材圆滑过渡最好能窄而薄些，因此运条速度应该稍快，焊接电流要小些。表面层焊接宜用直线形或直线往复运条法。

b　背面封底焊

焊前要清理干净熔渣，选用直径 3.2mm 的焊条，为保证有一定熔深与面焊缝熔合，焊接电流应调整稍大一些，采用直线形运条法进行焊接，用一条焊道完成背面封底。

B　开坡口多层焊或多层多道焊

当焊件较厚时，一般采用 V 形坡口、单边 V 形坡口和双单边 V 形坡口，如图 1-40

所示。

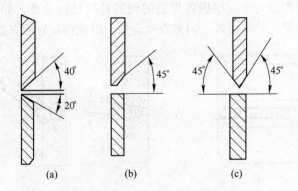

图 1-40 横对接焊接头的坡口形式
(a)V 形坡口;(b)单边 V 形坡口;(c)双单边 V 形坡口

对接横焊时的坡口特点是下面的焊件不开坡口或坡口角度小于上面的焊件,这样有助于表面熔化金属下淌及焊缝成形。对于开坡口对接横焊,可采用多层焊或多层多道焊,其焊道排列如图 1-41 所示。

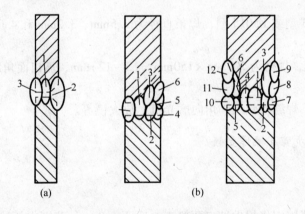

图 1-41 开坡口对接横焊焊道的排列顺序
(a) 多层焊; (b) 多层多道焊

a 多层焊

多层焊时,焊接第一层焊道可选择小直径焊条。若坡口根部间隙较小,采用直线运条法;若坡口根部间隙较大,采用直线往复运条法。以后各层焊道可根据板厚选择直径为3.2mm 或 4.0mm 的焊条,采用直线形、直线往复形或斜圆圈形运条法。

斜圆圈形运条时,应保持较短的焊接电弧和有规律的运条节奏。每个斜圆圈形与焊缝中心的斜度不大于 45°,当焊条运动到斜圆圈上面时,电弧应短些并稍停片刻,使较多的熔敷金属过渡到焊道中(以防咬边),然后焊条缓缓地将电弧引到焊道下边并稍稍向前移动(防止下淌的熔化金属堆积),紧接着再把电弧运动到斜圆圈的上面。如此反复循环,如图 1-42 所示,焊接过程中要保持熔池之间的搭接在 1/2 ~ 2/3 范围内。

b　多层多道焊

多层多道焊时，焊条角度应根据各焊道的位置适时进行改变，如图 1-43 所示，并保持各焊道之间的搭接量，始终短弧、匀速直线运条，以获得较好的焊缝成形。

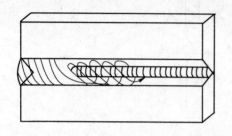

图 1-42　斜圆圈形运条法

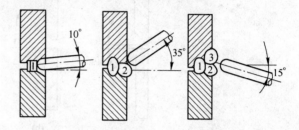

图 1-43　多层多道的焊条倾角

1.3.3.4　实训准备

A　焊接设备

BX1-300 型焊机一台或 WS-200 型逆变焊机一台。

B　焊条

焊条选用 E4303 型或 E5015 型，焊条直径为 2.5mm、3.2mm 和 4.0mm。

C　焊件

采用 Q235 钢板，规格为 200mm×150mm×(3~12)mm，坡口面角度为 30°。

D　工具

面罩、敲渣锤、焊缝检验尺、角向磨光机、放大镜等。

1.3.3.5　实训步骤及操作要领

A　焊前准备

a　焊件清理

用角向磨光机或锉刀将焊件坡口两侧正、反两面 20mm 范围内的油污、铁锈等清理干净，使之呈现金属光泽，焊件有弯曲不平现象时，应进行调平，然后用锉刀将钝边打出，横焊钝边约为 1~1.5mm。

b　焊件的组对与定位焊

将焊件背面朝上进行组对，检查有无错边现象，留出合适的根部间隙，始焊端预留间 3.2mm，终焊端预留间 4.0mm。在焊件两端进行定位焊，长度为 10~15mm，终焊端定位焊缝要牢固，以防焊接过程中焊缝收缩使间隙尺寸减小或开裂。定位焊后的焊件表面应平整，错边量不超过 0.5mm。检查无误后，将焊件通过磕打留出反变形量，焊件组对的各项尺寸见表 1-14。

表 1-14　横焊组对的各项尺寸

板厚/mm	坡口角度/(°)	钝边/mm	组对间隙	反变形角度/(°)	错边量/mm
12	60	1~1.5	3.2~4.0	5~6	≤0.5

焊件组对完成后，要在焊件背面实施定位焊，两端定位焊缝长度为 10~15mm，终焊端定位焊要牢靠，以防焊接过程中发生收缩或开裂等现象。

c 反变形

横焊时由于采用多层多道焊，产生的角变形远远大于其他焊接位置，横焊焊件预留反变形角度为 5°~6°。

B 焊接

a 焊接工艺参数

确定焊接工艺参数，见表 1-15。

表 1-15 焊接工艺参数

焊 接 层 次	运 条 方 法	焊条直径/mm	焊接电流/A
打底层	断弧焊法	3.2	110~120
填充层	直线形或斜圆圈形运条法	3.2	120~125
盖面层	直线形或斜圆圈形运条法	3.2	120~125

b 打底焊

首先在定位焊缝前引弧，随后将电弧拉到定位焊缝的中心部位预热，当坡口钝边即将熔化时，将熔滴送至坡口根部，并压一下电弧，使熔滴熔化的部分定位焊缝和坡口钝边熔合成第一个熔池。当听到背面有电弧的击穿声时，立即熄弧，这时已形成明显的熔孔。然后依次先上坡口、后下坡口往复击穿一熄弧焊接。熄弧时，焊条向后下方快速动作，要干净利落。在从熄弧转入引弧时，焊条要与熔池保持较短的距离（作引弧的准备动作），待熔池温度下降颜色由亮变暗时，迅速而准确地在原熔池的顶端引弧，熔焊片刻（约0.8s），再立即熄弧。如此反复地引弧—熔焊—熄弧—准备—引弧，完成打底层的焊接。

在更换焊条熄弧前，必须向熔池背面补充几滴熔滴（避免出现缩孔），然后将电弧拉到熔池的下侧后方熄弧。接头时，在原熔池后面 10~15mm 处引弧，焊至接头处稍拉长弧，借助电弧的吹力和热量重新击穿钝边，然后压下电弧并稍作停顿，形成新的熔池后再转入正常的往复击穿焊接。

打底焊过程中，要求下坡口面击穿的熔孔始终超前上坡口面熔孔 0.5~1 个熔孔直径，这样有利于减少熔池金属下坠，避免出现熔合不良的焊接缺陷。

打底焊时每次向熔池送给的液态金属要少，每次送给熔滴的时间为 0.5~1s，熄弧间断频率要快，每次 1~1.5s，焊成的焊道要薄，焊道厚度约为 3mm。

c 填充层

打底层焊接完成后，将坡口内侧表面的焊渣和飞溅物等清理干净，接头凸起的地方可用角向磨光机磨平，焊缝与坡口下侧熔合的地方产生的焊渣要清理干净。然后开始填充层的焊接，填充层共分为两层：第一层分两道焊缝，第二层分三道焊缝。填充层第一层两道焊缝焊接时，焊条与下测试板之间的夹角如图 1-44 所示，与焊接方向之间的夹角与打底焊时相同，为 70°~80°。填充层第一层第一道焊接时，应特别注意打底焊缝下测边缘夹角处的金属熔合情况，要保证焊缝金属充分熔透，否则将在焊缝内部产生夹渣等缺陷。填充层第一道焊缝焊完后，应将电弧尽量深入夹角根部，必要时可适当加大焊接电流，以保证焊透。

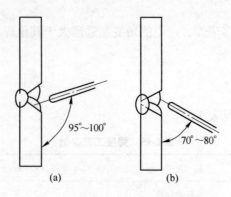

图 1-44　焊条与下测试板之间的夹角
(a) 第一道；(b) 第二道

　　填充层第二层的焊接分为三道焊缝：第一道焊缝焊接时，要注意坡口上边缘与测试板表面之间的距离尺寸，一般保持在 1 ~ 1.5mm 之间为宜，否则不利于盖面层的焊接，同时也不能将坡口边缘的棱角破坏，以免影响盖面层的焊接视线；第二道焊缝焊接时，焊条要对准第一道焊缝的上侧边缘，使熔池金属与第一道焊缝的中心齐平；第三道焊缝既要保证与第二道焊缝中心齐平，又要保证焊缝金属与焊件表面的距离大小合适，必要时可采用斜圆圈形运条。

　　d　盖面焊

　　盖面层自下而上可分为四道焊缝完成。焊条角度与填充焊时相同，焊接时采用较短的焊接电弧，运条方法为直线形，运条速度要均匀。

　　焊接盖面层第一道焊缝时，电弧应深入下坡口边缘 1 ~ 2mm，使母材金属保持均匀熔化，避免产生咬边或边缘未熔合现象。焊接第二道和第三道焊缝时，要使焊接电弧对准前一道焊缝的上边缘，使熔化的液态金属覆盖到前一道焊缝的中心，不可越过中心太多，也不可产生未衔接。第四道焊缝是盖面层的关键，操作得当时，应与下侧焊缝结合平整，上端无咬边缺陷。操作不当时，则可能产生液态金属下淌，下部焊缝超高起棱，上部出现咬边、凹陷甚至出现未熔合等缺陷。焊接过程中要注意观察坡口上边缘的熔合情况，并压低电弧，使液态金属和熔渣均匀地流动，保证良好的熔池形状，使之清晰可见。当出现熔渣超前流动或出现熔渣脱离熔池较远现象时，应及时变换焊条角度，使焊接熔渣紧紧跟在液态熔池后面，焊后焊缝圆滑过渡，整齐美观无缺陷。

　　盖面层多道焊时，每道焊道焊后不宜马上敲渣，待盖面焊缝形成后一起敲渣，这样有利于盖面焊缝的成形及保持表面的金属光泽。

　　1.3.3.6　评分标准

　　评分标准见表 1-16。

表1-16 评分标准

项目	序号	考核要求	配分	评分标准	检测结果	得分
焊缝外观检测	1	表面无裂纹	8	有裂纹不得分		
	2	无烧穿	8	有烧穿不得分		
	3	无焊瘤	8	若有，每处扣4分		
	4	无气孔	6	若有，每处扣4分		
	5	无咬边	6	深<0.5mm，每10mm扣4分；深>0.5mm，每10mm扣4分		
	6	无夹渣	10	若有，每处扣3分		
	7	无未熔合	10	深<0.5mm，每处扣3分		
	8	焊缝起头、接头、收尾无缺陷	8	凡脱节或超高每处扣3分		
焊缝内部检测	9	焊缝内部无气孔、夹渣、未焊透、裂纹	8	射线探伤后按JB/T 4730.2—2005评定： （1）焊缝质量达到Ⅰ级不扣分； （2）焊缝质量达到Ⅱ级扣8分； （3）焊缝质量达到Ⅲ级，此项考试按不及格论		
焊缝外形尺寸	10	焊缝允许宽度(13±2)mm	10	超差1mm，每处扣3分		
	11	焊缝余高0~3mm	6	超差1mm，每处扣3分		
焊后变形错位	12	角变形≤3°	6	超差不得分		
	13	错边量≤0.5mm	6	超差不得分		
安全文明生产	14	违章从得分中扣除		按具体情况酌情从总分中扣除		
总 分			100	总 得 分		

1.3.4 项目4：板T形接头横角焊

1.3.4.1 实训目标

板T形接头横角焊的训练目标有：
（1）掌握横角焊的运条方法。
（2）能够正确选用焊条的焊接角度。
（3）掌握多层焊和多层多道焊的操作技能。

1.3.4.2 实训图样

板T形接头横角焊实训图样如图1-45所示。

技术要求：

（1）焊接完毕，只允许清除熔渣和飞溅。

（2）不允许锤击、锉修和修补焊缝。

1.3.4.3　实训须知

A　角焊缝

焊接结构中，广泛采用角接接头、T 形接头和搭接接头等接头形式，这些接头形成的焊缝称为角焊缝。

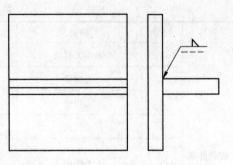

图 1-45　板 T 形接头横角焊实训图样

横角焊主要指 T 形接头的横焊和搭接接头的横焊。

角焊缝各部位的名称如图 1-46 所示。角焊缝的焊脚尺寸应符合技术要求，以保证焊接接头的强度。一般焊脚尺寸随焊件厚度的增大而增加，见表 1-17。

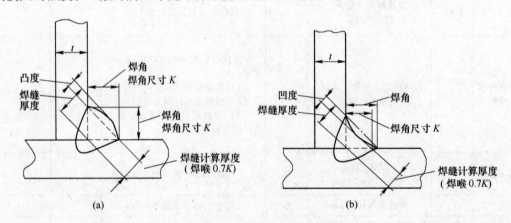

图 1-46　角焊缝各部位名称
（a）凸形角焊缝；（b）凹形角焊缝

表 1-17　角焊缝尺寸与钢板厚度的关系

钢板厚度/mm	≥2～3	>3～6	>6～9	>9～12	>12～16	>16～23
最小焊脚尺寸/mm	2	3	4	5	6	8

B　焊脚尺寸决定焊接层数和焊道数量

当焊脚尺寸小于 5mm 时，通常用单层焊，可选择直径为 2.5mm 或 3.2mm 的焊条。操作时，可采用直线运条法短弧焊接，焊接速度要均匀。焊条与平板的夹角为 45°，与焊接方向的夹角为 65°～80°。运条过程中，要始终注视熔池的熔化情况。一方面，要保持熔池在接口处不偏上或不偏下，以便使立板与平板的焊道充分熔合；另一方面，要保证熔渣对熔池的保护作用，既不超前，也不拖后（熔渣超前，容易造成夹渣）；熔渣拖后，焊缝表面波纹粗糙运条时通过焊接速度的调整和适当的焊条摆动，保证焊件所要求的焊脚尺寸。

另外，单层焊还有一种简单易行的操作方法，即只要将焊条端头的套管边缘靠在接口的夹角处，并轻轻地施压，随着焊条的移动，焊条便会自然而然地向前移动。这种操作方法便于掌握，而且焊缝成形也较美观。

当焊脚尺寸为 6~10mm 时，应采用多层焊。焊接第一层时，一般选用小直径的焊条，焊接电流应稍大些，以达到一定的熔透深度。运条可以采用直线运条法，收尾时要填满弧坑。焊接第二层前必须认真清理第一层焊道的熔渣。焊接对，可采用直径 4.0mm 的焊条，以便增加焊道的熔宽，焊接电流比使用小直径焊条所用的电流大一些。运条采用斜圆圈形或斜锯齿形运条法，如图 1-47 所示，运条必须有规律，注意焊道两侧的停顿节奏，否则容易产生咬边、夹渣、边缘熔合不良等缺陷。

当焊脚尺寸大于 10mm 时，采用三层六道焊、四层十道焊。焊脚尺寸越大。焊接层数就越多，如图 1-48 所示。

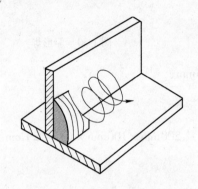

图 1-47　横角焊时的斜圆圈运条方法

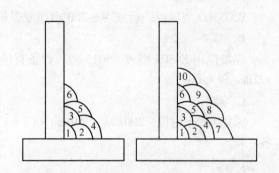

图 1-48　多层多道焊的焊道排列顺序

C　不等板厚的角焊

由不等厚度板组装的角焊缝，在角焊时要相应地调节焊条角度，电弧要偏向于厚板一侧，使厚板所受热量增加。通过焊条角度的调节，使厚、薄两板受热趋于均匀，以保证接头良好地熔合。

横角焊时的焊条角度如图 1-49 所示。

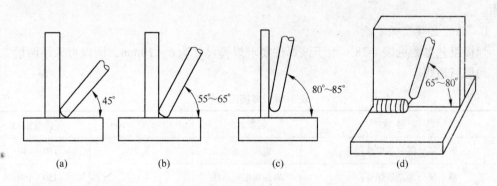

图 1-49　横角焊操作方法
（a）两板厚度相同；（b），（c）两板厚度不等；（d）焊条与前进方向的夹角

D　船形焊

将 T 形接头的焊件翻转 45°，使焊条处于垂直位置的焊接，称为船形焊，如图 1-50 所示。船形焊时，熔池处于水平位置，能避免咬边、焊脚下偏等缺陷。同时操作便利，有利于使用大直径焊条和大电流，而且能一次焊成较大截面的焊缝，大大提高了焊接生产率，

容易获得平整美观的焊缝。所以，如条件允许应尽可能采用船形焊。

　　船形焊运条时采用月牙形或锯齿形运条法。焊接第一层焊道采用小直径焊条及稍大的焊接电流，其他各层可使用大直径焊条。焊条作适当的摆动，电弧应更多地在焊道的两侧停留，以保证焊缝形成良好的熔合。

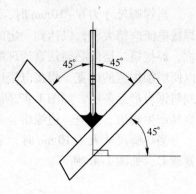

图 1-50　船形焊

1.3.4.4　实训准备

A　焊接设备

BX1-300 型焊机一台或 WS-200 型逆变焊机一台。

B　焊条

焊条选用 E4303 型或 E5015 型，焊条直径为 2.5mm、3.2mm 和 4.0mm。

C　焊件

采用 Q235 钢板，200mm × 150mm × (3 ~ 12)mm 及 200mm × 100mm × (3 ~ 12)mm 钢板各一块。

D　工具

面罩、敲渣锤、焊缝检验尺、角向磨光机、放大镜等。

1.3.4.5　实训步骤及操作要领

A　装配及定位焊

首先将焊件装配成 90°T 形接头，不留间隙，采用正式焊缝所用的焊条进行定位焊，定位焊的位置应在焊件两端的前后对称处，四条定位焊缝的长度均为 10 ~ 15mm。装配完毕应矫正焊件，保证立板与平板间的垂直度，并且清理干净接口周围 30mm 内的锈、油等污物。

B　确定焊接工艺参数

焊接工艺参数见表 1-18。由于该焊件要求焊脚尺寸为 6 ~ 10mm，所以可采用两层二道焊、两层三道焊。

表 1-18　焊接工艺参数

焊 接 层 次	运条方法	焊条直径/mm	焊接电流/A
第一层（第一条焊道）	直线运条法	3.2	130 ~ 140
第二层（第二条焊道）	斜圆圈形运条法	4.0	150 ~ 160
第二层（第二条焊道）	斜圆圈形运条法	3.2	135 ~ 145
第二层（第三条焊道）	直线往复运条法	3.2	130 ~ 140

C　焊接

a　第一层焊道的焊接

焊接第一条焊道时（图 1-51 中的 1）其操作方法与单层焊相同，焊后需要将焊道的熔渣清理干净。

b 第二层焊道的焊接

（1）第二条焊道的焊接。焊接第二条焊道时（图 1-51 中的 2），焊条与水平板的夹角为 45°~55°，以使水平板与焊道熔合良好。焊条与焊接方向的角度仍为 70°~80°。

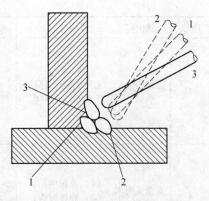

第二条焊道应覆盖第一层焊道的 1/2~2/3，并且保证这条焊道的下边缘满足角焊缝焊脚尺寸。运条时采用斜圆圈形运条法，运条规律与多层焊相同。这条焊道保持平直且宽窄一致，是获得良好焊缝成形的基础。

图 1-51　多层多道焊各焊道的焊条角度
1—第一条焊道；2—第二条焊道；
3—第三条焊道

（2）第三条焊道的焊接。焊接第三条焊道时（图 1-51 中的 3）焊条与水平板的夹角为 40°~45°。

第三条焊道是焊缝成形的关键。焊接时，应覆盖第二条焊道的 1/3~1/2，焊条的落点在立板与第二条焊道的夹角处，焊接电流要比第二条焊道相应小些，仍用直线运条法。若希望焊道薄些，可以采用直线往复运条法，通过这条焊道的焊接可将夹角处焊平整。最终整条焊缝应宽窄一致、平整圆滑，无咬边、夹渣和焊脚下偏等缺陷。

1.3.4.6　评分标准

评分标准见表 1-19。

表 1-19　评分标准

序号	考核内容	考核要点	配分	评分标准	扣分	得分
1	焊前准备	（1）工件准备（焊前、焊后）； （2）定位焊； （3）焊接参数调整	5	（1）工件清理不干净； （2）定位焊定位不正确； （3）焊接参数调整不正确	扣 1 分 扣 2 分 扣 2 分 （扣完为止）	
2	焊缝外观质量	（1）焊脚尺寸差； （2）焊缝余高差； （3）焊缝宽度差； （4）焊缝直线度； （5）两板之间夹角 90°±3°； （6）咬边； （7）气孔、夹渣、裂纹	50	（1）焊脚尺寸差≤2mm； （2）焊缝余高差>2mm； （3）焊缝宽度差>3mm； （4）焊缝直线度>2mm； （5）超差不得分； （6）咬边≤0.5mm，累计长度每 5mm 扣 1 分，咬边深度>0.5mm，或累计长度为总长度的 1/4 且<25mm； （7）允许≤2mm 的气孔 4 个，夹渣深≤0.1δ、长≤0.3δ 允许 3 个，裂纹不允许出现（δ 为板厚）	扣 5 分 扣 5 分 扣 10 分 扣 5 分 扣 5 分 扣 10 分 扣 10 分 （扣完为止）	

序号	考核内容	考核要点	配分	评分标准	扣分	得分
3	焊缝内部质量	承压设备无损检测：JB/T 4730.2—2005	35	射线探伤后按 JB/T 4730.2—2005 评定： （1）焊缝质量达到 I 级； （2）焊缝质量达到 II 级； （3）焊缝质量达不到 II 级，此项考试按不及格论	扣 0 分 扣 15 分 扣 35 分 （扣完为止）	
4	安全文明生产	（1）劳保用品； （2）焊接过程； （3）场地清理	10	（1）劳保用品穿戴不齐； （2）焊接过程有违反安全操作规程的现象； （3）场地清理不干净，工具摆放不整齐	扣 2 分 扣 5 分 扣 3 分 （扣完为止）	
5	考试用时 60min	考试用时超时		超时在总分中扣除，每超过时间允许差 5min（不足 5min 按 5min 计算）	扣总分 5 分	
				超过额度时间 15min	本题 0 分	
合　计			100	总　得　分		

1.3.5　项目5：板-板对接仰焊

1.3.5.1　实训目标

板-板对接仰焊训练目标有：

（1）熟练掌握仰焊断弧焊接的操作要点。

（2）掌握仰对接焊多层焊操作技术。

1.3.5.2　实训图样

板 I 形、V 形坡口对接仰焊实训图样如图 1-52 所示。

技术要求：

（1）板 I 形、V 形坡口仰对接焊。

（2）焊件根部间隙，$b = 3.2 \sim 4.0\,\mathrm{mm}$，钝边 $p = 0.5 \sim 1\,\mathrm{mm}$，坡口角度 $\alpha = 60°$。

（3）焊后变形量小于 3°。

（4）固定高度一般为 $800 \sim 1000\,\mathrm{mm}$。

1.3.5.3　实训须知

仰焊是焊条位于焊件下方，焊工仰视焊件进行的焊接，如图 1-53 所示。仰焊操作一般分为仰角焊和仰对接焊。

仰焊是各种焊接位置中操作难度最大的焊接位置。熔池倒悬在焊件下面，受重力作用而下坠，同时熔滴自身的重力又不利于熔滴过渡，且熔池温度若较高，表面张力减小，很

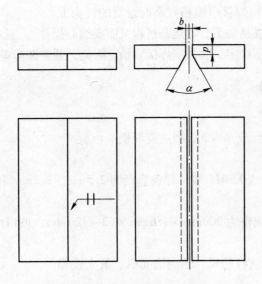

图 1-52 板-板对接仰焊实训图样

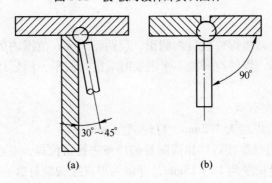

图 1-53 仰焊操作

（a）仰角焊；（b）仰对接焊

容易在焊件正面出现焊瘤，焊件背面出现凹陷，焊缝成形较为困难。因此，操作中要熟知以下要领。

A 短弧焊接

必须采用最短的电弧长度，熔池体积尽可能小些，焊道成形应该薄且平。

B 运条速度要快

运条速度要快些，否则很容易使焊道表面出现凸形焊道，这样会给后面的焊接带来困难，并容易产生夹渣、未熔合等缺陷。

C 反握焊钳

操作时若采用正握焊钳，熔滴和熔渣的下落很容易将握焊钳的手烧伤。反握焊钳可以躲避熔滴飞溅，一般仰焊时均采用反握焊钳进行操作，焊钳夹持焊条的角度一般为45°左右。

D 操作姿势

操作时采取站姿，两脚成半开步站立，反握焊钳，头部稍向左侧歪斜注视焊接部位，为减轻劳动强度，可以将焊接电缆搭在临时设置的挂钩上。

仰焊时挺胸昂首，极易疲劳，而运条过程又需要细心操作，一旦臂力不支，身体就会松弛，导致运条不均匀、不稳定，而影响焊接质量。因此，要掌握仰焊技术必须苦练基本功。

1.3.5.4　实训准备

A　焊接设备

BX1-300 型焊机一台或 WS-200 型逆变焊机一台。

B　焊条

焊条选用 E4303 型或 E5015 型，焊条直径为 2.5mm、3.2mm 和 4.0mm。

C　焊件

采用 Q235 钢板，规格为 200mm×150mm×(3～12)mm，坡口面角度为 30°。

D　工具

面罩、敲渣锤、焊缝检验尺、角向磨光机、放大镜等。

1.3.5.5　实训步骤及操作要领焊前准备

A　焊件清理

用角向磨光机或锉刀将焊件坡口两侧正、反两面 20mm 范围内的油污、铁锈等清理干净，使之呈现金属光泽，焊件有弯曲不平现象时应进行调平，然后用锉刀将钝边打出，仰焊钝边约为 0.5～1mm。

B　焊件的组对与定位焊

（1）装配间隙。始焊端为 3.2mm，终焊端为 4mm。

（2）定位焊。采用与焊接焊件相同牌号的焊条进行定位焊，并在焊件坡口背侧两端头进行定位焊，定位焊缝长度为 10～15mm，并将两焊点接头端打磨成斜坡。

（3）预制反变形量 3°～4°。

（4）错边量不超过 1.0mm。

C　确定焊接工艺参数

确定焊接工艺参数可参考表 1-20。

表 1-20　仰焊工艺参数

焊接层次	运条方法	焊条直径/mm	焊接电流/A
打底焊	连弧焊或断弧焊	3.2	110～130
填充焊	月牙形或锯齿形运条	3.2	110～120
盖面焊	月牙形或锯齿形运条法	3.2	105～115

D　焊接

焊件水平固定，坡口向下，间隙小的一端位于左侧，采用单层焊、多层多道焊接。

a　打底焊

打底层焊接可采用连弧手法，也可采用断弧焊手法施焊。

（1）连弧焊手法：

1）引弧在定位焊缝上引弧，并使焊条在坡口内作轻微横向快速摆动，当焊至定位焊缝尾部时，应稍作预热，将焊条向上顶一下，听到"噗噗"声时坡口根部已被熔透，第一个熔池已形成，需使熔孔向坡口两侧各深入 0.5～1mm。

2）运条方法采用月牙形或锯齿形运条，当焊条摆动到坡口两侧时，需稍作停顿，使填充金属与母材熔合良好，并应防止与母材交界处形成夹角，以免不易清渣。

采用短弧施焊，利用电弧吹力把铁水托住，并将一部分铁水送到焊件背面。

3）焊条角度。焊条与试板夹角为 90°，与焊接方向夹角为 70°～80°，如图 1-54 所示。

4）收弧。收弧时，先在熔池前方做一熔孔，然后将电弧向后回带 10mm 左右再熄弧，并使其形成斜坡。

5）接头。采用热接法。在坑后面 10mm 的坡口内引弧，当运条到弧坑根部时，应缩小焊条与焊接方向的夹角，同时将焊条顺着原先熔孔，向坡口根部顶一下，听到"噗噗"声后稍停并恢复正常手法焊接。热接法的换焊条动作越快越好。

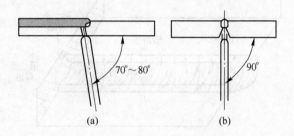

图 1-54　仰焊操作焊条角度示意图
（a）焊条与试板夹角；（b）焊条与焊接方向夹角

也可采用冷接法。其操作要领是，在弧坑冷却后，用砂轮或扁铲在收弧处打磨一个 10～15mm 的斜坡，并在斜坡上引弧并预热，使弧坑温度逐步升高，然后将焊条顺着原先熔孔迅速上顶，听到"噗噗"声稍作停顿后，恢复正常手法焊接。

（2）断弧焊手法：

1）引弧。在定位焊缝上引弧，然后焊条在始焊部位坡口内作轻微横向快速摆动，当焊至定位焊缝尾部时，应稍作预热，并将焊条向上顶一下，听到"噗噗"声后，表明坡口根部已被熔透，第一个熔池已形成，并使熔池前方形成向坡口两侧各深入 0.5～1mm 的熔孔，然后焊条向斜下方灭弧。

2）焊条角度。焊条与焊接方向的夹角为 70°～80°。

3）焊接要领。采用单点击穿法，注意左、右两侧钝边应完全熔化，并深入每侧母材 0.5～1mm。灭弧动作要快，干净利落，并使焊条总是向上探，利用电弧吹力可有效地防止背面焊缝内凹。

灭弧与接弧时间要短，灭弧频率为每分钟 30～35 次。每次接弧位置要准确，焊条中心要对准熔池前端与母材的交界处。

4）更换焊条接头。换焊条前，应在熔池前方做一熔孔，然后回带 10mm 左右再熄弧。迅速更换焊条后，在弧坑后部 10～15mm 坡口内引弧，用连弧手法运条到弧坑根部时，将焊条沿着预先做好的熔孔向坡口根部顶一下，听到"噗噗"声后稍停，在熔池中部斜下方灭弧，随即恢复原来的断弧焊手法。

5）打底层焊道要细而均匀，外形平缓，避免焊缝中部过分下坠，否则易给第二道焊缝带来困难，并易产生夹渣和未熔合等缺陷。

b 填充层焊接

填充层焊接分多层多道进行施焊。在焊接时要注意：

（1）应对前一道焊缝仔细清理熔渣和飞溅。

（2）在距焊缝始端 10mm 左右处引弧，而后将电弧拉回始焊处施焊。每次接头都应如此。

（3）采用短弧、月牙形或锯齿形运条，如图 1-55 所示。

（4）焊条与焊接方向夹角为 85°~90°。

（5）焊条摆动到两侧坡口处时，应稍停顿，让中间快些，以形成较薄的焊道。

（6）应让熔池始终呈椭圆形，并保证其大小一致。

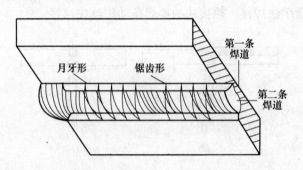

图 1-55   仰焊操作运条方法示意图

c 盖面层焊接

盖面层焊接操作要点如下：

（1）引弧同填充层。

（2）采用短弧、月牙形或锯齿形运条。

（3）焊条与焊接方向夹角为 90°。

（4）焊条摆动到坡口边缘时，要稍作停顿，以坡口边缘熔化 1~2mm 为准，以防止咬边。

（5）焊接速度要均匀一致，使焊缝表面平整。

（6）接头。采用热接法。换焊条前，应对熔池稍填铁水，且迅速换焊条后，在弧坑前10mm 左右处引弧，然后将电弧拉到弧坑处画一小圆圈，使弧坑重新熔化，随后进行正常焊接。

（7）焊接电流要与运条速度相适宜，以利于控制熔池温度及熔池形状，避免凸形焊缝。

（8）仰焊时熔滴飞溅极易烧伤人体，要采取保护设备和措施。

1.3.5.6 注意事项

板-板对接仰焊的注意事项有：

（1）坡口背面点固，允许预留反变形，不允许刚性固定。

（2）焊前将焊缝两侧 10~20mm 范围内清理干净，直至露出金属光泽。

（3）焊件一经施焊，不得改变焊接位置。

（4）正确进行 I 形、V 形坡口板对接仰位焊条电弧焊单面焊双面成形的操作。

（5）选择合适的板对接仰焊的焊接工艺参数。

（6）焊缝应无咬边，接头处无脱节和超高现象，焊缝表面波纹应均匀、宽度一致、无夹渣等缺陷。

（7）严格按照安全操作规程进行操作，安全文明生产。

1.4　管-板焊接技能训练

1.4.1　项目 1：骑坐式管-板垂直固定焊

1.4.1.1　实训目标

骑坐式管-板垂直固定焊的训练目标有：

（1）灵活运用手臂和手腕动作，适应固定管-板焊接时焊条角度的变化。

（2）熟练掌握骑坐式管板垂直固定焊操作技能。

1.4.1.2　实训图样

骑坐式管-板垂直固定焊实训图样如图 1-56 所示。

技术要求：

（1）单面焊双面成形。

（2）焊脚尺寸(10±1)mm。

（3）钢板孔与钢管同心装配。

（4）允许使用小直径管。

（5）固定高度自定。

1.4.1.3　实训须知

管-板接头是锅炉压力容器结构的基本形式之一，一般生产单位对焊工通常考插入式管-板接头，但安装单位必须考骑坐式管-板接头。

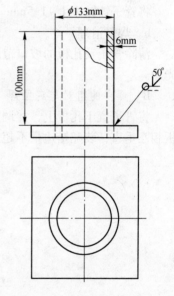

图 1-56　骑坐式管-板垂直固定焊实训图样

插入式管-板接头只需保证根部焊透，外表焊脚对称，无缺陷，比较容易焊接，通常单层单道焊就行了。骑坐式管-板接头焊接除保证焊缝外观外，还要保证焊缝背面成形，通常都采用多层多道焊，用打底焊保证焊缝背面成形和焊透，其余焊道保证焊脚尺寸和焊缝外观。

两类管-板接头的焊接要领和焊接参数一般基本上是相同的，在焊接骑坐式管-板接头时，只需按插入式管-板接头焊接时的焊条角度和工艺参数就行了。下面着重介绍骑坐式管-板接头的焊接技术。

1.4.1.4　实训准备

A　焊接设备

BX1-300 型焊机一台或 WS-200 型逆变焊机一台。

B　焊条

焊条选用 E4303 型或 E5015 型，焊条直径为 2.5mm、3.2mm 和 4.0mm。

C　焊件

孔板材料为 Q235 钢板，规格为 200mm × 200mm × 12mm，中心加工出与管内径相同的圆。钢管材料为 20 号钢，其尺寸为 133mm × 6mm × 100mm，一端加工成 50°坡口面。管件材料根据实际情况，允许采用小直径管，如小于 φ51mm。

D　工具

面罩、敲渣锤、焊缝检验尺、角向磨光机、放大镜等。

1.4.1.5　实训步骤及操作要领

A　钝边、清理

a　钝边

将管子锉钝边 1 ~ 1.5mm。

b　焊件清理

清除管子及孔板的坡口范围内两侧 20mm 及内、外表面上的铁锈、油污直至露出金属光泽。

B　焊件的组对与定位焊

将管子置于孔板上，并调整孔板与管子之间的根部间隙为 3mm 左右，保证管子与孔板相互垂直，装配错边量不超过 0.5mm。焊件组对形式如图 1-57 所示。

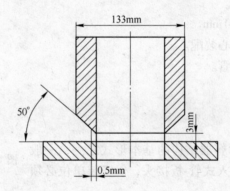

图 1-57　骑坐式管-板焊件及组对

一点定位。采用与焊接焊件相同牌号焊条，在坡口内进行定位焊，焊点长度为 10 ~ 15mm，焊点不能过厚，必须焊透和无缺陷，焊点两端应预先打磨成斜坡形，以便接头。

C　确定焊接工艺参数

焊接工艺参数见表 1-21。

表 1-21　骑坐式管-板的焊接参数

焊接层次	运条方法	焊条直径/mm	焊接电流/A
打底焊	连弧法、断弧法	2.5	70 ~ 80
盖面焊	直线运条法	3.2	120 ~ 130
	斜圆圈运条	4.0	125 ~ 135

D 焊接

a 打底焊

打底层的焊接可采用连弧焊法，也可采用断弧焊法，应保证根部焊透，防止焊穿和产生焊瘤。

（1）连弧焊法。在与定位焊点相对称的位置起焊，并在坡口内的孔板上引弧，进行预热，当孔板上形成熔池时，向管子一侧移动，待与孔板熔池相连后，压低电弧使管子坡口击穿并形成熔孔，然后采用小锯齿形或直线运条法进行焊接，焊接角度如图1-58所示。

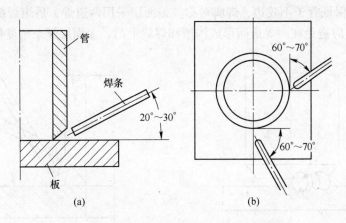

图1-58 骑坐式管-板垂直俯位打底焊时焊条角度

（a）焊条与管、板间夹角；（b）焊条与焊缝切线间夹角

焊接过程中焊条角度要求基本保持不变，运条速度要均匀平稳，电弧在坡口根部与孔板边缘要稍作停留。应严格控制电弧长度（保持短弧），使电弧的1/3在熔池前，用来击穿和熔化坡口根部；2/3覆盖在熔池上，用来保护熔池，防止产生气孔。焊接时，随着焊缝弧度变化，手腕应不断转动，要保证电弧始终在焊条的前方，并要注意熔池温度，保持熔池形状和大小基本一致，以免产生未焊透、内凹和焊瘤等缺陷。

更换焊条的方法：

当每根焊条即将焊完前，向焊接相反方向回焊约10~15mm，并逐渐拉长电弧至熄灭，以消除收尾气孔或将其带至表面，以便在换焊条后将其熔化。接头尽量采用热接法，如图1-59所示，即在熔池冷却前，在A点引弧，稍作上下摆动移至8点，压低电弧，当根部击穿并形成熔孔后，转入正常焊接。

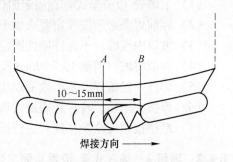

图1-59 骑坐式管-板打底焊接头方法

如果因某种原因不能采用热接法时，待熄弧处熔池冷却后，应修磨焊道形成缓坡形，再按上述接头方法接头，即采用冷接法。

接头的封闭：

应先将焊缝始端修磨成斜坡形，待焊至斜坡前沿时，压低电弧，稍作停留，然后恢复正常弧长，焊至与始焊缝重叠约10mm处，填满弧坑即可熄弧。

（2）断弧焊法。引弧后向坡口根部压送焊条，停顿 2s 左右，当听到击穿坡口根部的"噗噗"声后，说明第一个熔池已形成，然后立即灭弧，按图 1-60 所示运条方法操作施焊。电弧在 1 点迅速引燃后拉向 2 点，穿透坡口根部后，向 3 点挑划灭弧，如此循环施焊操作。在施焊过程中应注意：电弧以熔化板侧坡口边缘为主，管侧坡口边缘熔化较少些，以防止背面焊道下坠；应使 2/3 的电弧覆盖熔池，1/3 的电弧熔化坡口根部。

　　b　盖面焊

盖面层必须保证管子不咬边，焊脚对称。盖面层采用两道焊，后道焊缝覆盖前一道焊缝的 1/3 ~ 2/3，应避免在两焊道间形成沟槽和焊缝上凸，盖面层焊条角度如图 1-61 所示。

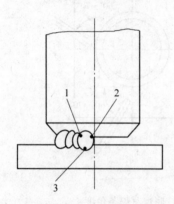

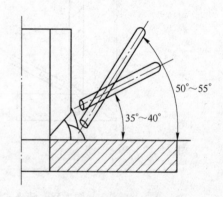

图 1-60　骑坐式管-板垂直俯位焊焊法操作示意图　　　　图 1-61　盖面层焊接时的焊条角度

　　E　清理及检测

将完成的焊件焊缝表面及飞溅清理干净，到露出金属光泽。检测焊缝正、反面质量，焊缝表面不得有焊瘤、气孔、夹渣、咬边等缺陷。

1.4.1.6　注意事项

（1）了解管-板骑坐式垂直固定俯位焊接技术，根据焊件材料选择焊接工艺参数。
（2）焊前焊条必须按规定要求烘干，随用随取。
（3）坡口内点固，不允许刚性固定。
（4）焊前将坡口两侧 10 ~ 20mm 范围内清理干净，直至露出金属光泽。
（5）焊件一经施焊，不得改变焊接位置。
（6）焊接完毕后，将焊缝表面清理干净，并保持原始状态。
（7）严格按照安全操作规程进行操作，安全文明生产。

1.4.2　项目 2：插入式管-板垂直固定焊

1.4.2.1　实训目标

插入式管-板垂直固定焊的训练目标有：
（1）灵活运用手臂和手腕动作，适应固定管-板焊接时焊条角度的变化。
（2）熟练掌握插入式管-板垂直固定焊操作技能。

1.4.2.2 实训图样

插入式管-板垂直固定焊实训图样如图1-62所示。

技术要求：

（1）钢板孔与钢管同心装配。

（2）焊脚尺寸（10±1）mm。

（3）允许使用小直径管。

（4）固定高度自定。

1.4.2.3 实训须知

A 管-板焊接分类

管-板接头是锅炉、压力容器制造业主要的焊缝形式之一，根据接头形式的不同可分为插入式管-板接头和骑坐式管-板接头。根据空间位置的不同，每类管板又可分为垂直固定俯位焊、水平固定全位置焊和垂直固定仰位焊。

管-板接头实际是一种T形接头的环形焊缝。焊接时，若要求焊缝背面熔透成形，必须在管、板上开出一定尺寸的坡口，坡口尺寸应满足焊接电弧能深入焊缝根部进行焊接的要求。

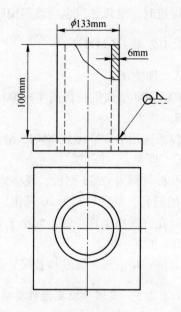

图1-62 插入式管-板垂直固定焊实训图样

在生产中，当管的孔径较小时，一般采用骑坐式接头形式，如图1-63（a）所示，进行单面焊双面成形；当管的孔径较大时，则采用插入式接头形式，如图1-63（b）所示，进行单面焊双面成形。

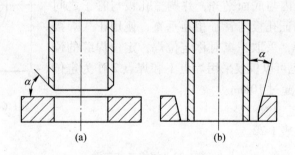

图1-63 管-板类焊件的接头形式
（a）骑坐式；（b）插入式

管-板焊接实际上是T形接头的一种特例，其中插入式管-板接头的焊接是较容易掌握的一种形式，但在焊接过程中，如果焊接参数选择不合理或运条方法操作不当，也可能产生夹渣、未熔合等缺陷。

B 管-板焊接特点

管-板角接的难度在于施焊空间受工件形式的限制，接头没有对接接头大，由于管子与孔板厚度的差异，造成散热不同，熔化情况也不同。焊接时除了要保证熔合良好外，还要保证焊脚高度达到规定要求的尺寸，所以它的难度相对较大。管-板焊接时最主要的特点是板件的承热能力比管件大，因此在根部焊接操作中电弧热量应偏向板端，焊接填充、盖面焊道时，电弧热量也应该稍偏向板端。

1.4.2.4　实训准备

A　焊接设备

BX1-300 型焊机一台或 WS-200 型逆变焊机一台。

B　焊条

焊条选用 E4303 型或 E5015 型，焊条直径为 2.5mm、3.2mm 和 4.0mm。

C　焊件

孔板材料为 Q235 钢板，规格为 200mm×200mm×12mm，中心加工出比管外径大 1~2mm 的圆孔，钢管材料为 20 号钢，其尺寸为 133mm×6mm×100mm。管件材料根据实际情况，允许采用小直径管，如小于 φ51mm。

D　工具

面罩、敲渣锤、焊缝检验尺、角向磨光机、放大镜等。

1.4.2.5　实训步骤及操作要领

A　装配及定位焊

a　焊件清理

焊前在焊接处周围 20~30mm 的范围内铁锈、油污去除，直至露出金属光泽。

b　装配及定位焊

将管子插入孔板内与底面平齐，并调整孔板与管子之间的根部间隙一致，保证孔板与管子相互垂直，使用正式焊接用的焊条进行定位焊，采取三点对称定位焊，定位焊缝的位置如图 1-64 所示，也可以仅仅采用焊点 1 和焊点 2 作为定位焊缝，焊缝长度不得超过 10mm。

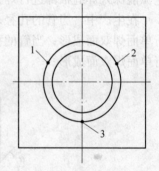

图 1-64　定位焊缝的位置

B　确定焊接工艺参数

焊接工艺参数见表 1-22。

表 1-22　焊接工艺参数

焊 接 层 次	运条方法	焊条直径/mm	焊接电流/A
第一层（第一条焊道）	直线运条法	3.2	125~145
第二层（第二条焊道）	斜圆圈形运条法	4.0	150~160
第二层（第二条焊道）	斜圆圈形运条法	3.2	135~145
第二层（第三条焊道）	直线往复运条法	3.2	130~140

C　焊接

当焊脚尺寸为 6~10mm 时，采用多层焊。焊接第一层时，一般选用小直径的焊条，焊接电流应稍大些，以达到一定的熔透深度。可以采用直线运条法，收尾时要填满弧坑。

焊接第二层前必须认真清理第一层焊道的熔渣。焊接对，可采用直径 4.0mm 的焊条，以便增加焊道的熔宽，焊接电流比使用小直径焊条所用的电流大一些。运条采用斜圆圈形或斜锯齿形运条法，运条必须有规律，注意焊道两侧的停顿节奏，否则容易产生咬边、夹渣、边缘熔合不良等缺陷。

当焊脚尺寸大于 10mm 时，采用三层六道焊、四层十道焊。焊脚尺寸越大。焊接层数就越多。

一般情况下，采用两层两道或两层三道焊。

a　第一层焊接

使用 E4303 焊条焊接时，焊接电流为 125 ~ 145A，采用直线运条，连弧焊。焊条与板件之间的夹角为 45° ~ 50°，与焊接方向的夹角为 80° ~ 85°，焊接过程中要不断地转动手臂和手腕，以保持焊条角度的一致。

b　第二层焊接

清除第一层焊缝熔渣，进行第二层焊缝的焊接。第二层焊缝可用单道完成，也可用两道完成。

（1）单道焊：

焊接电流比第一层增加 5 ~ 10A，连弧焊，采用斜圆圈运条，运条方式与平角焊相同。

（2）多道焊：

采用稍大的焊接电流，分两道完成焊缝。环形角焊缝的焊接在焊接时手臂和手腕的转动是保证焊接质量的关键，实训过程中可通过模拟动作达到熟练。

插入式管-板焊接如采用多层多道焊，应注意焊缝的接头不要重叠，应错开 50mm，以防止应力集中，从而降低焊缝的强度。

D　清理及检测

将完成的焊件焊缝表面及飞溅清理干净，直到露出金属光泽。检测焊缝正、反面质量。焊缝表面不得有焊瘤、气孔、夹渣、咬边等缺陷。

1.4.2.6　评分标准

评分标准见表 1-23。

表 1-23　评分标准

项目	序号	考核要求	配分	评分标准	检测结果	得分
焊缝外观检测	1	表面无裂纹	8	有裂纹不得分		
	2	无烧穿	8	有烧穿不得分		
	3	无焊瘤	8	每处扣 4 分		
	4	无气孔	6	每处扣 4 分		
	5	无咬边	6	深 <0.5mm，每 10mm 扣 2 分；深 >0.5mm，每 10mm 扣 4 分		
	6	无夹渣	10	每处扣 3 分		
	7	无未熔合	10	深 <0.5mm，每处扣 3 分		
	8	焊缝起头、接头、收尾无缺陷	8	凡脱节或超高每处扣 3 分		
	9	通球检验	8	通球检验不合格不得分		

项目	序号	考核要求	配分	评分标准	检测结果	得分
焊缝内部检测	10	焊缝内部无气孔、夹渣、未焊透、裂纹	8	射线探伤后按 JB/T 4730.2—2005 评定： （1）焊缝质量达到 I 级不扣分； （2）焊缝质量达到 II 级扣 8 分； （3）焊缝质量达到 III 级，此项考试按不及格论		
焊缝外形尺寸	11	焊脚尺寸 $K = (10 \pm 1)$ mm	8	超差 1mm，每处扣 3 分		
焊后变形错位	12	管、板垂直度 90° ± 2°	6	超差不得分		
	13	组装位置正确	6	超差不得分		
安全文明生产	14	违章从得分中扣除		按具体情况酌情从总分中扣除		
总　分			100	总　得　分		

1.4.3　项目3：骑坐式管-板水平固定焊

1.4.3.1　实训目标

骑坐式管-板水平固定焊的训练目标有：
（1）灵活运用手臂和手腕动作，适应固定管-板焊接时的焊条角度的变化。
（2）熟练掌握管-板打底层、填充层及盖面层的操作方法。
（3）熟练掌握管-板仰位、平位的接头方法。

1.4.3.2　实训图样

骑坐式管-板水平固定焊实训图样如图 1-65 所示。

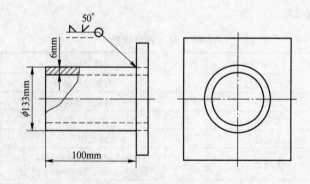

图 1-65　骑坐式管-板水平固定焊实训图样

技术要求：
（1）单面焊双面成形。

（2）焊角尺寸为(8 ± 1)mm。

（3）焊后焊缝用煤油检查。

（4）固定高度自定。

1.4.3.3 实训须知

管-板焊接时，由于管和板在形状、厚度上的差异，使其受热熔化存在很大差异，板的承热能力远大于管件的承热能力。因此，在打底焊中电弧热量应偏重于板的坡口一侧，在板的坡口根部得到充分熔化的情况下，再将电弧移向管的坡口一侧，且电弧在管件坡口根部停留时间要短，焊条端部距坡口根部应保持 1 ~ 2mm 的距离。

管-板水平固定焊属于全位置焊接，施焊时，分前、后两半，焊缝由下向上均存在仰、立、平三种不同位置的变化。焊条角度、焊接速度、间断灭弧的节奏、熔池倾斜的状态都将随焊接位置的改变而改变。因此，控制好熔池温度和熔池倾斜程度，不断改变焊条角度是管-板水平固定焊的关键。如果焊接参数选择不合理、运条方法不当，可能会产生焊瘤、未熔合、咬边等缺陷。

1.4.3.4 实训准备

A 焊接设备

BX1-300 型焊机一台或 WS-200 型逆变焊机一台。

B 焊条

焊条选用 E4303 型或 E5015 型，焊条直径为 2.5mm、3.2mm 和 4.0mm。

C 焊件

孔板材料为 Q235 钢板，规格为 200mm × 200mm × 12mm，中心加工出与管内径相同的圆。钢管材料为 20 号钢，其尺寸为 133mm × 6mm × 100mm，一端加工成 50°坡口面。管件材料根据实际情况，允许采用小直径管，如小于 ϕ51mm。

D 工具

面罩、敲渣锤、焊缝检验尺、角向磨光机、放大镜等。

1.4.3.5 实训步骤及操作要领

A 焊件清理

焊前将管子坡口两侧及板孔边缘两侧 20mm 范围内的铁锈、油污等清理干净，使之呈现金属光泽。打磨时注意不要破坏板孔边缘的棱角及管子坡口边缘。

B 焊件的组对与定位焊

焊件组对时，管的内径要与板上孔的中心在一条轴线上，不得有错边现象。焊件组对形式如图 1-66 所示，焊件组对各项尺寸见表 1-24。焊件定位焊时所使用的焊条与正式焊接时相同，定位焊缝为两处，与始焊部位成 120°角，定位焊缝位置如图 1-67 所示。

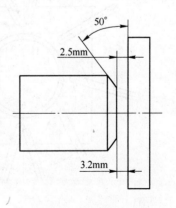

图 1-66　焊件组对形式

表 1-24　焊件组对各项尺寸

坡口角度/(°)	根部间隙/mm		钝边/mm	错边量/mm
	始焊端	终焊端		
50	3.2	2.8	1~1.5	≤0.5

定位焊可采用击穿定位焊法,也可采用虚焊法。当采用击穿定位焊法时,定位焊缝长度为 10mm。因击穿定位焊缝为永久焊缝,因此要采用与正式焊接时相同的方法进行焊接,焊后焊缝两端用角向磨光机打磨成斜坡状,以利于接头。当采用虚焊法定位焊接时,因定位焊缝为临时焊缝,故不可深入坡口根部,否则会给打底焊接带来困难。

C　确定焊接工艺参数

焊接工艺参数见表 1-25。

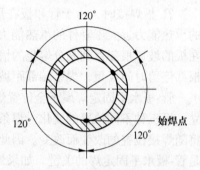

图 1-67　定位焊缝位置示意图

表 1-25　骑坐式管-板的焊接参数

焊接层次	运条手法	焊条直径/mm	焊接电流/A
打底焊	连弧焊	2.5	75~85
盖面焊	斜锯齿形	3.2	100~120

D　焊接

两层二道焊,每道分两个半圈进行焊接,一般先焊右半圈,后焊左半圈。

a　打底焊

打底层的焊接,可采用连弧焊法,也可采用断弧焊法,短弧焊法与水平固定管方法相似。为保证根部焊透,防止焊穿和产生焊瘤。下面主要介绍连弧焊的操作要点。

（1）在仰焊 6 点钟位置（图 1-68 中 α_6）前 5~10mm 处的坡口内引弧,焊条在坡口根

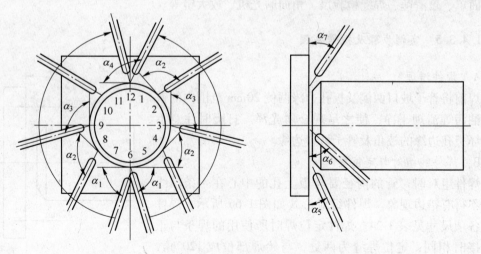

图 1-68　骑坐式管-板水平固定焊的施焊步骤及焊条角度

部管与板之间作微小横向摆动，当母材熔化铁水与焊条熔滴连在一起后，第一个熔池形成，然后进行正常焊接。

（2）连弧焊采用月牙形或锯齿形摆动。

（3）因管与板厚度差较大，焊接电弧应偏向孔板，使管、板温度均匀，保证板孔边缘熔化良好。一般焊条与孔板的夹角为30°～45°，与焊接前进方向的夹角随着焊接位置的不同而改变。

（4）由于施焊分两个半圈，每半圈都存在平、立、仰三种焊接位置，因此焊条角度要随焊接位置的变化而不断变化，如图1-68所示。

（5）为了便于仰焊及平焊位置接头，施焊前半圈时，在仰焊位置（时钟6点，见图1-69）起焊点及平焊位置（时钟12点，见图1-69）终焊点都必须超过焊件的半圈，如图1-69所示。

（6）在仰焊位置时，焊条尽量向上顶送，横向摆幅要小，运条间距要均匀且不宜过大，目的是防止产生背面内凹和咬边。在立焊位置向背面压送焊条要比仰焊位置浅，平焊位置更浅些，防止焊缝背面超高或形成焊瘤。

（7）焊接时，电弧在管和板上要稍作停留，并在板侧的停留时间要长些。

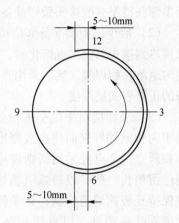

图1-69　骑坐式管-板水平固定焊的起焊点和终焊点位置

（8）焊接过程中，要使熔池的形状和大小保持基本一致，使熔池中的铁水清晰明亮，熔孔始终深入每侧母材 $0.5 \sim 1\,mm$。同时应始终伴有电弧击穿根部所发出的"噗噗"声，以保证根部焊透。

（9）与定位焊缝接头。当运条到定位焊缝根部时，焊条要向管内压一下，听到"噗噗"声后，连弧快速运条到定位焊缝另一端，再次将焊条向下压一下，听到"噗噗"声后稍作停留，恢复原来的操作手法。

（10）收弧时，将焊条逐渐引向坡口斜前方，或将电弧往回拉一小段，再慢慢提高电弧，使熔池逐渐变小，填满弧坑后熄弧。

（11）更换焊条时接头：

1）热接。当弧坑尚保持红热状态时，迅速更换焊条后，在熔池后方约10mm处引弧，然后将电弧拉到熔孔处，焊条向里推一下，听到"噗噗"声后稍作停顿，恢复原来的手法焊接。

2）冷接。当熔池冷却后，必须将收弧处打磨出斜坡方可接头。更换焊条后在打磨处附近引弧，运条到打磨斜坡根部时焊条向里推一下，听到"噗噗"声后稍作停留，恢复原来手法焊接。后半圈的焊接方法与前半圈基本相同，但需在仰焊接头和平焊接头处多加注意。

（12）一般在上、下两接头处，均应打磨出斜坡，引弧后在斜坡后端起焊，运条到斜坡根部时，焊条向上顶，听到"噗噗"声后，稍作停顿，再进行正常手法焊接。当焊缝即将封闭收口时，焊条向下压一下，听到"噗噗"声后，稍作停留，然后继续向前焊接

10mm 左右，填满弧坑收弧。

（13）打底焊道应尽量平整，并保证坡口边缘清晰，以便盖面。

b　盖面焊

盖面焊的焊接顺序、焊条角度、运条方法与打底层焊接相似，运条过程中既要考虑焊脚尺寸与对称性，又要使焊缝波纹均匀无表面缺陷。为防止出现表面焊缝的仰位超高、平位偏低，以及在孔板侧产生咬边等缺陷，表面层的焊接要采取一定的措施：

（1）前半部的起焊处 7 点至 6 点的焊接，以直线运条法施焊，焊道尽可能细且薄，为后半部获得平整的接头做好准备。

（2）后半部始端准备仰位接头，在 8 点处引弧，将电弧拉到接头处（6 点附近），长弧预热到接头部位出现熔化时，将焊条缓缓地送到较细焊道的接头点，使电弧的喷射熔滴均匀地落在始焊端，然后采用直线运条与前半部留出的接头平整熔合，再转入斜锯齿形运条的正常表面层焊接。

（3）表面层斜平位至平位处（2 点至 12 点位置）的焊接，类似横角焊，熔敷金属易于向管壁侧堆聚而使孔板侧形成咬边。为此在焊接过程中，由立位采用锯齿形运条过渡到斜立位 2 点处采用斜锯齿形运条，如图 1-70 所示，要保持溶池成水平，并在孔板侧停留稍长一些，以短弧填满熔池，并要控制熔池形状及温度，必要时可以间歇断弧，以保持孔板侧焊道饱满，管子侧焊道不堆积。当焊至 12 点处时，将焊条端部靠在填充焊的管壁夹角处，以直线运条至 12 点与 11 点之间处收弧，为后半部末端接头打好基础。

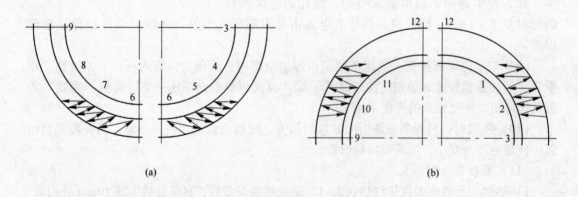

(a)　　　　　　　　　　　　　　　(b)

图 1-70　管板焊件斜仰位及斜平位处的运条轨迹
(a) 斜仰位；(b) 斜平位

（4）后半部末端平位接头，表面层焊接从 10 点至 12 点采用斜锯齿形运条法，施焊到 12 点处采用小锯齿形运条法，与前半部留出的斜坡接头熔合，做几次挑弧动作将熔池填满即可收弧。

1.4.3.6　评分标准

评分标准见表 1-26。

表 1-26 评分标准

项目	序号	考核要求	配分	评分标准	检测结果	得分
焊缝外观检测	1	表面无裂纹	8	有裂纹不得分		
	2	无烧穿	8	有烧穿不得分		
	3	无焊瘤	8	每处扣 4 分		
	4	无气孔	6	每处扣 4 分		
	5	无咬边	6	深 <0.5mm，每 10mm 扣 2 分；深 >0.5mm，每 10mm 扣 4 分		
	6	无夹渣	10	每处扣 3 分		
	7	无未熔合	10	深 >0.5mm，每处扣 3 分		
	8	焊缝起头、接头、收尾无缺陷	8	凡脱节或超高每处扣 3 分		
	9	通球检验	8	通球检验不合格不得分		
焊缝内部检测	10	焊缝内部无气孔、夹渣、未焊透、裂纹	8	射线探伤后按 JB/T 4730.2—2005 评定： （1）焊缝质量达到 I 级不扣分； （2）焊缝质量达到 II 级扣 8 分； （3）焊缝质量达到 III 级，此项考试按不及格论		
焊缝外形尺寸	11	焊脚尺寸 $K=(10\pm1)$mm	8	超差 1mm，每处扣 3 分		
焊后变形错位	12	管、板垂直度 90°±2°	6	超差不得分		
	13	组装位置正确	6	超差不得分		
安全文明生产	14	违章从得分中扣除		酌情从总分中扣除		
总 分			100	总 得 分		

1.5 管件对接焊接技能训练

1.5.1 项目 1：管水平转动焊

1.5.1.1 实训目标

管水平转动焊的训练目标有：
（1）了解管转动及定位焊的方法。
（2）掌握钢管 I 形、V 坡口对接水平转动焊条电弧焊单面焊双面成形的操作技术。

1.5.1.2 实训图样图

管水平转动焊实训图样如图 1-71 所示。
技术要求：
（1）水平转动管单面焊双面成形。

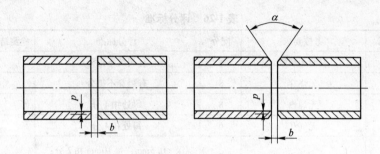

图 1-71　管水平转动焊实训图样

（2）根部间隙 $b = 3.2 \sim 4.0\,\mathrm{mm}$，坡口角度 $\alpha = 60°$，钝边 $p = 0.5 \sim 1\,\mathrm{mm}$。

（3）焊后进行通球检验。

（4）固定高度自定。

1.5.1.3　实训须知

管件焊接在生产中应用十分广泛。管件焊接按焊接时管的固定方式和焊件空间位置不同，可分为垂直固定焊、水平固定焊、斜 45°焊；按管的直径不同可分为大直径管（$D \geqslant$ 108mm）的焊接和小直径（$D < 108\,\mathrm{mm}$）的焊接；按管的厚度不同可分为厚壁管（$D \geqslant$ 10mm）焊接和薄壁管（$D < 10\,\mathrm{mm}$）焊接。

本项目进行操作的大直径管水平转动焊为管件焊接中较易掌握的一种焊接位置，易保证质量，生产率也较高。

管子水平转动需借助于可调速的装置或手工转动装置来实现，以保证管子外壁的线速度与焊接速度相同。施焊时，焊接位置应为上坡焊（通常位于时钟 3 点位置），因而具有立焊时铁水与熔渣容易分离的特点，又有平焊时易操作的特点，但该工艺由于受工件形式和施工条件的限制，因而应用范围较小。实际生产中，常常采用管子断续转动的焊接方法进行焊接操作。

1.5.1.4　实训准备

A　焊接设备

BX1-300 型焊机一台或 WS-200 型逆变焊机一台。

B　焊条

焊条选用 E4303 型或 E5015 型，焊条直径为 2.5mm、3.2mm 和 4.0mm。

C　焊件

20 号无缝钢管两节，规格为直径 159mm ×6mm ×100mm，坡口面角度为 60°。

D　工具

面罩、敲渣锤、焊缝检验尺、角向磨光机、放大镜等。

1.5.1.5　实训步骤及操作要领

A　焊件清理与定位焊

a　焊件清理

将焊件坡口内、外两侧20mm范围内的铁锈、油污等清理干净，使之呈现金属光泽。

b　焊件的组对

焊件组对的各项尺寸要求见表1-27，组对形式如图1-72所示。

表1-27　焊件组对的各项尺寸

坡口角度/(°)	根部间隙/mm	钝边/mm	错边量/mm
60	3.2~4.0	0.5~1.0	≤0.5

c　定位焊

组对完成后，检查焊件内表面有无错边现象，定位焊缝的位置如图1-73所示。定位焊时所使用的焊条应与正式焊接时相同，定位焊缝长度不超过15mm。

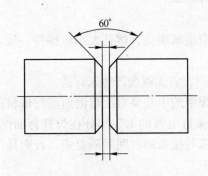

图1-72　焊件组对

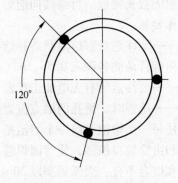

图1-73　定位焊缝位置

B　确定焊接工艺参数

焊接工艺参数如表1-28所示。

表1-28　焊接工艺参数

焊接层次	运条方法	焊条直径/mm	焊接电流/A
打底焊	断弧焊法	3.2	125~130
盖面焊	锯齿、月牙形运条法	3.2	80~100

C　焊接

将焊件置于水平工作台上进行两层两道焊接。

a　打底焊

其焊缝表面应平滑，不能过高和在两侧形成沟槽，背面成形好，保证根部焊透，防止烧穿和产生焊瘤。

焊接电流为125~130A，采用断弧焊法焊接，要求单面焊双面成形，焊条角度如图1-74所示。起焊处为管件的3点钟（图1-74中1点）处，终焊点为12点钟（图1-74中2点）处。

待第一段焊缝焊完后，将管件转动90°，重新进行第二段焊缝的焊接，直至焊完一周焊缝。

焊接时，将定位焊缝处作为始焊点（相当于时钟 3 点钟位置），在该点引弧，先用长弧加热，然后将焊条伸到坡口根部，压低电弧，作横向摆动，待坡口根部击穿形成第一个熔孔后立即灭弧，如此往复，直至焊至图 1-74 所示的 2 点处（类似于时钟的 12 点钟处）。接头时先在收弧处前端 15mm 左右处引弧，然后将电弧移至接头处焊缝后侧 10mm 左右处用稍长的电弧进行横向摆动向前焊接，焊条到达接头焊缝前端坡口根部时将电弧压低击穿坡口根部。当焊接至环形焊缝最后封闭接头处前端 10mm 左右时采用连弧焊

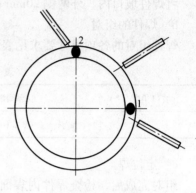

图 1-74　焊条角度

接，待封闭接头完成后再继续向前焊接 10mm 左右再熄弧。

操作要领：

看——要注意观察熔池状态和熔孔大小，熔池应清晰明亮，熔孔大小应保持一致，并使熔孔向焊件两侧各深入 0.5 ~ 1mm。

听——要注意听有无电弧击穿发出的"噗噗"声，若无就会产生未焊透。

准——施焊时，熔孔的端点位置应把握准确，焊条的中心要对准熔池前端与母材的交界处，使每一个熔池与前一个熔池搭接 2/3 左右，保持电弧的 1/3 部分在焊件背面燃烧，以加热和击穿坡口根部，使背面焊缝成形良好。灭弧与接弧的时间间隔要短，否则易产生冷缩孔和熔合不良，灭弧频率以 30 ~ 40 次/min 为宜。

b　盖面焊

焊接电流为 80 ~ 100A，采用连弧焊，锯齿形运条方法，焊接顺序与打底焊时相同。

焊接过程中要注意电弧运至坡口两侧边缘时稍作停顿，以保证焊缝与母材熔合良好；焊接时要注意熔渣情况，如果出现熔渣超前，应迅速调整焊条角度或电弧向下拔一下，漏出熔池。

接头时应先在弧坑前端 10 ~ 15mm 处引弧，用长弧预热后再进行接头；封闭接头应使焊缝超过起头焊缝 10mm 然后灭弧。

操作要领：管件焊接时，焊条角度在焊接过程中不断地进行改变是保证焊缝良好成形的关键。

c　清理及检查

将完成的焊件焊缝表面的飞溅清理干净至漏出金属光泽。检测焊缝正、反面质量。焊缝表面不得有焊瘤、气孔、夹渣、咬边等缺陷。

1.5.1.6　注意事项

管水平转动焊的操作训练应注意：

（1）坡口处进行点固，允许预留反变形，不允许刚性固定。

（2）焊前将焊缝两侧 10 ~ 20mm 范围内清理干净，直至露出金属光泽。

（3）焊件一经施焊，不得改变焊接位置。

（4）正确进行管水平转动焊条电弧焊单面焊双面成形的操作练习。

（5）选择合适的焊接工艺参数。

（6）焊缝应无咬边，接头处无脱节和超高现象，焊缝表面波纹应均匀、宽度一致、无夹渣等缺陷。

（7）严格按照安全操作规程进行操作，安全文明生产。

1.5.2 项目2：水平固定管-管对接全位置焊

1.5.2.1 实训目标

水平固定管-管对接全位置焊的训练目标有：

（1）了解水平固定管定位全位置焊的方法。

（2）掌握钢管 I 形、V 形坡口对接水平固定全位置焊电弧焊单面焊双面成形的操作技术。

（3）适应管焊接时焊条角度变化。

1.5.2.2 实训图样

管对接水平固定全位置焊实训图样如图 1-75 所示。

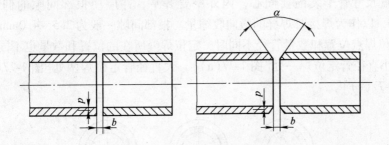

图 1-75 管对接水平固定焊实训图样

技术要求：

（1）水平转动管单面焊双面成形。

（2）根部间隙 $b = 3.2 \sim 4.0mm$，坡口角度 $\alpha = 60°$，钝边 $p = 0.5 \sim 1mm$。

（3）焊后进行通球检验。

（4）固定高度自定。

1.5.2.3 实训须知

水平固定管在焊接过程中需经过仰、立、平等几种位置焊接，也称全位置焊。因为焊缝是环形的，焊接过程中要随焊缝空间位置的变化而相应地调整焊条角度（图 1-76），才能保证正常操作，因此焊接有一定难度。为了保证焊缝质量，应注意每个环节的操作要领。

　A　坡口准备

管子焊接一般均采用单面焊双面成形，为保证焊缝根部良好熔合，多数情况下开 V 形坡口。这种坡口形式便于机械加工或氧-乙炔焰切割，焊接时便于运条，容易焊透，生产

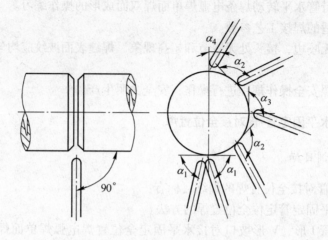

图 1-76   水平固定管焊接时焊条的角度

中应用最多。

B   装配与定位焊

装配时除了要清理坡口表面、修锉钝边等要求外，还应该了解以下几方面：

（1）装配尺寸管子装配要同心，内外壁要齐平，并应使根部间隙的仰位大于平位 0.5~2.0mm，以作为焊接时焊缝的横向收缩量。根部间隙一般为 2.5~4.0mm。

（2）定位焊点位置和数量管径不同时，定位焊缝所在的位置和数量也不同，如图 1-77 所示。一般小直径管定位焊一处［图 1-77（a）］，大直径管定位焊两处［图 1-77（b）］或定位焊三处［图 1-77（c）］。

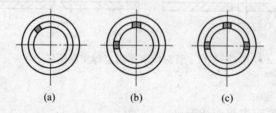

图 1-77   固定管装配定位焊示意图
（a）一点定位；（b）两点定位；（c）三点定位

需要注意的是，凡是进行技能考核的焊件，不允许在仰焊位进行定位焊。

有时也可以不在坡口根部进行定位焊，以避免定位焊缝给打底焊带来的不便，而利用连接板在管外壁装配临时定位，如图 1-78 所示。

C   水平固定管焊接顺序

水平固定管的焊接常从管子仰位开始分左、右两半焊接，先焊的一半为前半部，后焊的一半为后半部。前、后半部焊接均按仰—斜仰—立—斜立—平位的顺序进行，这样的焊接顺序

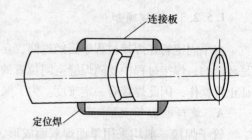

图 1-78   连接板临时定位

有利于对熔池金属与熔渣的控制，便于焊缝成形。

1.5.2.4 实训准备

A 焊接设备

BX1-300 型焊机一台或 WS-200 型逆变焊机一台。

B 焊条

焊条选用 E4303 型或 E5015 型，.焊条直径为 2.5mm、3.2mm 和 4.0mm。

C 焊件

20 号无缝钢管两节，规格为直径 159mm×6mm×100mm，坡口面角度为 60°。

D 工具

面罩、敲渣锤、焊缝检验尺、角向磨光机、放大镜等。

1.5.2.5 实训步骤及操作要领

A 焊件清理与定位焊

a 焊件清理

将焊件坡口内、外两侧 20mm 范围内的铁锈、油污等清理干净，使之呈现金属光泽。

b 焊件的组对

焊件组对的各项尺寸要求见表 1-29，组对形式如图 1-79 所示。

表 1-29 焊件组对的各项尺寸要求

坡口角度/(°)	根部间隙/mm	钝边/mm	错边量/mm
6Q	3.2~4.0	0.5~1.0	≤0.5

c 定位焊

组对完成后，检查焊件内表面有无错边现象。定位焊时所使用的焊条应与正式焊接时相同，定位焊缝的位置如图 1-80 所示。定位焊缝长度不超过 15mm。

B 确定焊接工艺参数

焊接工艺参数见表 1-30。

表 1-30 焊接工艺参数

焊接层次	运条方法	焊条直径/mm	焊接电流/A
打底焊	断弧焊法	3.2	125~130
盖面焊	锯齿、月牙形运条法	3.2	80~100

C 焊接

采用两层两道进行焊接。

将组对好的焊件水平固定在焊接工位架上，始焊点在仰焊部位，自下而上焊接。焊件自始焊点分为左半部分和右半部分，先焊左半部分，后焊右半部分。

a 打底焊

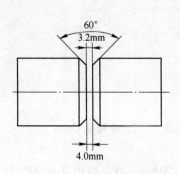

图 1-79　焊件组对形式

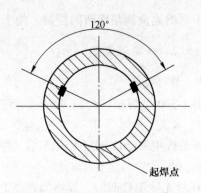

图 1-80　定位焊缝位置

为了使坡口根部焊透，可采用断弧焊法，焊接时焊条角度应随焊接位置的不断变化而随时调整。在仰焊、斜仰焊区段，焊条与管子切线的倾角应由 80°～85°变化为 100°～105°；随着焊接向上进行，在立焊区段为 90°；当焊至斜平焊、平焊区段时，倾角由 85°～90°变化为 80°～85°。

先焊前半部时，起焊和收弧部位都要超过管子垂直中心线 10mm（图 1-81），以便于焊接后半部时接头。

前半部焊接从仰位靠近后半部约 5mm 处引弧，预热 1.5～2s，使坡口两侧接近熔化状态，立即压低电弧进行搭桥焊接，使弧柱透过内壁熔化并击穿坡口根部，听到背面电弧的击穿声，立即熄弧，形成第一个熔池。当熔池降温，颜色变暗时，再压低电弧向上顶，形成第二个熔池，如此反复均匀地送给熔滴，并控制熔池之间的搭接量向前施焊。这样逐步将钝边熔透，使背面成形均匀，直至将前半部焊完。

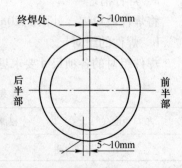

图 1-81　前半部焊道过中心线

后半部的操作方法与前半部相似，但是要进行仰位和平位的两处接头。

仰位接头时，应把起焊处的较厚焊道用电弧割成缓坡（有时也可以用角磨砂轮机或扁铲等工具修磨出缓坡）。操作时先用长弧预热接头，如图 1-82（a）所示，当出现熔化状态时立即拉平焊条，如图 1-82（b）所示，顶住熔化金属，通过焊条端头的推力和电弧吹力将过厚的熔化金属逐渐去除而形成一缓坡割槽，如图 1-82（c）所示，如果一次割不出缓坡，

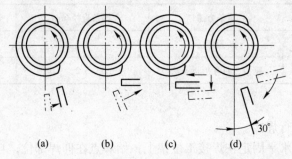

图 1-82　后半部长弧预热接头示意图
（a）预热接头；（b）拉平焊条；（c）形成缓坡；（d）正常焊接

可以多做几次。当形成缓坡后马上把焊条角度调整为正常的焊接角度，如图1-82(d)所示，进行仰位接头，此时切忌熄弧。将焊条向上顶一下，以击穿坡口根部形成熔孔，使仰位接头完全熔合，转入正常的断弧焊法操作。

平位接头时，运条至斜立焊位置，逐渐改变焊条举度使之处于顶弧焊状态，即将焊条前倾，如图1-83所示，当焊至距接头3~5mm即将封闭时，绝不可熄弧，应把焊条向内压一下，待听到击穿声后，使焊条在接头处稍作摆动，填满弧坑后熄弧。当与定位焊缝相接时，也需用上述方法操作。

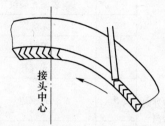

图1-83　平焊位置接头采用顶弧焊接

打底层焊接电弧要控制得短些，保持大小适宜的熔孔，过大会使焊缝背面产生下坠或焊瘤。特别是仰焊位置操作时，电弧在坡口两侧停留时间不宜过长，并且电弧应尽量向上顶；在平焊位置时，电弧不能在熔池的前面多停留，并且保持2/3覆盖在熔池上，这样有利于背面有较好的成形。

操作技巧：

(1) 进行打底层断弧焊接时，熄弧动作要干净利落，不要拉长弧，熄弧与燃弧的时间要适宜（根据熔池的温度状况调节），熄燃弧频率为平焊区段35~40次/min，立焊区段40~50次/min。

(2) 打底焊时熔池间的搭接量会直接影响焊件的背面成形，为避免出现管内仰位凹陷、平焊凸起等缺陷，仰位、斜仰位处搭接量为1/2，立位处搭接量为1/2~2/3，斜平位、平位处搭接量为2/3。

(3) 为保证熔池的形状和大小基本一致，熔池的温度要控制得当，液态金属清晰明亮，熔化坡口两侧始终为0.5~1mm。

b　盖面焊

清理打底焊熔渣，修整局部接头，在打底焊道上引弧焊接，焊条角度比相同位置打底焊时稍大5°左右。

为使盖面焊缝中间稍凸起些并与母材圆滑过渡，可采用月牙形运条法，焊条稍慢而平稳，运条至两侧要稍作停顿，防止出现咬边。始终保持熔化坡口边缘约1.5mm，并严格控制弧长，即可获得宽窄一致、波纹均匀的焊缝成形。

前半部收弧时，对弧坑稍填一些熔滴，使弧坑呈斜坡状，以利于后半部接头。在后半部焊前，需将接头处的渣壳去除约10mm，最好采用砂轮机打磨成斜坡。

前后半部的操作基本相同，注意收弧时要填满弧坑。

在盖面层焊接时，由于在仰焊、斜仰焊区段液态金属易下坠，故要求焊缝焊薄些；而在斜平焊、平焊区段熔池温度偏高容易起弧，故要求焊缝焊厚些，这样可使盖面焊缝余高整体均匀。

1.5.2.6　评分标准

评分标准见表1-31。

表 1-31 评分标准

项目	序号	考核要求	配分	评分标准	检测结果	得分
焊缝外观检测	1	表面无裂纹	8	有裂纹不得分		
	2	无烧穿	8	有烧穿不得分		
	3	无焊瘤	8	每处扣 4 分		
	4	无气孔	6	每处扣 4 分		
	5	无咬边	6	深 <0.5mm，每 10mm 扣 2 分；深 >0.5mm，每 10mm 扣 4 分		
	6	无夹渣	10	每处扣 3 分		
	7	无未熔合	10	深 <0.5mm，每处扣 3 分		
	8	焊缝起头、接头、收尾无缺陷	8	凡脱节或超高每处扣 3 分		
	9	通球检验	8	通球检验不合格不得分		
焊缝内部检测	10	焊缝内部无气孔、夹渣、未焊透、裂纹	8	射线探伤后按 JB/T 4730.2—2005 评定： （1）焊缝质量达到Ⅰ级不扣分； （2）焊缝质量达到Ⅱ级扣 8 分； （3）焊缝质量达到Ⅲ级，此项考试按不及格论		
焊缝外形尺寸	11	焊缝允许宽度(11±2)mm	8	超差 1mm，每处扣 3 分		
	12	焊缝余高 0~3mm	6	超差 1mm，每处扣 3 分		
焊后变形错位	13	错边量≤0.5mm	6	超差不得分		
安全文明生产	14	违章从得分中扣除		酌情从总分中扣除		
总 分			100	总 得 分		

1.5.3 项目 3：垂直固定管-管对接焊

1.5.3.1 实训目标

垂直固定管-管对接焊的训练目标有：
（1）掌握垂直固定管焊接手腕转动运条技巧。
（2）掌握垂直固定管运用多层多道焊的操作方法。

1.5.3.2 实训图样

管对接垂直固定焊实训图样如图 1-84 所示。
技术要求：
（1）垂直固定单面焊双面成形。
（2）根部间隙 $b = 3.2 \sim 4.0$mm，坡口角度 $\alpha = 60°$，钝边 $p = 0.5 \sim 1$mm。

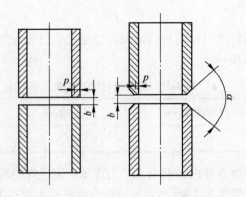

图 1-84　管对接垂直固定焊实训图样

（3）焊后进行通球检验。

（4）允许用小直径管子焊接。

（5）固定高度自定。

1.5.3.3　实训须知

垂直固定管的焊接位置为横焊，其不同于板对接横焊的是焊工在焊接过程中要不断地按着管子曲率移动身体，并逐渐调整焊条沿管子圆周转动，给操作带来一定的难度。

大直径薄壁管垂直固定焊单面焊双面成形时，液态金属受重力影响，极易下坠形成焊瘤或出现下坡口边缘熔合不良、坡口上侧产生咬边等缺陷。因此，焊接过程中应始终保持较短的焊接电弧、较少的液态金属送给量和较快的间断熄弧频率，以有效地控制熔池温度，从而防止液态金属下坠，并且焊条角度随着环形焊缝的周向变化而变化来获得满意的焊缝成形。

1.5.3.4　实训准备

A　焊接设备

BX1-300 型焊机一台或 WS-200 型逆变焊机一台。

B　焊条

焊条选用 E4303 型或 E5015 型，焊条直径为 2.5mm、3.2mm 和 4.0mm。

C　焊件

20 号无缝钢管两节，规格为直径 159mm×8mm×100mm，坡口面角度为 60°。

D　工具

面罩、敲渣锤、焊缝检验尺、角向磨光机、放大镜等。

1.5.3.5　实训步骤及操作要领

A　焊件清理与定位焊

a　焊件清理

将焊件坡口内、外两侧 20mm 范围内的铁锈、油污等用角向磨光机打磨干净，使之呈现金属光泽。

b　焊件组对与定位焊

焊件组对前需检查两管件内径的对口情况，以免发生错边。组对的各项尺寸要求见表1-32，组对形式如图1-85所示。

表1-32　焊件组对尺寸要求

坡口角度/(°)	根部间隙/mm	钝边/mm	错边量/mm
60	3.2～4.0	0.5～1.0	≤0.5

焊件组对完成后，检查焊件内表面有无错边现象。定位焊时所使用的焊条应与正式焊接时相同，定位焊缝的位置如图1-86所示，定位焊缝长度不超过15mm。

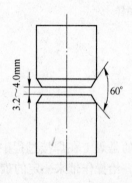

图1-85　焊件组对形式示意图

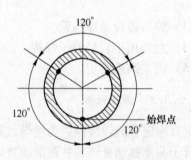

图1-86　焊件定位焊缝位置示意图

B　确定焊接工艺参数

焊接工艺参数见表1-33。

表1-33　焊接工艺参数

焊接层次	运条方法	焊条直径/mm	焊接电流/A
打底焊	断弧焊法		100～120
填充焊	直线运条法、锯齿形运条法	3.2	115～135
盖面焊	直线运条法和直线往复运条法		110～130

C　焊接

将焊件垂直固定在适当的位置上，始焊处选在与定位焊缝相对称的位置上，焊条角度如图1-87所示。采用三层六道焊进行焊接。

a　打底焊

为保证坡口根部焊透，应采用单面焊双面成形技术施焊。焊接时，为控制熔池温度获得斜椭圆形外形，可采用断弧焊法击穿钝边进行焊接。

首先在坡口内引弧，电弧引燃，拉长弧预热坡口根部并熔化钝边后，把电弧带至间隙处向内压，待发出击穿声并形成熔池后马上熄弧（向后下方做划挑动作），使熔池降温。待熔池由亮变暗时，在熔池的前沿重新引燃电弧，压低电弧由上坡口焊至下坡口，待坡口两侧熔合并形成熔孔后，以同一动作熄弧。如此反复地熄弧—燃弧击穿焊接。

封闭接头时，应该预先清理接头熔渣或将接头处打磨成缓坡形，然后再焊。在接头缓坡前沿 3-5mm 处，不再断弧焊而是连弧焊至接头处，电弧向内压，稍作停顿，然后焊过缓坡填满弧坑后熄弧。

垂直固定管打底层焊时，熔滴和熔渣极易下坠，影响对坡口下侧熔孔的观察，且容易产生夹渣。根据经验，焊接电流可适当大些（与水平固定焊比），使电弧落在熔池前沿，即可得到所需大小的熔孔，一般控制坡口钝边的熔化量在 1~1.5mm 之间。打底焊应做到"看熔池，听声音，落弧准"。即观看熔池颜色控制其温度，熔池形状一致，熔孔大小均匀，熔渣与熔池分明；听清电弧在坡口根部击穿的声音；电弧要准确地落在熔池的前沿。

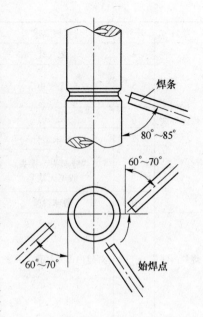

焊条

80°~85°

60°~70°

60°~70°

始焊点

图 1-87 管垂直固定焊的焊条角度

b 填充层焊接

如采用多层焊焊接大管，应用斜锯齿形法运条，生产效率高，但操作难度大，采用较少。如采用多层多道焊，应运用直线运条法，焊接电流比打底焊略大一些，焊道间要充分熔合，尤其与下坡口熔合的焊道要避免熔渣与熔池混淆而造成夹渣、未熔合的缺陷。焊接速度要均匀，焊条角度要随焊道部位改变而变化，下部倾角要大，上部倾角要小。填充层焊至最后一层时，不要把坡口边缘盖住（要留出少许），中间部位稍凸出，为得到凸形的表面层焊缝做准备。

c 盖面层焊接

运条要均匀，采用短弧焊下面的焊道时，电弧应对准下坡口边缘，稍作前后往复摆动直线运条，使熔池下沿熔化坡口下棱边约 1.5mm，并覆盖填充层焊道。下焊道焊速要快，中间焊道焊速要慢，使表面层成凸形。焊道间可不清理渣壳，待结束后一并清除。焊最后一条焊道时，应适当增大焊接速度或减小焊接电流，焊条倾角要小，以防止咬边，确保整个焊缝外表宽窄一致，均匀平整。

盖面层的上、下焊道是成形的关键。施焊时，其熔化坡口棱边应控制在 1~1.5mm，并且要细而均匀，才能保证焊缝成形宽窄一致，与母材圆滑过渡。

D 清渣检验

焊接完毕后，将焊缝表面清理干净，并保持原始状态。

1.5.3.6 评分标准

评分标准见表 1-34。

表 1-34 评分标准

项目	序号	考核要求	配分	评分标准	检测结果	得分
焊缝外观检测	1	表面无裂纹	8	有裂纹不得分		
	2	无烧穿	8	有烧穿不得分		
	3	无焊瘤	8	每处扣 4 分		

项目	序号	考核要求	配分	评分标准	检测结果	得分
焊缝外观检测	4	无气孔	6	每处扣 4 分		
	5	无咬边	6	深 < 0.5mm，每 10mm 扣 2 分；深 > 0.5mm，每 10mm 扣 4 分		
	6	无夹渣	10	每处扣 3 分		
	7	无未熔合	10	深 < 0.5mm，每处扣 3 分		
	8	焊缝起头、接头、收尾无缺陷	8	凡脱节或超高每处扣 3 分		
	9	通球检验	8	通球检验不合格不得分		
焊缝内部检测	10	焊缝内部无气孔、夹渣、未焊透、裂纹	8	射线探伤后按 JB/T 4730.2—2005 评定： （1）焊缝质量达到 I 级不扣分； （2）焊缝质量达到 II 级扣 8 分； （3）焊缝质量达到 III 级，此项考试按不及格论		
焊缝外形尺寸	11	焊缝允许宽度 (12±2)mm	8	超差 1mm，每处扣 3 分		
	12	焊缝余高 0～3mm	6	超差 1mm，每处扣 3 分		
焊后变形错位	13	错边量 ≤ 0.5mm	6	超差不得分		
安全文明生产	14	违章从得分中扣除		酌情从总分中扣除		
总　分			100	总得分		

1.5.4　项目 4：管对接 45°固定焊

1.5.4.1　实训目标

管对接 45°固定焊训练目标有：

（1）掌握管对接 45°固定焊全位置焊的方法。

（2）掌握管对接 45°固定焊全位置电弧焊单面焊双面成形的操作技术。

（3）掌握管对接 45°固定焊多层多道焊的操作方法，并适应管焊接时焊条角度的变化。

1.5.4.2　实训图样

管对接垂直固定焊实训图样如图 1-88 所示。

技术要求：

（1）45°单面焊双面成形。

（2）根部间隙 $b = 3.2 \sim 4.0$mm，坡口角度 $\alpha = 60°$，钝边 $p = 0.5 \sim 1$mm。

（3）焊后进行通球检验。

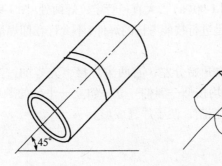

图 1-88　管对接垂直固定焊实训图样

（4）允许用小直径管子焊接。

（5）固定高度自定。

1.5.4.3　实训须知

45°固定管在焊接过程中需经过仰、立、平、横等几种位置焊接，也称全位置焊。因为焊缝是环形的，焊接过程中要随焊缝空间位置的变化而相应地调整焊条角度，如图 1-89 所示，才能保证正常操作，因此焊接有一定难度。为了保证焊缝质量，应注意每个环节的操作要领。

A　坡口准备

管子焊接一般均采用单面焊双面成形，为保证焊缝根部良好熔合，多数情况下开 V 形坡口。这种坡口形式便于机械加工或氧-乙炔焰切割，焊接时便于运条，容易焊透，生产中应用最多。

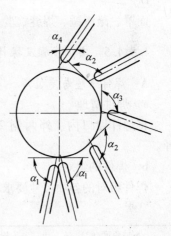

图 1-89　45°固定管焊接时
焊条的角度

B　装配与定位焊

装配时除了要清理坡口表面、修锉钝边等要求外，还应该了解以下几方面：

（1）装配尺寸管子装配要同心，内外壁要齐平，并应使根部间隙的仰位大于平位0.5～2.0mm，以作为焊接时焊缝的横向收缩量。根部间隙一般为 2.5～4.0mm。

（2）定位焊点位置和数量管径不同时，定位焊缝所在的位置和数量也不同，如图 1-90

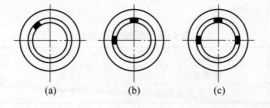

图 1-90　固定管装配定位焊示意图

（a）一点定位；（b）两点定位；（c）三点定位

所示。一般小直径管定位焊一处[图 1-90(a)]；大直径管定位焊两处[图 1-90(b)]或定位焊三处[图 1-90(c)]，需要注意的是，凡是进行技能考核的焊件，不允许在仰焊位进行定位焊。

C　水平固定管焊接顺序

45°固定管的焊接常从管子仰位开始分左、右两半焊接，先焊的一半为前半部，后焊的一半为后半部。前、后半部焊接均按仰—斜仰—立—斜立—平位的顺序进行，这样的焊接顺序有利于对熔池金属与熔渣的控制，便于焊缝成形。

1.5.4.4　实训准备

A　焊接设备

BX1-300 型焊机一台或 WS-200 型逆变焊机一台。

B　焊条

焊条选用 E4303 型或 E5015 型，焊条直径为 2.5mm、3.2mm 和 4.0mm。

C　焊件

20 号无缝钢管两节，规格为直径 108mm × 6mm × 100mm，坡口面角度为 60°。

D　工具

面罩、敲渣锤、焊缝检验尺、角向磨光机、放大镜等。

1.5.4.5　实训步骤及操作要领

A　焊件清理与定位焊

a　焊件清理

将焊件坡口内、外两侧 20mm 范围内的铁锈、油污等清理干净，使之呈现金属光泽。

b　焊件的组对

焊件组对的各项尺寸要求见表 1-35，组对形式如图 1-91 所示。

表 1-35　焊件组对的各项尺寸要求

坡口角度/(°)	根部间隙/mm	钝边/mm	错边量/mm
60	3.2 ~ 4.0	0.5 ~ 1.0	≤0.5

c　定位焊

组对完成后，检查焊件内表面有无错边现象。定位焊时所使用的焊条应与正式焊接时相同，定位焊缝的位置如图 1-92 所示。定位焊缝长度不超过 15mm。

B　确定焊接工艺参数

焊接工艺参数见表 1-36。

表 1-36　焊接工艺参数

焊接层次	运条方法	焊条直径/mm	焊接电流/A
打底焊	断弧焊法	3.2	125 ~ 130
盖面焊	锯齿、月牙形运条法	3.2	80 ~ 100

C　焊接

采用两层两道进行焊接。

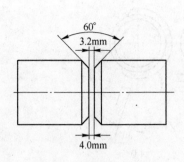

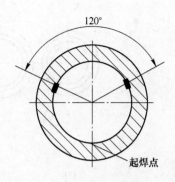

图 1-91 焊件组对形式 　　　　　　图 1-92 定位焊缝位置

将组对好的焊件斜 45°固定在焊接工位架上，始焊点在仰焊部位，自下而上焊接。焊件自始焊点分为左半部分和右半部分，先焊左半部分，后焊右半部分。

a 打底焊

为了使坡口根部焊透，可采用断弧焊法，焊接时焊条角度应随焊接位置的不断变化而随时调整。在仰焊、斜仰焊区段，焊条与管子切线的倾角应由 80°~85°变化为 100°~105°；随着焊接向上进行，在立焊区段为 90°；当焊至斜平焊、平焊区段时，倾角由 85°~90°变化为 80°~85°。

先焊前半部时，起焊和收弧部位都要超过管子垂直中心线 10mm，如图 1-93 所示，以便于焊接后半部时接头。

前半部焊接从仰位靠近后半部约 5mm 处引弧，预热 1.5~2s 使坡口两侧接近熔化状态，立即压低电弧进行搭桥焊接，使弧柱透过内壁熔化并击穿坡口根部，听到背面电弧的击穿声，立即熄弧，形成第一个熔池。当熔池降温，颜色变暗时，再压低电弧向上顶，形成第二个熔池，如此反复均匀地送给熔滴，并控制熔池之间的搭接量向前施焊。这样逐步将钝边熔透，使背面成形均匀，直至将前半部焊完。

后半部的操作方法与前半部相似，但是要进行仰位和平位的两处接头。

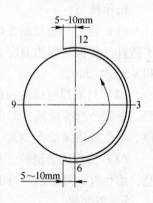

图 1-93 斜 45°固定焊的起
焊点和终焊点位置

仰位接头时，应把起焊处的较厚焊道用电弧割成缓坡（有时也可以用角磨砂轮机或扁铲等工具修磨出缓坡）。操作时先用长弧预热接头，如图 1-94 (a) 所示，当出现熔化状态时立即拉平焊条，如图 1-94(b) 所示，顶住熔化金属，通过焊条端头的推力和电弧吹力将过厚的熔化金属逐渐去除而形成一缓坡割槽，如图 1-94(c) 所示，如果一次割不出缓坡，可以多做几次。当形成缓坡后马上把焊条角度调整为正常的焊接角度，如图 1-94(d) 所示，进行仰位接头，此时切忌熄弧。将焊条向上顶一下，以击穿坡口根部形成熔孔，使仰位接头完全熔合，转入正常的断弧焊法操作。

平位接头时，运条至斜立焊位置，逐渐改变焊条举度使之处于顶弧焊状态，当焊至距接头 3~5mm 即将封闭时，绝不可熄弧，应把焊条向内压一下，待听到击穿声后，使焊条在接头处稍作摆动，填满弧坑后熄弧。当与定位焊缝相接时，也需用上述方法

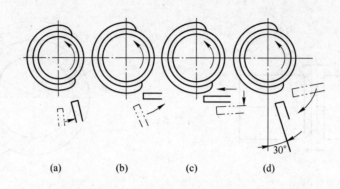

图 1-94 后半部长弧预热接头示意图
(a) 预热接头；(b) 拉平焊条；(c) 形成缓坡；(d) 正常焊接

操作。

打底层焊接电弧要控制得短些，保持大小适宜的熔孔，过大会使焊缝背面产生下坠或焊瘤。特别是仰焊位置操作时，电弧在坡口两侧停留时间不宜过长，并且电弧应尽量向上顶；在平焊位置时，电弧不能在熔池的前面多停留，并且保持 2/3 覆盖在熔池上，这样有利于背面有较好的成形。

操作技巧：

(1) 进行打底层断弧焊接时，熄弧动作要干净利落，不要拉长弧，熄弧与燃弧的时间要适宜（根据熔池的温度状况调节），熄燃弧频率为平焊区段 35～40 次/min，立焊区段 40～50 次/min。

(2) 打底焊时熔池间的搭接量会直接影响焊件的背面成形，为避免出现管内仰位凹陷、平焊凸起等缺陷，仰位、斜仰位处搭接量为 1/2，立位处搭接量为 1/2～2/3，斜平位、平位处搭接量为 2/3。

(3) 为保证熔池的形状和大小基本一致，熔池的温度要控制得当，液态金属清晰明亮，熔化坡口两侧始终为 0.5～1mm。

b 盖面焊

清理打底焊熔渣，修整局部接头，在打底焊道上引弧焊接，焊条角度比相同位置打底焊时稍大 5°左右。

为使盖面焊缝中间稍凸起些并与母材圆滑过渡，可采用锯齿形运条法，焊条稍慢而平稳，运条至两侧要稍作停顿，防止出现咬边。始终保持熔化坡口边缘约 1.5mm，并严格控制弧长，即可获得宽窄一致、波纹均匀的焊缝成形，如图 1-95 所示。

半部收弧时，对弧坑稍填一些熔滴，使弧坑呈斜坡状，以利于后半部接头。在后半部焊前，需将接头处的渣壳去除 10mm 左右，最好采用砂轮机打磨成斜坡。

前后半部的操作基本相同，注意起头的运条方法、收弧时要填满弧坑。

在盖面层焊接时，由于在仰焊、斜仰焊区段液态金属易下坠，故要求焊缝焊薄些；而在斜平焊、平焊区段熔池温度偏高容易起弧，故要求焊缝焊厚些，这样可使盖面焊缝余高整体均匀。

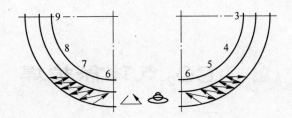

图 1-95 45°管焊件斜仰位的运条轨迹

1.5.4.6 评分标准

评分标准见表 1-37。

表 1-37 评分标准

项目	序号	考核要求	配分	评分标准	检测结果	得分
焊缝外观检测	1	表面无裂纹	8	有裂纹不得分		
	2	无烧穿	8	有烧穿不得分		
	3	无焊瘤	8	每处扣4分		
	4	无气孔	6	每处扣4分		
	5	无咬边	6	深<0.5mm，每10mm扣2分；深>0.5mm，每10mm扣4分		
	6	无夹渣	10	每处扣3分		
	7	无未熔合	10	深<0.5mm，每处扣3分		
	8	焊缝起头、接头、收尾无缺陷	8	凡脱节或超高每处扣3分		
	9	通球检验	8	通球检验不合格不得分		
焊缝内部检测	10	焊缝内部无气孔、夹渣、未焊透、裂纹	8	射线探伤后按 JB/T 4730.2—2005 评定： （1）焊缝质量达到Ⅰ级不扣分； （2）焊缝质量达Ⅱ级扣8分； （3）焊缝质量达到Ⅲ级，此项考试按不及格论		
焊缝外形尺寸	11	焊缝允许宽度(12±2)mm	8	超差1mm，每处扣3分		
	12	焊缝余高0~3mm	6	超差1mm，每处扣3分		
焊后变形错位	13	错边量≤0.5mm	6	超差不得分 超差不得分		
安全文明生产	14	违章从得分中扣除		酌情从总分中扣除		
总 分			100	总 得 分		

2 CO_2 气体保护焊

2.1 概述

2.1.1 CO_2 气体保护焊的焊接工艺特点

二氧化碳气体保护电弧焊（以下简称 CO_2 焊）是 20 世纪 50 年代初期发展起来的一种焊接技术，目前已经发展成为一种重要的焊接方法。之所以如此，主要是因为 CO_2 焊比其他电弧焊方法有更大的适应性、更高的效率、更好的经济性，并且更容易获得优质的焊接接头。

2.1.1.1 CO_2 气体保护焊的实质

CO_2 焊是利用 CO_2 作为保护气体的熔化极电弧焊方法。这种方法以 CO_2 气体作为保护介质，使电弧及熔池与周围空气隔离，防止空气中氧、氮、氢对熔滴和熔池金属产生有害作用，从而获得优良的力学性能。生产中一般是利用专用的焊枪，形成足够的 CO_2 气体保护层，依靠焊丝与焊件之间的电弧热，进行自动或半自动熔化极气体保护焊接。CO_2 焊的原理示意如图 2-1 所示。

早在 20 世纪 30 年代就有人提出用 CO_2 及水蒸气作为保护气体，但试验结果发现焊缝金属严重氧化，气孔很多，焊接质量得不到保证。因此氩气、氦气等惰性气体保护焊首先应用于焊接生产，解决了当时航空工业中有色金属的焊接问题，气体保护焊的优越性也逐渐被人们认识

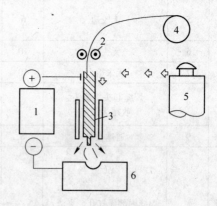

图 2-1 CO_2 焊原理示意图

1—直流电源；2—送丝机构；3—焊枪；
4—焊丝盘；5—气瓶；6—焊件

和重视。但是氩气、氦气为稀有气体，价格较贵，应用上受到一定的限制。为此，到 20 世纪 50 年代，人们又重新研究 CO_2 气体保护焊，并逐步应用于焊接生产。氩气、氦气等惰性气体既不和金属发生化学反应，也不溶于金属，能起到良好的保护作用。而 CO_2 则是一种氧化性气体，特别是在高温作用下具有强烈的氧化性，但 CO_2 气体价格低廉供应充足。虽然它有强烈的氧化作用，但氧化了的熔化金属可以比较容易地脱氧；另一方面较强的氧化性能够抑制焊缝中氢的存在，防止产生氢气孔和裂纹；而且 CO_2 良好的保护作用，还能有效地防止空气中 N_2 对熔滴及熔池金属的有害作用，这一点是很可贵的，因为金属

一旦被氮化，便难以脱氮。

CO_2 焊按使用焊丝直径的不同，可分为细丝 CO_2 焊（焊丝直径不超过 1.6mm）和粗丝 CO_2 焊（焊丝直径大于 1.6mm）。按操作的方式分类，又可分为半自动 CO_2 焊和自动 CO_2 焊。

2.1.1.2　CO_2 气体保护焊的优点

（1）焊接生产率高。由于焊接电流密度较大，电弧热量利用率较高，而且焊后不需清渣，因此提高了生产率。CO_2 焊的生产率比普通的焊条电弧焊高 2~4 倍。

（2）焊接成本低。CO_2 气体来源广，价格便宜，而且电能消耗少，故使焊接成本降低。通常 CO_2 焊的成本只有埋弧焊或焊条电弧焊的 40%~50%。

（3）焊接应力和变形小。由于电弧加热集中，焊接速度快，焊件受热面积小，同时 CO_2 气流有较强的冷却作用，所以焊接变形小，特别适宜于薄板焊接。

（4）焊接质量较高。对铁锈敏感性小，焊缝含氢量少，抗裂性能好。

（5）适用范围广。可实现全位置焊接，并且对于薄板、中厚板甚至厚板都能焊接。

（6）操作简便。焊后不需清渣，而且是明弧，便于监控，有利于实现机械化和自动化焊接。

2.1.1.3　CO_2 气体保护焊的缺点

（1）飞溅率较大，并且焊缝表面成形较差。金属飞溅是 CO_2 焊中较为突出的问题，是其主要缺点。

（2）很难用交流电源进行焊接，焊接设备比较复杂。

（3）抗风能力差，给室外作业带来一定困难。

（4）不能焊接容易氧化的有色金属。

CO_2 焊的缺点可以通过提高技术水平和改进焊接材料、焊接设备加以解决，而其优点却是其他焊接方法所不能比的。因此，可以认为 CO_2 焊是一种高效率、低成本的节能焊接方法。

2.1.2　焊接参数的选择及其对焊缝成形的影响

合理地选择焊接参数是保证焊接质量、提高效率的重要条件。CO_2 气体保护焊的焊接参数主要包括：焊接电流、焊接电压、焊丝直径、焊接速度、焊丝伸出长度、气体流量、电源极性、焊枪倾角、喷嘴高度等。下面分别介绍每个焊接参数对焊缝成形的影响及选择原则。

2.1.2.1　焊丝直径

焊丝直径应根据焊件厚度、焊接位置及生产率的要求来选择。焊接薄板或中厚板的立、横、仰焊时，多采用 ϕ1.6mm 以下的焊丝；在平焊位置焊接中厚板时，可以采用直径 ϕ1.2mm 以上的焊丝。焊丝直径的选择见表 2-1。

表 2-1　CO_2 焊焊丝直径的选择

焊丝直径/mm	焊件厚度/mm	焊 接 位 置
0.8	1 ~ 3	各种位置
1.0	1.5 ~ 6	
1.2	2 ~ 12	
1.6	6 ~ 25	
≥1.6	中　厚	平焊、平角焊

2.1.2.2　焊接电流

焊接电流是重要的焊接参数之一，应根据焊件厚度、材质、焊丝直径、施焊位置及熔滴过渡形式来确定焊接电流的大小。通常用直径为 0.8 ~ 1.6mm 的焊丝。当短路过渡时，焊接电流在 50 ~ 230A 内选择；在颗粒状过渡时，焊接电流可在 250 ~ 500A 选择。焊丝直径与焊接电流的关系见表 2-2。

表 2-2　焊丝直径与焊接电流的关系

焊丝直径/mm	焊接电流使用范围/A	适应的板厚/mm
0.6	40 ~ 100	0.6 ~ 1.6
0.8	50 ~ 150	0.8 ~ 2.3
0.9	70 ~ 200	1.0 ~ 3.2
1.0	90 ~ 250	1.2 ~ 6.0
1.2	120 ~ 350	2.0 ~ 6.0
1.6	300 以上	6.0 以上

通常随着焊接电流的增大，熔深显著地增加，而熔宽略有增加。但应注意：当焊接电流过大时，容易引起烧穿、焊漏和产生裂纹等缺陷，且焊件的变形大，焊接过程中飞溅很大；而当焊接电流过小时，容易产生未焊透、未熔合和夹渣以及焊缝成形不良等缺陷。在保证焊透、成形良好的条件下，尽可能地采用大电流，以提高生产率。

2.1.2.3　电弧电压

焊接电弧电压的变化影响焊接电弧的长短，从而决定熔宽的大小。一般随电弧电压的增大，熔宽增大，而熔深略有减小。

为了保证焊缝成形良好，电弧电压必须与焊接电流配合选取。通常在焊接电流小时，电弧电压较低；焊接电流大时，电弧电压较高。通常在短路过渡时，电弧电压为 16 ~ 24V；在细颗粒过渡时，电弧电压为 25 ~ 45V。但应注意：电弧电压必须与焊接电流配合适当，电弧电压过高或过低都会影响电弧的稳定性，使飞溅增大。

2.1.2.4　焊接速度

在一定的焊丝直径、焊接电流和电弧电压的条件下，焊接速度增加，将使焊缝宽度和熔深减小。若焊接速度过快容易产生咬边、未焊透及未熔合等缺陷，且气体保护效果变差，可能出现气孔；若速度过慢，则使焊接生产率降低，焊接接头晶粒粗大，焊接变形增大，焊缝成形差。一般 CO_2 半自动焊的焊接速度为 $15 \sim 40m/h$。

2.1.2.5　焊丝伸出长度

焊丝伸出长度是指导电嘴端部到焊件的距离，而保持焊丝伸出长度不变是保证焊接过程稳定的基本条件之一，它主要取决于焊丝直径，一般约为焊丝直径的 $10 \sim 12$ 倍。当焊丝伸出长度过大时，容易发生过热而成段熔断，使气体保护效果变差，飞溅严重，焊接过程不稳定；焊丝伸出长度过小则会缩短喷嘴与焊件的距离，飞溅金属容易堵塞喷嘴，影响气体保护效果，且阻挡焊工视线。对于不同直径、不同材料的焊丝，允许的焊丝伸出长度不同。焊接时可参考表 2-3 选择。

表 2-3　焊丝伸出长度的允许值　　　　　　　　　　　　　(mm)

焊丝直径/mm	H08Mn2SiA	H08Cr19Ni9Ti
0.8	6 ~ 12	5 ~ 9
1.0	7 ~ 13	6 ~ 11
1.2	8 ~ 15	7 ~ 12

2.1.2.6　气体流量

CO_2 气体流量应根据对焊接区的保护效果来选取。焊接电流、电弧电压、焊接速度、接头形式及作业条件对流量都有影响。其流量过大过小都会影响气体保护效果，容易产生焊接缺陷。通常焊接电流在 200A 以下时，气体流量约为 $10 \sim 15L/min$；焊接电流大于 200A 时，气体流量约为 $15 \sim 25L/min$。

2.1.2.7　电源极性

CO_2 气体保护焊一般采用直流反接。直流反接具有电弧稳定性好、飞溅小及熔深大等特点。在粗丝大电流焊接时，也可采用直流正接。此时，焊接过程稳定，焊丝熔化速度快、熔深浅、堆高大，主要用于堆焊及铸铁补焊。

2.1.2.8　焊枪的倾角

焊枪的倾角也是不可忽视的因素。当焊枪倾角小于 10° 时，不论是前倾还是后倾，对焊接过程及焊缝成形都没有明显的影响；但倾角过大（如前倾角大于 25°）时，将增加熔宽并减小熔深，还会增加飞溅。

2.1.2.9   回路电感

焊接回路的电感值应根据焊丝直径和电弧电压来选择，不同直径焊丝的合适电感值也不同。通常电感值随焊丝直径增大而增加，并可通过试焊的方法来判断。若焊接过程稳定，飞溅很少，则说明电感值是合适的。

2.1.2.10   喷嘴与焊件间的距离

喷嘴与焊件间的距离是根据焊接电流来选择的。焊接电流越大，它们之间的距离就越大。一般当焊接电流小于 200A 时，喷嘴与焊件间的距离为 10～15mm。

2.1.3   CO$_2$ 气体保护焊设备的使用及维护

CO$_2$ 焊所用的设备有半自动 CO$_2$ 焊设备和自动 CO$_2$ 焊设备两类。在实际生产中，半自动 CO$_2$ 焊设备使用较多，下面以半自动 CO$_2$ 焊机为主介绍 CO$_2$ 焊设备。

2.1.3.1   CO$_2$ 焊设备的组成和作用

半自动 CO$_2$ 焊设备由焊接电源、送丝机构、焊枪、供气系统、冷却水循环装置及控制系统等几部分组成，如图 2-2 所示，而自动 CO$_2$ 焊设备则除上述几部分外还有焊车行走机构。

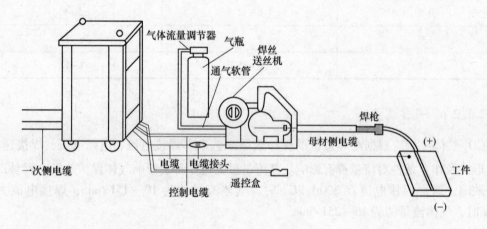

图 2-2   半自动 CO$_2$ 焊设备

A   焊接电源

CO$_2$ 焊一般采用直流电源且反极性连接。根据不同直径焊丝 CO$_2$ 焊的焊接特点，一般细焊丝采用等速送丝式焊机，配合平特性电源。粗焊丝采用变速送丝式焊机，配合下降特性电源。

a   平特性电源

细焊丝 CO$_2$ 焊的熔滴过渡一般为短路过渡过程，送丝速度快，宜采用等速送丝式焊机配合平外特性电源。实际上用于 CO$_2$ 焊接的平外特性电源，其外特性都有一些缓降，其缓降度一般不大于 4V/100A。采用平外特性电源优点如下：

（1）电弧燃烧稳定。在等速送丝条件下，平外特性电源的电弧自身调节灵敏度较高。可以依靠弧长变化来引起电流的变化，依靠电弧自身调节作用，使电弧燃烧稳定。

（2）焊接参数调节方便。可以对焊接电压和焊接电流分别进行调节，通过改变电源外特性调节电弧电压，改变送丝速度调节焊接电流。两者之间相互影响不大。

（3）可避免焊丝回烧。因为电弧回烧时，随着电弧拉长，电流很快减小，使得电弧在未回烧到导电嘴前已熄灭。

b 下降特性电源

粗丝 CO_2 焊的熔滴过渡一般为细滴过渡过程，宜采用变速送丝式焊机，配合下降的外特性电源。此时 CO_2 焊接参数，往往因为电源外特性的陡降程度不同，要进行两次或三次调节。如先调节电源外特性粗略确定焊接电流，但调节电弧电压时，电流又有变化，所以要反复调节才能最后达到要求的焊接参数。

c 电源动特性

电源动特性是衡量焊接电源在电弧负载发生变化时，供电参数（电流及电压）的动态响应品质。电源良好的动特性是焊接过程稳定的重要保证。

粗焊丝细滴过渡时，焊接电流的变化比较小，所以对焊接电源的动特性要求不高。细焊丝短路过渡时，因为焊接电流不断地发生较大变化，所以对焊接电源的动特性有较高的要求，具体有如下 3 个方面：

（1）合适的短路电流增长速度（di/dt）。

（2）适当的短路电流峰值。

（3）电弧电压恢复速度（du/dt）。

不同的焊丝、不同的焊接参数，对这三个方面有不同的要求。因此要求电源设备具有兼顾这三方面的适应能力。

B 送丝系统

根据使用焊丝直径的不同，送丝系统可分为等速送丝式和变速送丝式，通常焊丝直径大于或等于 3mm 时采用变速送丝方式，焊丝直径不超过 2.4mm 时采用等速送丝式。CO_2 焊时采用的弧压反馈送丝式与埋弧焊时的设备类似，下面介绍 CO_2 焊时普遍使用的等速送丝系统。对等速送丝系统的基本要求是：能稳定、均匀地送进焊丝，调速要方便，结构应牢固轻巧。

a 送丝方式

半自动气体保护焊机有推丝式、拉丝式、推拉丝式 3 种基本送丝方式，如图 2-3 所示。

（1）推丝式。主要用于直径为 0.8 ~ 2.0mm 的焊丝，是应用最广的一种送丝方式，如图 2-3（a）所示。其特点是焊枪结构简单轻便，操作与维修方便。但焊丝进入焊枪前要经过一段较长的送丝软管，阻力较大，而且随着软管长度加长，送丝稳定性也将变差。所以送丝软管不能太长，一般在 2 ~ 5m。

（2）拉丝式。主要用于直径不超过 0.8mm 的细焊丝，因为细焊丝刚性小，难以推丝。它又分为两种形式，一种是焊丝盘和焊枪分开，两者用送丝软管联系起来，如图 2-3（b）所示；另一种是将焊丝盘直接装在焊枪上，如图 2-3（c）所示。后者由于去掉了送丝软管，增加了送丝稳定性，但焊枪质量增加。

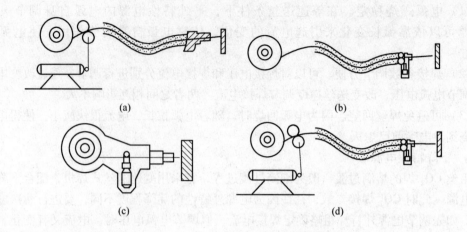

图 2-3　半自动焊机送丝方式示意图
（a）推丝式；（b），（c）拉丝式；（d）推拉丝式

（3）推拉丝式。此方式把上述两种方式结合起来，克服了使用推丝式焊枪操作范围小的缺点，送丝软管可加长到 15m 左右，如图 2-3（d）所示。推丝电动机是主要的送丝动力，而拉丝机只是将焊丝拉直，以减小推丝阻力。推力和拉力必须很好地配合，通常拉丝速度应稍快于推丝速度。这种方式虽有一些优点，但由于结构复杂，调整麻烦，同时焊枪较重，因此实际应用得不多。

　　b　送丝机构

送丝机构由送丝电动机、减速装置、送丝滚轮和压紧机构等组成。送丝电动机一般采用他励直流伺服电动机。选用伺服电动机时，因其转速较低，所以减速装置只需一级蜗轮蜗杆和一级齿轮传动，其传动比应根据电动机的转速、送丝滚轮直径和所要求的送丝速度来确定。送丝速度一般应在 2～16m/min 范围内均匀调节。为保证均匀、可靠地送丝，送丝轮表面应加工出 V 形槽，滚轮的传动形式有单主动轮传动和双主动轮传动。送丝机构工作前要仔细调节压紧轮的压力，若压紧力过小，滚轮与焊丝间的摩擦力小，如果送丝阻力稍有增大滚轮与焊丝间便打滑，致使送丝不均匀；如压紧力过大，又会在焊丝表面产生很深压痕或使焊丝变形，使送丝阻力增大，甚至造成导电嘴内壁的磨损。

　　c　调速器

用调速器调节送丝速度，一般采用改变送丝电动机电枢电压的方法，实现送丝速度的无级调节。

　　d　送丝软管

送丝软管是导送焊丝的通道，要求软管内壁光滑、规整，内径大小均匀合适；焊丝通过的摩擦阻力小；具有良好的刚性和弹性。

　　C　焊枪

　　a　对焊枪的要求

焊枪应起到送气、送丝和导电的作用。对焊枪有下列要求：

（1）送丝均匀、导电可靠和气体保护良好。

（2）结构简单、经久耐用和维修简便。

（3）使用性能良好。

b 焊枪的类型

焊枪按用途分为半自动焊枪和自动焊枪。

（1）半自动焊枪。一般按焊丝给送的方式不同，半自动焊枪可分为推丝式和拉丝式两种。

推丝式焊枪常用的形式有两种：一种是鹅颈式焊枪，另一种是手枪式焊枪。这些焊枪的主要特点是结构简单、操作灵活，但焊丝经过软管产生的阻力较大，故所用的焊丝不宜过细，多用于直径1mm以上焊丝的焊接。焊枪的冷却方法一般采用自冷式，水冷式焊枪不常用。

拉丝式焊枪主要特点是：1）一般均做成手枪式；2）送丝均匀稳定；3）引入焊枪的管线少，焊接电缆较细，尤其是其中没有送丝软管，所以管线柔软，操作灵活。但因为送丝部分（包括微电机、减速器、送丝滚轮和焊丝盘等）都安装在枪体上，所以焊枪比较笨重，结构较复杂。通常适用于直径0.5~0.8mm细丝焊接。

（2）自动焊枪。一般都安装在自动CO_2焊机上（焊车或焊接操作机），不需要手动操作，自动CO_2焊机多用于大电流情况，所以枪体尺寸都比较大，以提高气体保护和水冷效果。枪头部分与半自动焊枪类似。

c 焊枪的喷嘴和导电嘴

喷嘴是焊枪上的重要零件，其作用是向焊接区域输送保护气体，以防止焊丝端头、电弧和熔池与空气接触。喷嘴形状多为圆柱形，也有圆锥形，喷嘴内孔直径与焊接电流大小有关，通常为12~24mm。焊接电流较小时，喷嘴直径也小；焊接电流较大时，喷嘴直径也大。

导电嘴的材料要求导电性良好、耐磨性好和熔点高，一般选用纯铜或陶瓷材料制作，为增加耐磨性也可选用铬锆铜。导电嘴孔径的大小对送丝速度和焊丝伸出长度有很大影响。如孔径过大或过小，会造成焊接参数不稳定而影响焊接质量。

喷嘴和导电嘴都是易损件，需要经常更换，所以应便于装拆。并且应结构简单、制造方便和成本低廉。

D 供气系统

供气系统的作用是保证纯度合格的CO_2保护气体能以一定的流量均匀地从喷嘴中喷出。它由CO_2钢瓶、预热器、干燥器、减压器、流量计及电磁气阀等组成，如图2-4所示。

a CO_2钢瓶

储存液态CO_2，钢瓶通常漆成灰色并用黑字写上CO_2标志。瓶中有液态CO_2时，瓶中压力可达490~686MPa。

b 预热器

由于液态CO_2，转变成气态时，将吸收大量的热，再经减压后，气体体积膨胀，也会使温度下降。为防止管路冻结，在减压之前要将CO_2气体通过预热器进行预热。预热器一般采用电阻加热式，采用36V交流供电，功率为100~150W。

c 干燥器

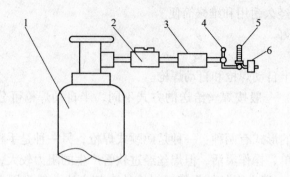

图 2-4　供气系统示意图

1—CO₂ 钢瓶；2—预热器；3—干燥器；4—减压器；5—流量计；6—电磁气阀

干燥器内装有干燥剂，如硅胶、脱水硫酸铜和无水氯化钙等。无水氯化钙吸水性较好，但它不能重复使用；硅胶和脱水硫酸铜吸水后颜色发生变化，经过加热烘干后还可以重复使用。在 CO_2 气体纯度较高时，不需要干燥。只有当含水量较高时，才需要加装干燥器。

d　减压器和流量计

减压器的作用是将高压 CO_2 气体变为低压气体。流量计用于调节并测量 CO_2 气体的流量。

e　电磁气阀

电磁气阀是装在气路上，利用电磁信号控制的气体开关，用来接通或切断保护气体。

2.1.3.2　焊接设备的维护及故障排除

A　CO_2 气体保护焊机的维护保养

（1）要经常注意送丝软管的工作情况，以防被污垢堵塞。

（2）应经常检查导电嘴的磨损情况，及时更换磨损大的导电嘴，以免影响焊丝导向及焊接电流的稳定性。

（3）要及时清除喷嘴上的金属飞溅物。

（4）及时更换已磨损的送丝滚轮。

（5）定期检查送丝装置、减速箱的润滑情况，及时加添或更换新的润滑油。

（6）经常检查电气接头、气管等连接情况，及时发现问题并加以处理。

（7）定期以干燥压缩空气清洁焊机。

（8）定期更换干燥剂。

（9）当焊机长时间不用时，应将焊丝自软管中退出，以免日久生锈。

B　CO_2 气体保护焊焊机的常见故障及排除方法

CO_2 气体保护焊焊机出现故障，有时可直观地发现，有时必须通过测试的方法发现。其故障的排除步骤一般为：从故障发生部位开始，逐级向前检查整个系统，或相互有影响的系统、部位，还可以从易出现问题的、经常易损坏的部位着手检查。CO_2 气体保护焊焊机的常见故障及排除方法见表 2-4。

表 2-4　CO₂ 气体保护焊焊机的常见故障及排除方法

故障特征	产　生　原　因	排　除　方　法
焊丝送给不均匀	(1) 送丝滚轮压力调整不当； (2) 送丝滚轮 V 形帽磨损； (3) 减速输送故障； (4) 送丝电动机电源插头插得不紧； (5) 焊枪开关或控制线路接触不良； (6) 送丝软管接头处或内层弹簧管松动或堵塞； (7) 焊丝绕制不好，时松时紧或弯曲； (8) 焊枪导电部分接触不良，导电嘴孔径不合适	(1) 调整送丝轮压力； (2) 更换新滚轮； (3) 检修； (4) 检修、插紧； (5) 检修、拧紧； (6) 清洗、修理； (7) 更换一盘或重绕； (8) 更换
送丝电动机停止运行或电动机运转而焊丝停止送给	(1) 电动机本身故障； (2) 电动机电源变压器损坏； (3) 熔断器烧断； (4) 送丝轮打滑； (5) 继电器的触点烧损或其线圈烧损； (6) 焊丝与导电嘴相熔合在一起； (7) 焊枪开关接触不良或控制线路断路； (8) 控制按钮损坏； (9) 焊丝卷曲卡在焊丝进口处； (10) 调速电动机故障	(1) 检修或更换； (2) 更换； (3) 换新； (4) 调整送丝轮压紧力； (5) 检修、更换； (6) 更换导电嘴； (7) 更换开关、检修控制电路； (8) 调直焊丝； (9) 焊丝退出剪掉一段； (10) 修理焊机
焊接过程中发生熄弧现象和焊接参数不稳	(1) 焊接参数进得不合适； (2) 送丝滚轮磨损； (3) 送丝不均匀，导电嘴磨损严重； (4) 焊丝弯曲太大； (5) 焊件和焊丝不清洁，接触不良	(1) 调整参数； (2) 更换； (3) 检修； (4) 调直焊丝； (5) 清理焊件和焊丝
电压失调	(1) 三相多线开关损坏； (2) 继电器触点或线包烧损； (3) 变压器烧损或插头接触不良； (4) 线路接触不良或断线； (5) 移相和触发电路故障； (6) 大功率晶体管击穿； (7) 自饱和磁放大器故障	(1) 检修或更换； (2) 检修或更换； (3) 检修； (4) 用万用表检查； (5) 检修，更换新元件； (6) 检查更换； (7) 检修

2.2　基本操作技术

2.2.1　项目 1：操作时注意事项

CO₂ 气体保护焊的焊接质量取决于焊接过程的稳定性，而焊接过程的稳定性是由焊接设备、焊接参数的调整以及焊工的操作技术水平决定的，且在很大程度上是决定于焊工的操作技术水平。下面介绍 CO_2 气体保护焊操作过程中需要注意的一些操作事项。

2.2.1.1　持枪姿势

根据焊件高度，身体成下蹲、坐姿或站立姿势，脚要站稳，右手握焊枪，手臂处于自然状态，焊枪软管应舒展，手腕能灵活带动焊枪平移和转动，焊接过程中能维持焊枪倾角不变，并可方便地观察熔池。图 2-5 所示为焊接不同位置焊缝时的正确持枪姿势。

(a)　　　　　(b)　　　　　(c)　　　　　(d)　　　　　(e)

图 2-5　正确持枪姿势
(a) 下蹲平焊；(b) 坐姿平焊；(c) ~ (e) 站立平焊

2.2.1.2　焊枪的摆动方法

与焊条电弧焊相同，为了控制焊缝的宽度和良好的焊缝成形，CO_2 气体保护焊焊枪也要作横向摆动。常用的摆动方法有直线形运条法、直线往复形运条法、月牙形运条法、锯齿形运条法等几种，如图 2-6 所示。

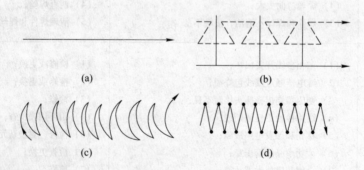

(a)　　　　　　　　　　(b)

(c)　　　　　　　　　　(d)

图 2-6　焊枪的摆动方法
(a) 直线形运条法；(b) 直线往复形运条法；(c) 月牙形运条法；(d) 锯齿形运条法

2.2.1.3　引弧

与焊条电弧焊引弧方法稍有不同，不采用划擦引弧，主要是短路引弧，但引弧时不必抬起焊枪。具体操作是：

（1）引弧前剪去超长部分。引弧前先按遥控盒上的点动开关或焊枪上的控制开关，点动送出一段焊丝接近焊丝伸出长度，超长部分应剪去，如图2-7（a）所示。

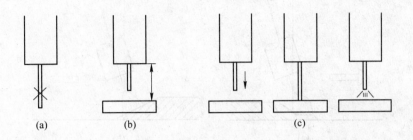

图2-7　引弧
（a）引弧前剪去超长部分；（b）准备引弧；（c）引弧过程

（2）准备引弧。将焊枪按合适的倾角和喷嘴高度放在引弧处，此时焊丝端部与焊件未接触，保持2～3mm，如图2-7（b）所示。

（3）引弧过程。按动焊枪开关，焊丝与焊件接触短路，焊枪会自动顶起，如图2-7（c）所示，要稍用力压住焊枪，瞬间引燃电弧后移向焊接处，待金属熔化后进行正常的焊接。

2.2.1.4　收弧

一条焊道焊完后或中断焊接时，必须收弧。焊机没有电流衰减装置时，焊枪在弧坑处停留一下，并在熔池未凝固前，间断短路2～3次，待熔滴填满弧坑时断电；若焊机有电流衰减装置，焊枪在弧坑处停止前进，启动开关用衰减电流将弧坑填满，然后熄弧。

2.2.1.5　接头

焊缝连接时接头好坏会直接影响焊缝质量，其接头方法如图2-8所示。

窄焊缝接头的方法是：在原熔池前方10～20mm的1点处引弧，然后迅速将电弧引向原熔池中心的2点处，待熔化金属与原熔池边缘相吻合后，再将电弧引向前方的3点，使焊丝保持一定的高度和角度，并以稳定的焊接速度向前移动，如图2-8（a）所示。

宽焊缝摆动接头的方法是：在原熔池前方10～20mm的1点处引弧，然后以直线方式将电弧引向接头的2点处，在接头处开始摆动，并在向前移动到3点的同时，逐渐加大摆动幅度（保持形成的焊缝与原焊缝宽度相同），最后转入正常焊接，如图2-8（b）所示。

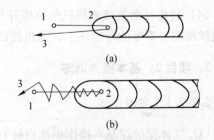

图2-8　焊缝接头方法
（a）窄焊缝接头方法；（b）宽焊缝接头方法

2.2.1.6　焊枪的运动方向

焊枪的运动方向有左向焊法和右向焊法

两种，如图 2-9 所示。

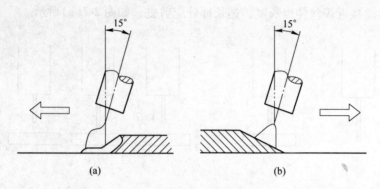

图 2-9　焊枪的运动方向
（a）左向焊法；（b）右向焊法

一般 CO_2 气体保护焊多数情况下采用左向焊法，前倾角为 15°左右。

左向焊法操作时，焊枪自右向左移动，电弧的吹力作用在熔池及其前沿，将熔池金属向前推延，由于电弧不直接作用在母材上，所以熔深较浅，焊道平坦变窄，飞溅较大，保护效果好。采用左向焊法虽然观察熔池困难些，但易于掌握焊接方向，不易焊偏。

右向焊法操作时，焊枪自左向右移动，电弧直接作用到母材上，熔深较大，焊道窄而高，飞溅略小，但不易准确掌握焊接方向，容易焊偏，尤其在接焊时更为明显。

2.2.1.7　CO_2 气体保护半自动焊机外部线路连接

以 NBC-250 型半自动 CO_2 气体保护焊机为例来介绍焊机的连接方法，如图 2-10 所示。

（1）首先将焊机的输入端与三相电源开关相连。

（2）将一体式预热减压流量调节器与 CO_2 气瓶连接，再用胶管把减压流量调节器与焊机面板上的进气嘴可靠连接，并将预热电源线与焊机相应的插头连接好。

（3）将送丝机构放置在利于操作的位置后，把绕有焊丝的焊丝盘装在送丝机构上，接着用两端带有七芯插头的控制电缆将焊机与送丝机构连接起来。然后把焊枪上的送丝软管电缆和两芯控制线连接在送丝机构上，并将气管与焊机下部的气阀出口接上。

（4）将焊接电缆接到焊机的负极并与焊件相连，再把连接焊枪的电缆接到焊机的正极及送丝机构与焊枪的导电块上，整机接线完成。

2.2.2　项目 2：基本操作训练

2.2.2.1　实训目标

CO_2 气体保护焊基本操作训练目标有：

（1）能根据焊件厚度正确选择焊丝直径、焊接电流、电弧电压、气体流量等焊接参数。

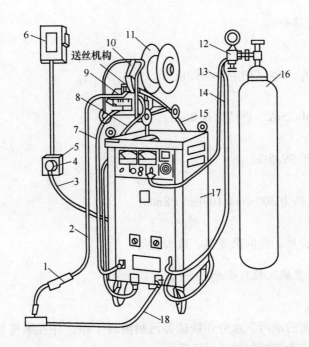

图 2-10　NBC-250 型半自动 CO_2 气体保护焊机外部接线示意图

1—焊枪；2—软管电缆；3—电源线；4—插头；5—插座；6—电源开关；7—控制电缆；
8—连接焊接电缆；9—焊枪控制线；10—压线手柄；11—焊丝盘；12—减压流量调节器；
13—预热器电源线；14，15—气管；16—CO_2 气瓶；17—焊机；18—连接焊件电缆

（2）掌握 CO_2 气体保护焊平敷焊基本操作技能。

2.2.2.2　实训图样

CO_2 气体保护焊平敷焊实训图样如图 2-11 所示。

技术要求：

（1）CO_2 气体保护焊平敷焊练习。

（2）焊道与焊道间距为 30mm 左右。

（3）焊缝宽度 6mm 左右，余高 2mm 左右。

（4）严格按安全操作规程执行。

2.2.2.3　实训须知

平板对接平焊时，熔池呈悬空状态，液态金属
受重力影响极易产生下坠现象，在焊接过程中必须
根据装配间隙及熔池温度变化情况，及时调整焊枪

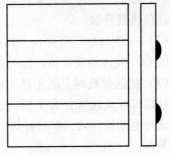

图 2-11　CO_2 气体保护焊平敷焊实训图样

角度、摆动幅度和焊接速度，以控制熔孔尺寸，保证试件背面形成均匀一致的焊缝。由于
焊接过程没有焊条送进运动，只需维持弧长不变，并根据熔池情况摆动和移动焊枪，所以
操作起来相对容易掌握。

2.2.2.4　实训准备

A　焊接设备

NBC-250 型 CO_2 气体保护半自动焊机。

B　焊丝

焊丝选用 H08Mn2SiA，直径为 0.8mm。

C　CO_2 气瓶

纯度大于或等于 99.5%。

D　焊件

Q235 钢板，规格为 300mm × 100mm × 8mm。

E　工具

面罩、焊缝检验尺、角向磨光机、放大镜等。

2.2.2.5　实训步骤及操作要领

A　清理、画线

焊前将焊件表面的油污、水分和铁锈等污物清理干净，并在钢板长度方向每隔 30mm 用石笔画一条线，作为焊接时的运丝轨迹线。

B　确定焊接工艺参数

焊接工艺参数见表 2-5。

表 2-5　焊接工艺参数

焊道层次	电源极性	焊丝直径/mm	焊丝伸出长度/mm	焊接电流/A	电弧电压/V	气体流量/L·min⁻¹
表面焊	反极性	0.8	8～12	100～120	17～18	6～8

C　开启焊机

（1）闭合三相电源开关，焊机与电路电源接通。扳动焊机上的电源控制开关及预热器开关，预热器升温。

（2）打开 CO_2 气瓶并合上焊机上的检测气流开关，开始旋动流量调节器阀门，调节合适的 CO_2 气体的流量值，然后断开检测气流开关。

（3）把送丝机构上的压丝手柄扳开，将焊丝通过导丝孔放入送丝轮的 V 形槽内，再把焊丝端部推入软管，合上压丝手柄，并调节合适的压紧力，这时按动焊枪上的微动开关，送丝电动机转动，焊丝经导电嘴送出。焊丝伸出长度应距喷嘴约 10mm，多余长度用钳子剪断。

（4）合上焊机控制面板上的空载电压检测开关，选择空载电压值，调节完毕，断开检视开关，此时焊机进入准备焊接状态。

D　直线焊接

采取左向焊法，引弧前在距焊件端部 5～10mm 处保持焊丝端头与焊件 2～3mm 的距离，喷嘴与焊件间保持 10～15mm 的距离，按动焊枪开关用直接短路法引燃电弧，然后将

电弧稍微拉长些，以此对焊缝端部适当预热，然后再压低电弧进行起始端焊接，如图 2-12
（a）、（b）所示，这样可以获得具有一定熔深和成形比较整齐的焊缝。图 2-12（c）所示为采
取过短电弧起焊而造成焊缝成形不整齐。当起始端焊缝形成所需宽度（8～10mm）时，焊
枪以直线形运丝法匀速向前焊接，并控制整条焊缝宽度和直线度，直至焊至终端，填满弧
坑进行收弧。

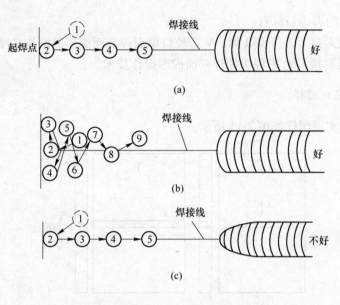

图 2-12　起焊端运丝法对焊缝成形的影响
（a）长弧预热起焊的直线焊接；（b）长弧预热起焊的摆动焊接；（c）短弧起焊的直线焊接

E　摆动焊接

仍然用左向焊法。焊接时采用锯齿形摆动，横向运丝角度和起始焊的运丝要领与
直线焊接相同。在横向摆动运丝时要掌握的要领是：左右摆动的幅度要一致，摆动到
焊缝中心时速度要稍快，而到两侧时，要稍作停顿；摆动的幅度不能过大，否则，熔
池温度高的部分不能得到良好的保护作用。一般摆动幅度限制在喷嘴内径的 1.5 倍范
围内。

在焊件上进行多条焊缝的直线焊接和摆动焊接的反复训练，从而掌握 CO_2 气体保护焊
的基本操作技能。

F　操作注意事项

（1） CO_2 焊时引弧和熄弧无需移动焊枪，操作时应防止焊条电弧焊时的习惯
动作。

（2） CO_2 焊熄弧时要注意在电弧熄灭后不可立即移开焊枪，以保证滞后停气对熔池的
保护。由于电流密度大，弧光辐射严重，必须严格穿戴好防护用品。

G　关闭焊机

（1） 松开焊枪扳机，焊机停止送丝，电弧熄灭，滞后 2～3s 断气，操作结束。

（2） 关闭气源、预热器开关和控制电源开关，关闭总电源，即拉下电源开关，松开压
丝手柄，去除弹簧的压力，最后将焊机整理好。

2.3　板-板焊接技能训练

2.3.1　项目1：板对接平焊

2.3.1.1　实训目标

板对接平焊的训练目标有：

（1）掌握板对接 CO_2 平焊 I 形、V 形坡口单面焊双面成形的操作步骤及操作要点。

（2）掌握板对接 CO_2 平焊单面焊双面成形操作技术。

2.3.1.2　实训图样

板对接平焊实训图样如图 2-13 所示。

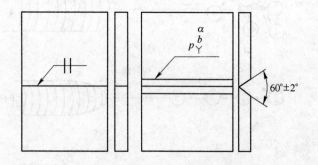

图 2-13　板对接平焊实训图样

技术要求：

（1）平位单面焊双面成形。

（2）焊件根部间隙 $b = 2.5 \sim 3.0mm$，钝边 $p = 0 \sim 0.5mm$，坡口角度 $\alpha = 60°$。

（3）焊后变形量不超过 3°。

2.3.1.3　实训须知

A　CO_2 气体保护焊时焊接方向的选择

a　薄板对接

平焊：左焊法，从右向左；立焊：从上向下；横焊：从右往左；仰焊：从左往右。

b　中厚板对接

平焊：左焊法，从右往左；立焊：从下往上；横焊：从右往左；仰焊：从左往右。

c　中厚板 T 形接头

平焊：左焊法，从右往左；垂直立焊：从下往上；仰焊：从左往右。

B　多层多道焊时焊道的排列顺序和焊丝位置

中厚板对接 CO_2 平焊一般采用小幅度的锯齿形、月牙形摆动法进行打底层焊接。

盖面层采用大幅度的锯齿形或月牙形摆动法进行焊接。

填充层焊接时，中厚板一般采用锯齿形摆动法进行多层焊；若焊件厚度较大，则采用多层多道焊。

2.3.1.4 实训准备

A 焊接设备

NBC-250 型 CO_2 气体保护半自动焊机。

B 焊丝

焊丝选用 H08Mn2SiA，直径为 0.8mm。

C CO_2 气瓶

纯度大于或等于 99.5%。

D 焊件

Q235 钢板，规格为 300mm × 100mm × 8mm，一侧加工成 30° 坡口，两块组对成一组焊件。

E 工具

面罩、焊缝检验尺、角向磨光机、放大镜等。

2.3.1.5 实训步骤及操作要领

A 焊件的清理

半自动 CO_2 焊对铁锈、油污等非常敏感，因此焊前必须对坡口周围 20mm 范围内进行清理。

B 装配与定位焊

焊件装配的各项尺寸见表 2-6。

表 2-6 焊件装配的各项尺寸

坡口角度/(°)	根部间隙/mm		钝边/mm	反变形角度/(°)	错边量/mm
	始焊端	终焊端			
60	2.0	2.5	0 ~ 0.5	≤3	≤0.5

在焊件两端进行定位焊，定位焊缝长度为 10 ~ 15mm，定位焊时使用的焊丝及焊接参数与正式焊接时相同，定位焊后将定位焊缝两端用角向磨光机打磨成斜坡状，并将坡口内的飞溅物清理干净。预置反变形角度为不超过 3°。

C 确定焊接工艺参数

低碳钢板对接平焊半自动 CO_2 焊的焊接参数选择见表 2-7。

表 2-7 焊接工艺参数

焊道层次	电源极性	焊丝直径/mm	焊丝伸出长度/mm	焊接电流/A	电弧电压/V	气体流量/L·min⁻¹
打底层	反极性	0.8	6 ~ 12	90 ~ 95	18 ~ 20	8 ~ 10
填充层				100 ~ 120		
盖面层					20 ~ 22	

D　焊接

将焊件平固定在工作台上，使背面留出足够的空间，间隙较小的一端作为始焊端放在右侧，分三层三道焊。

a　引弧

半自动 CO₂ 气体保护焊单面焊双面成形打底焊一般应采用细焊丝、小电流焊接、熔滴以短路形式过渡。引弧时为防止因短路电压较低而引起飞溅，引弧前应先将焊丝端部用尖嘴钳切成斜坡状，以减小短路接触面积，顺利引弧。同时注意焊丝伸长度，一般在引弧时为 10mm 左右，伸出长度过长，易使电阻热增大，引起焊丝爆断，无法实现平稳引弧。引弧位置一般应在定位焊缝的斜坡顶端。

引弧时，将焊丝端头置于焊件右端约 20mm 处坡口内的一侧，与其保持 2~3mm 的距离，按下焊枪扳机，气阀打开提前送气 1~2s，焊接电源接通，焊丝送出，焊丝与焊件接触，同时引燃电弧。

b　打底焊

采用左向焊法。电弧引燃后，焊枪迅速右移至焊件右端头，然后向左开始焊接打底焊道，焊枪沿坡口两侧作小幅度月牙形横向摆动，如图 2-14(a) 所示。当坡口根部熔孔直径达到 3~4mm 时转入正常焊接，同时严格控制喷嘴高度，既不能遮挡操作视线，又要保证气体保护效果良好。焊丝端部要始终在熔池前半部燃烧，不得脱离熔池（防止焊丝前移过大而通过间隙，出现穿丝现象），并控制电弧在坡口根部约 2~3mm 处燃烧，电弧在焊道中心移动要快，摆动到坡口两侧要稍作 0.5~1s 的停留。若坡口间隙较大，应在横向摆动的同时适当地前后移动作倒退式月牙形摆动，如图 2-14(b) 所示，这样摆动可避免电弧直接对准间隙，防止烧穿。

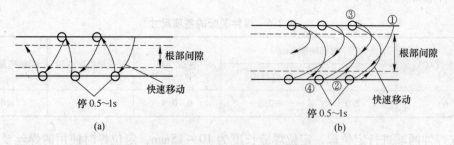

图 2-14　V 形坡口对接平焊打底焊焊枪摆动方法
(a) 月牙形摆动；(b) 倒退式月牙形摆动

焊接过程中要仔细观察熔孔，并根据间隙和熔孔直径的变化调整横向摆动幅度和焊接速度，尽量维持熔孔的直径不变，以保证获得宽窄一致、高低均匀的背面焊缝。

打底层焊道表面平整两侧稍下凹，焊道厚度不超过 4mm，如图 2-15 所示。

c　填充焊

填充层焊接前，将打底焊缝表面的焊渣和飞溅物清理干净，焊接电流和电压调整至合适的范围内。

填充层焊接时焊枪角度及焊枪横向摆动方法与打底焊时相同，焊丝伸出长度可稍大于打底焊时 1~2mm，焊接

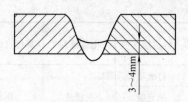

图 2-15　打底层焊道

时注意焊枪摆动均匀到位，在坡口两侧稍加停顿，以保证焊缝平整，同时有利于坡口两侧边缘充分溶化，不产生夹渣缺陷。焊接过程中注意控制焊接速度，保持合适的焊缝厚度和保持填充层与打底层金属熔合良好。填充层焊完后焊缝表面距焊件表面以 0.5～2mm 为宜，如图 2-16 所示，并不得破坏坡口边缘棱角。

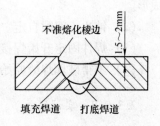

图 2-16 填充层焊道

d 盖面焊

盖面层的质量关系到焊件的外观质量是否合格，并且要注意焊接变形能否使焊件达到平整状态。

盖面焊时，焊接电流要低于填充焊 10%～15%，也可以采用较大直径的焊条，采用锯齿形或正圆圈形运条法，焊条与焊接方向倾角为 75°～85°。焊接过程中，焊条摆动幅度要比填充焊大，摆动幅度一致、运条速度均匀，在坡口两侧要稍作停顿，随时注意坡口边缘良好熔合，防止咬边。焊条的摆幅由熔池的边缘确定，保证熔池的边缘不得超过焊件表面坡口棱边 2mm，否则焊缝超宽影响盖面焊缝质量。

盖面层接头时，应将接头处的熔渣轻轻敲掉仅露出弧坑，然后在弧坑前 10mm 处引弧，拉长电弧至弧坑的 2/3 处，保持一定弧长，靠电弧的喷射效果使熔池边缘与弧坑边缘相吻合。此时，焊条立即向前移动，转入正常的盖面焊操作。

2.3.1.6 注意事项

（1）实训时，要穿戴好劳动保护用品，焊接工位应设置避光屏。

（2）焊接场地要设置排风装置，保证空气流通。

（3）焊件检验前要将焊件表面的焊渣及飞溅物清理干净，焊缝不允许修磨和补焊，应保持原始状态。

（4）不允许有气孔、裂纹、夹渣、未熔合等焊接缺陷。

（5）严格按照焊接专业安全操作规程操作。

（6）安全文明生产，培养良好的职业道德。

2.3.2 项目 2：板对接横焊

2.3.2.1 实训目标

板对接横焊的训练目标有：

（1）掌握板对接 CO_2 横焊的操作特点及步骤。

（2）初步掌握板对接 CO_2 横焊单面焊双面成形的操作技能。

2.3.2.2 实训图样

对接横焊实训图样如图 2-17 所示。

技术要求：

（1）板对接横位 CO_2 气体保护焊单面焊双面

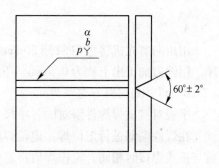

图 2-17 对接横焊实训图样

成形。

（2）钝边、间隙自定。

（3）焊件固定开始焊接，不得再任意移动。

（4）不得破坏焊缝原始表面。

2.3.2.3　实训须知

本例在横焊位置进行 CO_2 气体保护焊，要求单面焊双面成形，比平焊难度大。横焊时液态金属在重力作用下容易下坠，易出现焊缝表面不对称，焊缝上侧产生咬边及下侧产生焊瘤，因而成形较为困难。

为了避免这些缺陷，对于坡口较大，焊缝较宽的焊件一般都采用多层多道焊，以通过多条窄焊道的堆积来尽量减少熔池的体积以调整焊道外表面的形状，最后获得较对称的焊缝成形。焊接过程中，焊枪作上下小幅度的摆动，自右向左焊接。

横焊时焊件角变形较大，它除了与焊接参数有关外，还与焊缝层数、每层焊道数目及焊道间的间歇时间有关。通常熔池大，焊道间间歇时间短，层间温度高时角变形大，反之则小。因此，焊工应在训练过程中不断摸索角变形规律，预留反变形量，以有效地控制角变形。

2.3.2.4　实训准备

A　焊接设备

NBC-250 型 CO_2 气体保护半自动焊机。

B　焊丝

焊丝选用 H08Mn2SiA，直径为 1.0mm。

C　CO_2 气瓶

纯度大于或等于 99.5%。

D　焊件

Q235 钢板，规格为 150mm × 50mm × 10mm。一侧加工成 30°坡口，两块组对成一组焊件。

2.3.2.5　实训步骤及操作要领

A　焊件清理

用角向磨光机将坡口两侧 20mm 范围内的铁锈、油污等清理干净，直至露出金属光泽。用锉刀加工出上侧为 0.5mm、下侧为 1mm 的钝边。

B　焊件的组对与定位焊

平板对接横焊焊件组对的各项尺寸见表 2-8。

在焊件端部进行定位焊，定位焊缝长度为 10~15mm，定位焊时使用的焊丝及焊接参数与正式焊接时相同，定位焊后将定位焊缝两端用角向磨光机打磨成斜坡状，并将坡口内的飞溅物清理干净。

表 2-8 焊件组对的各项尺寸

坡口角度/(°)	间隙/mm	钝边/mm	反变形量/(°)	错边量/mm
60	2.0~2.5	0.5~1	≤3	≤0.5

C 焊接参数的选择

焊接参数见表 2-9。

表 2-9 焊接参数

焊道层次	电源极性	焊丝直径/mm	焊丝伸出长度/mm	焊接电流/A	电弧电压/V	气体流量/L·min⁻¹
打底层	反极性	1.0	10~12	90~100	18~20	12~15
填充层				100~120	20~22	
盖面层				110~130		

D 焊接

横焊时采用左向焊法,三层六道,按 1~6 顺序焊接,焊道分布如图 2-18 所示。

将试板垂直固定于焊接夹具上,使焊缝处于水平位置,钝边较大的试板置于下侧,间隙小的一端放于右侧。在施焊前及施焊过程中,应检查、清理导电嘴和喷嘴,并检查送丝情况。

a 打底焊

在调试好焊接参数后,按图 2-19 所示的焊枪角度,从右向左焊接。

在焊件定位焊缝上引弧,以小幅度锯齿形摆动,自右向左焊接,并应注意焊丝摆动间距要小且均匀一致。当预焊点左侧形成熔孔后,保持熔孔边缘超过坡口上、下棱边 0.5~1mm。在焊接过程中要仔细观察熔池和熔孔,根据间隙调整焊接速度和焊枪的摆幅,并尽可能地维持熔孔直径不变,焊至左端收弧。

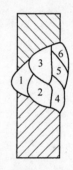

图 2-18 焊道分布图

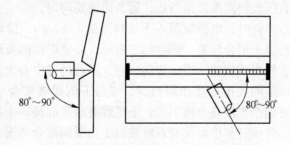

图 2-19 焊枪与焊件之间的角度示意图

若打底焊接过程中电弧中断,则应按下述步骤接头:

(1) 将接头处焊道打磨成斜坡,如图 2-20 所示。

(2) 在打磨后的焊道最高处引弧,并以小幅度锯齿形摆动,将焊道斜坡覆盖。当电弧到达斜坡最低处时即可转入正常施焊。在焊完打底焊道后，先除净飞溅及焊道表面的熔渣，然后用角向磨光机将局部凸起的焊道磨平。

打底焊时电弧在下边缘停留的时间应比上边缘停留的时间短，以防止焊缝下坠。

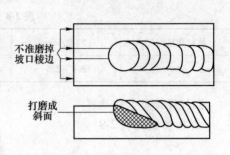

图 2-20　接头处打磨要求

b　填充层

打底层焊接完成后，将坡口内侧表面的氧化物清理干净，接头凸起的地方用角向磨光机磨平。然后开始填充层的焊接，填充层焊缝焊接时，焊条与上下测试板之间的夹角如图 2-21 所示，与焊接方向之间的夹角为 70°～80°。填充层第一道焊接时，应特别注意与打底焊缝下侧边缘夹角处的金属熔合情况，要保证焊缝金属充分熔透，否则将在焊缝内部产生夹渣等缺陷。填充层第一道焊缝焊完后，焊接第二道焊缝，应将电弧尽量深入夹角根部，必要时可适当加大焊接电流，以保证焊透。

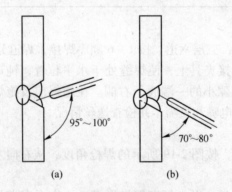

图 2-21　焊条与上下测试板之间的夹角
(a) 第一道；(b) 第二道

c　盖面焊

盖面层自下而上分为三道焊缝完成。焊条角度与填充焊时相同，焊接时采用较短的焊接电弧，运条方法为直线或斜圆圈形运条法，运条速度要均匀。

焊接盖面层第一道焊缝时，电弧应深入下坡口边缘 1～2mm，使母材金属保持均匀熔化，避免产生咬边或边缘未熔合现象。焊接第二道时，要使焊接电弧对准前一道焊缝的上边缘，使熔化的液态金属覆盖到前一道焊缝的中心，不可越过中心太多，也不可产生未衔接。第三道焊缝是盖面层的关键，操作得当时，应与下侧焊缝结合平整，上端无咬边缺陷。操作不当时，则可能产生液态金属下淌，下焊缝超高起棱，上部出现咬边、凹陷甚至出现未熔合等缺陷。焊接过程中要注意观察坡口上边缘的熔合情况，并压低电弧，使液态金属和熔渣均匀地流动，保证良好的熔池形状，使之清晰可见。当出现熔渣超前流动或出现熔渣脱离熔池较远现象时，应及时变换焊条角度，使焊接熔渣紧紧跟在液态熔池后面，焊后焊缝圆滑过渡，整齐美观无缺陷。

盖面层多道焊时，每道焊道焊后不宜马上敲渣，待盖面焊缝形成后一起敲渣，这样有利于盖面焊缝的成形及保持表面的金属光泽。

多层多道复合焊接在焊接中运用很广，焊缝表面成形是否美观，焊缝衔接是很关键的，在焊接中，应尽可能减小焊缝的宽度，以有利于焊缝的成形。

焊后将焊件表面上的熔渣和飞溅清理干净，用钢丝刷刷净。

2.3.2.6　缺陷及防止措施

中厚板 V 形坡口对接横焊时容易出现的缺陷及防止措施见表 2-10。

表 2-10　中厚板 V 形坡口对接横焊时容易出现的缺陷及防止措施

缺陷名称	产 生 原 因	防 止 措 施
焊瘤	(1) 焊枪角度不正确； (2) 焊接电流过大； (3) 焊枪未作往复摆动； (4) 焊接速度过慢； (5) 操作不熟练	(1) 调整焊枪角度； (2) 焊接电流要合适； (3) 焊枪适当地往复摆动； (4) 焊接速度要适宜； (5) 提高操作技能
焊缝上侧出现咬边	(1) 填充量不足； (2) 焊枪摆动至上坡口侧停顿时间偏少； (3) 焊丝伸出长度太长	(1) 保证适当的填充量； (2) 焊枪摆动要均匀，坡口侧停顿要得当； (3) 减小焊丝伸出长度

2.3.3　项目 3：板对接立焊

2.3.3.1　实训目标

板对接立焊的训练目标有：

(1) 熟练掌握 CO_2 气体保护焊对接向下、向上立焊的运丝方法。

(2) 初步掌握 I 形、V 形坡口对接向下、向上立焊打底焊、盖面焊的操作技术。

2.3.3.2　实训图样

对接立焊实训图样如图 2-22 所示。

技术要求：

(1) 立焊单面焊双面成形。

(2) 工艺参数自定。

(3) 焊后变形不大于 3°。

(4) 安全文明生产。

2.3.3.3　实训须知

半自动 CO_2 焊立焊操作有向上立焊和向下立焊两种方式。

半自动 CO_2 焊向上立焊时，液态金属虽然有下面熔池的承托，但焊丝的送给速度要比焊条电弧焊快得多，则熔敷金属很容易堆积过厚而下淌。因此，要保证焊缝表面平整，必须认真调整焊接电流，采用间距较小的锯齿形或反月牙形运丝法，焊枪的摆动频率要适当快些，使熔池尽可能小而薄。

　　焊条电弧焊如使用普通焊条向下立焊，由于过多的熔渣下淌，很难获得理想的焊缝成形；而半自动 CO_2 焊时，采用短弧焊接（细丝短路过渡），焊枪向下倾斜一定角度，利用 CO_2 气体的承托作用，并控制电弧在熔敷金属的前方，自上而下匀速运丝，即可获得满意的焊缝成形。

2.3.3.4　实训准备

A　焊接设备

NBC-250 型 CO_2 气体保护半自动焊机。

B　焊丝

焊丝选用 H08Mn2SiA，直径为 0.8mm。

C　CO_2 气瓶

纯度大于或等于 99.5%。

D　焊件

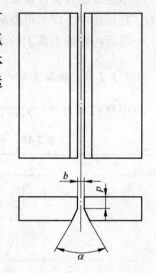

图 2-22　对接立焊实训图样

Q235 钢板，规格为 300mm × 100mm × 8mm，一侧加工成 30° 坡口，两块组对成一组焊件。

E　工具

面罩、焊缝检验尺、角向磨光机、放大镜等。

2.3.3.5　实训步骤及操作要领

A　装配及定位焊

用角向砂轮或砂纸将坡口两侧正、反面 20mm 范围内的氧化皮清理干净，然后用锉刀将钝边锉修好。组对时留出间隙，在焊件两端焊接长度 10 ~ 15mm 的定位焊缝，预留反变形量。焊件装配的各项尺寸见表 2-11。

表 2-11　焊件装配的各项尺寸

坡口角度/(°)	根部间隙/mm		钝边/mm	反变形角度/(°)	错边量/mm
	始焊端	终焊端			
60	2.0	2.5	0.5 ~ 1	≤3	≤0.5

B　确定焊接工艺参数

焊接工艺参数见表 2-12。

表 2-12　焊接工艺参数

焊道层次	焊丝直径/mm	焊丝伸出长度/mm	焊接电流/A	电弧电压/V	气体流量/L·min^{-1}	焊接方式	运丝方法
打底层			90 ~ 110				月牙形
填充层	0.8	6 ~ 10	110 ~ 120	18 ~ 20	12 ~ 15	向上或向下焊接	正三角形
盖面层			100 ~ 110				锯齿形

C　焊接

将焊件垂直固定在工位上，根部间隙小的一端在下面，采用向上立焊。焊接层数为三层三道，在焊接前及焊接过程中，应检查、清理导电嘴和喷嘴，并检查送丝情况。

a　打底焊

首先调试好焊接工艺参数，检查焊接电缆是否舒展，喷嘴是否通畅等。在定位焊缝处引弧，使电弧沿焊道中心作小幅度摆动，当超过定位焊缝并形成熔池时开始进入正常焊接。在施焊时应注意以下几个问题：

（1）注意保持均匀一致的熔孔，熔孔大小以坡口两侧各熔化 0.5～1.0mm 为宜，如图 2-23 所示。

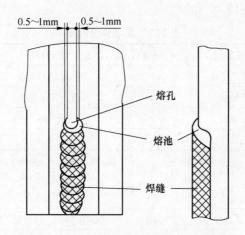

图 2-23　向上立焊打底层时的熔孔与熔池

（2）焊丝摆动时，以操作手腕为中心作横向摆动，并要注意保持焊丝始终处在熔池的上边缘，其摆动手法可以是锯齿形或上凸半月牙形，以防止金属液下淌。

（3）焊丝摆动间距要小，且均匀一致。

（4）当熔池温度升高时，可适当加大焊枪横向摆动幅度和向上移动速度，不能随意扩大熔孔，以免造成背面焊缝超高或成形不均现象。

（5）焊到焊件最上方收弧时，待电弧熄灭，熔池完全凝固后，再移开焊枪，以防收弧保护不良，产生气孔。

（6）若焊接过程中断熄弧，再进行接头时，需将接头处打磨成斜坡面。但要注意不能磨损坡口的钝边，以免造成局部间隙变大，影响背面焊缝成形。

b　填充焊

调试好焊接电流和电弧电压后，先清理打底焊道和坡口表面的飞溅，并用角向磨光机将局部凸起的焊道磨平，如图 2-24 所示。

焊接时，焊枪横向摆动比打底时稍大，电弧在坡口两侧稍作停顿，保证焊道两侧良好熔合，并使填充层焊道表面稍低于焊件表面 1～2mm，不允许烧伤坡口棱边。

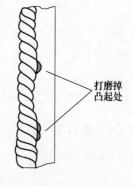

图 2-24　填充焊前的修磨

c　盖面焊

先清理焊件表面的飞溅物，修磨焊道局部凸起过高部分，清理喷嘴内的飞溅熔渣。施焊时，所用的焊枪倾角、摆动方法与填充层焊接相同，但摆动幅度应变宽，焊丝运行至坡口棱边时，要稍加过渡停顿，使熔池边缘超过坡口边缘 0.5～1mm 时，匀速摆动上移，并注意熔池间要重叠 2/3 左右，以保证焊缝成形宽窄均匀，圆滑平整。

焊到顶端填满弧坑收弧，待熔池凝固后移开焊枪。

焊后将焊件表面上的熔渣和飞溅清理干净，用钢丝刷刷净。

2.3.3.6　实训评分标准

实训评分标准见表 2-13。

表 2-13　实训评分标准

项目	序号	考核要求	配分	评分标准	检测结果	得分
焊缝外观检测	1	表面无裂纹	8	有裂纹不得分		
	2	无烧穿	8	有烧穿不得分		
	3	无焊瘤	8	每处扣 4 分		
	4	无气孔	6	每处扣 4 分		
	5	无咬边	6	深 <0.5mm，每 10mm 扣 4 分；深 >0.5mm，每 10mm 扣 4 分		
	6	无夹渣	10	每处扣 3 分		
	7	无未熔合	10	深 <0.5mm，每处扣 3 分		
	8	焊缝起头、接头、收尾无缺陷	8	凡脱节或超高每处扣 3 分		
焊缝内部检测	9	焊缝内部无气孔、夹渣、未焊透、裂纹	8	射线探伤后按 JB/T 4730.2—2005 评定： （1）焊缝质量达到 I 级不扣分； （2）焊缝质量达到 II 级扣 8 分； （3）焊缝质量达到 III 级，此项考试按不及格论		
焊缝外形尺寸	10	焊缝允许宽度（13±2）mm	10	超差 1mm，每处扣 3 分		
	11	焊缝余高 0～3mm	6	超差 1mm，每处扣 3 分		
焊后变形错位	12	角变形 ≤3°	6	超差不得分		
	13	错边量 ≤0.5mm	6	超差不得分		
安全文明生产	14	违章从得分中扣除		酌情从总分中扣除		
总　分			100	总　得　分		

2.3.4　项目 4：板 T 形接头横角焊

2.3.4.1　实训目标

板 T 形接头横角焊的训练目标有：

（1）根据焊脚尺寸控制焊丝角度和运丝方法。

（2）掌握 T 形接头横角焊多层多道焊的操作技术。

2.3.4.2 实训图样

T 形接头横角焊实训图样如图 2-25 所示。

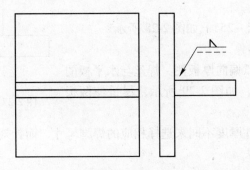

图 2-25　T 形接头横角焊实训图样

技术要求：

（1）焊接完毕，只允许清除熔渣和飞溅。

（2）不允许锤击、锉修和修补焊缝。

（3）焊缝表面要求圆滑过渡。

（4）焊脚尺寸为（10±2）mm。

2.3.4.3 实训须知

将板状焊件以 T 形接头形式在平焊位置采用半自动气体保护焊方法进行的焊接称为板 T 形接头半自动 CO_2 气体保护焊横角焊。

进行 CO_2 气体保护横角焊时，若操作不当极易产生咬边、未焊透、焊脚下坠等缺陷。因此，施焊时，除了正确选择焊接工艺参数外，还要根据焊件厚度和焊脚尺寸来控制焊丝角度。

A　等厚度横角焊件

一般焊丝与水平板的夹角为 40°～50°，如图 2-26 所示。

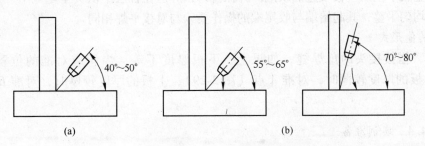

图 2-26　横角焊时焊丝角度

（a）两板等厚；（b）两板不等厚

当焊脚尺寸在 5mm 以下时，将焊丝指向夹角处，如图 2-27 中 A 位置。

当焊脚尺寸大于 5mm 时，要使焊丝在距夹角线 1 ~ 2mm 处进行焊接，这样可获得等焊脚的角焊缝，如图 2-27 中的 B 位置，否则易使立板产生咬边和平板焊缝下坠。

控制焊枪倾角为 10°~25°，如图 2-28 所示。

B　不等厚度横角焊件

焊丝的倾角应使电弧偏向厚板侧，焊丝与水平板的夹角比等厚度焊件大些，如图 2-29 所示，尽量使两板受热均衡。

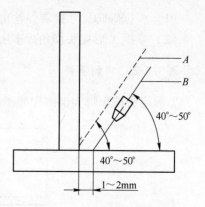

图 2-27　横角焊时的焊丝位置

横角焊时，根据焊件厚度不同来选择相应的焊脚尺寸，而针对不同的焊脚，要选择相应的焊接层次和运丝方法。

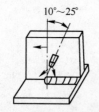

图 2-28　横角焊时的焊枪倾角

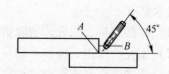

图 2-29　搭接焊缝的焊丝位置

C　焊脚尺寸小于 8mm

焊脚尺寸小于 8mm 时可采用单层焊，采用直线运丝法或斜圆圈形摆动法，并以左向焊法进行焊接。

D　焊脚尺寸大于 8mm

焊脚尺寸大于 8mm 时应采用多层焊或多层多道焊。多层焊的第一层操作与单层焊类似，焊丝距焊件夹角线 1 ~ 2mm，采用左向焊法，运用直线运丝法得到 6mm 的焊脚。第二层盖面焊缝，焊接电流调小些，运用斜圆圈形摆动进行焊接。

多层多道焊在操作时，每层的焊脚尺寸应限制在 6 ~ 7mm 范围内，以防止出现焊脚过大、熔敷金属下坠而立板咬边的缺陷。并保持每条焊道在各层中从头至尾宽窄一致，重叠量适宜，均匀平整，其起始端与收尾端的操作要领与对接平焊相同。

E　其他形式

另外，搭接接头的角焊缝，如果上、下板厚度不等，焊丝应对准的位置也有区别。当上板的厚度较薄时，对准 A 点（图 2-29）；上板的厚度较厚时，对准 B 点（图 2-29）。

2.3.4.4　实训准备

A　焊接设备

NBC-250 型 CO$_2$ 气体保护半自动焊机。

B 焊丝

焊丝选用 H08Mn2SiA,,直径为 0.8mm。

C CO$_2$ 气瓶

纯度大于或等于 99.5%。

D 焊件

Q235 钢板,规格为 300mm×100mm×8mm 两块,将两块组对成一组焊件。

E 工具

面罩、焊缝检验尺、角向磨光机、放大镜等。

2.3.4.5 实训步骤及操作要点

A 焊件的清理

焊前对焊缝周围 20mm 范围内进行处理。

B 装配与定位焊

装配过程中,应保证立板与水平板垂直,并在焊件两端对称进行定位焊,定位焊长度为 10~15mm,焊件的定位焊如图 2-30 所示。

C 确定焊接工艺参数

该 T 形接头焊件的焊脚尺寸为 10mm,采用两层三道焊。焊接工艺参数见表 2-14。

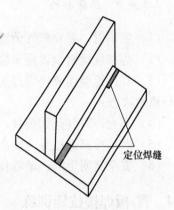

图 2-30 T 形接头横角焊的定位焊

表 2-14 焊接工艺参数

焊道层次	焊丝直径/mm	焊丝伸出长度/mm	焊接电流/A	电弧电压/V	气体流量/L·min^{-1}	运丝方法
第一层	0.8	6~10	160~180	18~20	12~15	直线形
盖面层			140~160			斜圆圈形

D 第一层焊道的焊接

采用左向焊法,焊丝与水平板夹角为 45°,焊枪倾角为 10°~15°。操作时,将焊枪置于距起焊端 20mm 处引弧,引燃电弧后,抬高电弧拉向焊件端头,压低电弧并控制喷嘴高度,焊丝距焊件夹角线约 1mm 处,运用直线形运丝法进行匀速焊接,焊接过程中要始终控制焊脚尺寸在 5mm 左右,并保证焊道与焊件良好熔合。焊至终焊端填满弧坑,稍停片刻缓慢地抬起焊枪完成收弧。

E 盖面层焊接

焊丝与水平板夹角和焊枪倾角与第一层相同,采用斜圆圈形运条法,并以左向焊法进行焊接,如图2-31所示。操作时,焊丝从 a 到 b 速度要慢,保证水平板有一定熔深;在 b 到 c 处稍快,防止熔滴下淌并在 c 处要稍作停顿,给予足够的熔滴以避免咬边;从 c 到 d 稍

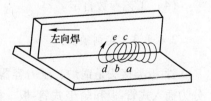

图 2-31 T 形接头横角焊时

慢，使根部和水平板有一定熔深；从 d 到 e 稍快并在 e 处稍加停留，如此反复地完成盖面层的焊接，同时要控制焊缝宽窄一致，达到所要求的焊脚尺寸。

如操作失误，立板边缘熔合不好，可采用直线运条的方法窄焊道焊接，从而达到所要求的焊脚尺寸。

焊接时，起始端和收尾端操作要领与水平位置的焊接一样。

无论多层多道焊或者是单层单道焊，在操作中必须使每层的焊脚，在该层中从头至尾保持一致，保证均匀美观。

2.3.4.6　注意事项

（1）实训时，要穿戴好劳动保护用品，焊接工位应设置避光屏。

（2）焊接场地要设置排风装置，保证空气流通。

（3）焊件检验前要将焊件表面的焊渣及飞溅物清理干净，焊缝不允许修磨和补焊，应保持原始状态。

（4）不允许有气孔、裂纹、夹渣、未熔合等焊接缺陷。

（5）严格按照焊接专业安全操作规程操作。

（6）安全文明生产，培养良好的职业道德。

2.4　管-板焊接技能训练

2.4.1　项目1：管-板插入式垂直俯位焊

2.4.1.1　实训目标

管-板插入式垂直俯位焊的训练目标有：

（1）灵活运用手臂和手腕动作，适应固定管-板焊接时焊枪角度的变化。

（2）掌握插入式管-板垂直俯位上 CO_2 气体保护焊的操作技能。

2.4.1.2　实训图样

管-板插入式垂直俯位焊实训图样如图 2-32 所示。

技术要求：

（1）CO_2 气体保护焊。

（2）焊脚尺寸为 5mm，要求焊透。

（3）焊件表面清理干净。

（4）工艺参数自定。

2.4.1.3　实训须知

管-板类接头是锅炉、压力容器制造业主要的焊缝形式之一，根据接头形式的不同可分为插入式管-板和骑坐式管-板。根据空间位置的不同，每类管-板又可分为垂直固定俯位焊、水平固定全位置焊和垂直固定仰位焊。

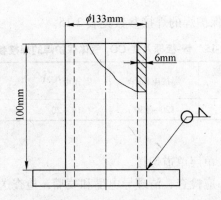

图 2-32 管-板插入式垂直俯位焊实训图样

管-板插入式焊接时，焊缝形式虽为角焊缝，但管子与孔板的厚度不同，焊缝成环形，加上 CO_2 气体保护焊送丝是自动等速、连续的，焊接难度就要比板与板对接稍大，这就要求操作者能熟练、准确地操纵焊枪。同时要能选择合理的焊接参数，否则，容易产生未焊透、咬边等缺陷。

2.4.1.4 实训准备

A 焊接设备

NBC-250 型 CO_2 气体保护半自动焊机。

B 焊丝

焊丝选用 H08Mn2SiA，直径为 0.8mm。

C CO_2 气瓶

纯度大于或等于 99.5%。

D 焊件

Q235 钢板，规格为 300mm × 300mm × 8mm，中心开 ϕ133mm 的圆孔；管件为 20 号钢，ϕ133mm × 100mm × 6mm，管件和钢板各一件，将两块组对成一组焊件。

E 工具

面罩、焊缝检验尺、角向磨光机、放大镜等。

2.4.1.5 实训步骤及操作要点

A 焊件装配

a 清理

清除管子焊接端外壁 40mm 处，孔板内壁及其四周 20mm 范围内油、锈、水分及其他污物，直至露出金属光泽。

b 定位焊

两点定位，采用与焊接焊件相同牌号的焊丝进行点焊，焊点长度约 10～15mm，要求焊透，焊脚不能过高。

B　焊接参数的选择

管-板插入式 CO₂ 气体保护焊的焊接参数见表 2-15。

表 2-15　管-板插入式 CO₂ 气体保护焊的焊接参数

焊丝直径/mm	焊丝伸出长度/mm	焊接电流/A	电弧电压/V	气体流量/L·min⁻¹	运丝方法
0.8	6~8	120~130	18~20	12~15	斜圆圈形

C　焊接

焊接时采用左向焊法，单层单道焊接。

施焊前及施焊过程中，应检查、清理导电嘴和喷嘴，检查送丝情况。

a　操作姿势

可采用站姿或蹲姿进行焊接，调整好试板架的位置，将管、板垂直固定在试板架上，保证焊枪能顺手地沿焊接处移动。

b　焊枪角度

焊枪角度如图 2-33 所示。

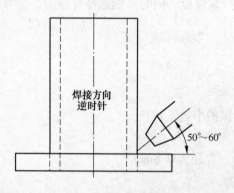

图 2-33　焊枪角度

T 形接头焊接时，极易产生咬边、未焊透、焊缝偏下等缺陷，因此在操作时，应根据板材和焊脚尺寸来控制焊丝角度和电弧偏向。本例是管-板 T 形接头，要求 $K=5$mm，因此焊接时，电弧应偏向板材，同时焊丝应水平平移，离开夹角 1~2mm，以保证得到等角焊缝。

c　焊接

在定位焊点的对面引弧，从右向左沿管子外圆焊接，焊枪可作斜圆圈形摆动，焊接过程中，应随焊枪的移动调整人的身体，以便清楚地观察熔池，一次焊完整个圆周的 1/4~1/3，然后收弧。收弧时注意滞后停气。

接头时先将原收弧处焊缝打磨成斜坡状，然后将接头移到始焊处，进行接头和第二段焊缝的焊接。在进行封闭焊缝焊接前，应连同原起焊处焊缝也打磨成斜坡状，然后进行最后一段封闭焊缝的焊接。在保证质量的情况下，尽量使每一段焊缝的长度加长，以减少接头数量。

D　焊后清理及检验

a　清理

焊后将焊件表面上的熔渣和飞溅清理干净，用钢丝刷刷净。

b 检验

检查焊缝质量，不应有咬边、气孔、焊瘤等缺陷，接头处焊缝应过渡良好，无明显的高低不平，焊脚尺寸应保持均匀、一致。

2.4.1.6 注意事项

（1）实训时，要穿戴好劳动保护用品，焊接工位应设置避光屏。
（2）焊接场地要设置排风装置，保证空气流通。
（3）焊件检验前要将焊件表面的焊渣及飞溅物清理干净，焊缝不允许修磨和补焊，应保持原始状态。
（4）严格按照焊接专业安全操作规程操作，安全文明生产，培养良好的职业道德。

2.4.2 项目2：管-板骑坐式垂直俯位焊

2.4.2.1 实训目标

管-板骑坐式垂直俯位焊的训练目标有：
（1）灵活运用手臂和手腕动作，适应固定管-板焊接时焊枪角度的变化。
（2）掌握骑坐式管-板垂直俯位上 CO_2 气体保护焊的操作技能。

2.4.2.2 实训图样

管-板骑坐式垂直俯位焊实训图样如图2-34所示。

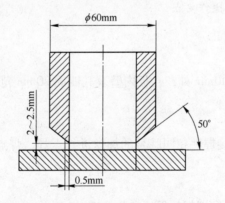

图2-34　管-板骑坐式垂直俯位焊实训图样

技术要求：
（1）CO_2 气体保护焊。
（2）焊脚尺寸为8mm，要求焊透。
（3）焊件表面清理干净。
（4）工艺参数自定。

2.4.2.3 实训须知

管-板类接头是锅炉、压力容器制造业主要的焊缝形式之一，根据接头形式的不同可分为插入式管-板和骑坐式管-板。根据空间位置的不同，每类管-板又可分为垂直固定俯位焊、水平固定全位置焊和垂直固定仰位焊。

骑坐式焊接的难度在于管子与孔板厚度的差异，造成散热不同，熔化情况也不同。在焊接时除了要保证焊透和双面成形外，还要保证焊脚尺寸达到规定要求的尺寸，所以它的相对难度要大。在根部焊接操作中电弧热量应偏向板端，焊接填充、盖面焊道时，电弧热量也应该偏向板端。

2.4.2.4　实训准备

A　焊接设备

NBC-250 型 CO_2 气体保护半自动焊机。

B　焊丝

焊丝选用 H08Mn2SiA，直径为 0.8mm。

C　CO_2 气瓶

纯度大于或等于 99.5%。

D　焊件

Q235 钢板，规格为 150mm×150mm×8mm，中心开 $\phi60mm$ 的圆孔；管件为 20 号钢，$\phi60mm×100mm×6mm$，破口面角度为 50°，管件和钢板各一件，将两块组对成一组焊件。

E　工具

面罩、焊缝检验尺、角向磨光机、放大镜等。

2.4.2.5　实训步骤及操作要点

A　焊件装配

a　清理

清除管子焊接端外壁 40mm 处，孔板内壁及其四周 20mm 范围内油、锈、水分及其他污物，直至露出金属光泽。

b　定位焊

两点定位，采用与焊接焊件相同牌号的焊丝进行点焊，焊点长度约 10~15mm，要求焊透，焊脚不能过高。

B　焊接参数的选择

管-板骑坐式 CO_2 气体保护焊的焊接参数见表 2-16。

表 2-16　管-板骑坐式 CO_2 气体保护焊的焊接参数

焊接层数	焊丝直径/mm	焊丝伸出长度/mm	焊接电流/A	电弧电压/V	气体流量/$L·min^{-1}$	运丝方法
打底焊	0.8	8~10	100~120	18~20	12~15	月牙形
盖面焊		6~8	120~140			斜圆圈形

C　焊接

a　打底焊

在与定位焊点相对称的位置起焊，并在坡口内的孔板上起弧，进行预热，压低电弧在坡口内形成熔孔，熔孔尺寸一般以深入上坡口 0.8 ~ 1mm 为宜。焊接角度如图 2-35 所示，焊枪作上下小幅月牙形摆动，电弧在坡口根部与孔板边缘应稍作停留。随着焊缝弧度的变化，手腕应不断转动，保持熔孔的大小基本不变，以免产生未焊透、内凹和焊瘤等缺陷。

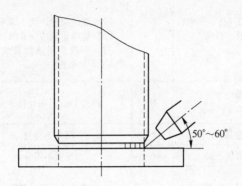

图 2-35 焊接角度

b 盖面焊

必须保证管子不咬边，焊脚对称。焊接角度与打底焊基本相同，待焊接参数选择好以后，为了保证余高均匀，采用两道盖面，且在焊接过程中，熔池边缘需超过坡口棱边 0.5 ~ 2mm。

D 焊后清理及检验

a 清理

焊后将焊件表面上的熔渣和飞溅清理干净，用钢丝刷刷净。

b 检查焊缝质量

不应有未焊透、咬边、气孔、焊瘤等缺陷，接头处焊缝应过渡良好，无明显的高低不平，焊脚尺寸应保持均匀、一致。

2.4.2.6 评分标准

评分标准见表 2-17。

表 2-17 评分标准

项目	序号	考核要求	配分	评分标准	检测结果	得分
焊缝外观检测	1	表面无裂纹	8	有裂纹不得分		
	2	无烧穿	8	有烧穿不得分		
	3	无焊瘤	8	每处扣 4 分		
	4	无气孔	6	每处扣 4 分		
	5	无咬边	6	深 <0.5mm，每 10mm 扣 2 分；深 >0.5mm，每 10mm 扣 4 分		
	6	无夹渣	10	每处扣 3 分		
	7	无未熔合	10	深 <0.5mm，每处扣 3 分		
	8	焊缝起头、接头、收尾无缺陷	8	凡脱节或超高每处扣 3 分		
	9	通球检验	8	通球检验不合格不得分		

项目	序号	考核要求	配分	评分标准	检测结果	得分
焊缝内部检测	10	焊缝内部无气孔、夹渣、未焊透、裂纹	8	射线探伤后按 JB/T 4730.2—2005 评定： （1）焊缝质量达到Ⅰ级不扣分； （2）焊缝质量达到Ⅱ级扣 8 分； （3）焊缝质量达到Ⅲ级，此项考试按不及格论		
焊缝外形尺寸	11	焊脚尺寸 $K=(10\pm1)\,mm$	8	超差 1mm，每处扣 3 分		
焊后变形错位	12	管、板垂直度 90°±2°	6	超差不得分		
	13	组装位置正确	6	超差不得分		
安全文明生产	14	违章从得分中扣除		酌情从总分中扣除		
总　分			100	总　得　分		

2.5　管对接焊接技能训练

2.5.1　项目1：大直径管对接垂直固定焊

2.5.1.1　实训目标

大直径管对接垂直固定焊的训练目标有：
（1）掌握管对接垂直固定焊的特点及操作步骤。
（2）初步掌握管对接垂直固定焊单面焊双面成形的操作技能。

2.5.1.2　实训图样

大直径管对接垂直固定焊实训图样如图 2-36 所示。
技术要求：
（1）垂直固定单面焊双面成形。
（2）钝边、间隙、焊件到地面的高度自定。
（3）要求焊透。
（4）焊件开始焊接，不得任意移动焊件。
（5）焊后不得破坏焊缝原始表面。

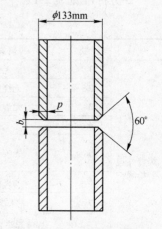

图 2-36　大直径管对接垂直固定焊实训图样

2.5.1.3　实训须知

在管对接垂直固定时，其焊缝位置与板对接横焊时相同，焊接方向沿管周向不断变化，焊工要依靠不停地转换焊枪角度和调整身体位置来适应焊缝周向的变化。在管垂直固定焊时，液态金属易于由坡口上侧向坡口下侧堆积。在焊接过程中焊丝端部在坡口根部的摆动应以锯齿形摆动为主，以控制焊缝的良好成形。

如果焊接参数选择不合理或操作方法不当，有可能产生焊瘤、咬边、气孔等缺陷。

2.5.1.4　实训准备

A　焊接设备

NBC-250 型 CO_2 气体保护半自动焊机。

B　焊丝

焊丝选用 H08Mn2SiA，直径为 0.8mm。

C　CO_2 气瓶

纯度大于或等于99.5%。

D　焊件

选用 20 号钢，ϕ133mm×100mm×12mm，破口面角度为30°，将两块组对成一组焊件。

E　工具

面罩、焊缝检验尺、角向磨光机、放大镜等。

2.5.1.5　实训步骤及操作要点

A　焊件装配

a　钝边

钝边为 0.5~1mm。

b　焊件清理

清除坡口内及管子坡口端内、外表面 20mm 范围内油、锈及其他污物，直至露出金属光泽，再用丙酮清洗该区。

c　装配

（1）装配。间隙 2.5~3.0mm。

（2）定位焊。三点定位，焊点长度为 10~20mm，焊接材料与正式焊接相同，定位焊点两端应预先打磨成斜坡。将管子置于垂直位置并加以固定，间隙小的一侧位于右边。

（3）错边量。错边量不超过 0.5mm。

B　焊接工艺参数

焊接工艺参数见表2-18。

表 2-18　焊接工艺参数

焊接层数	焊丝直径/mm	焊丝伸出长度/mm	焊接电流/A	电弧电压/V	气体流量/L·min^{-1}	运丝方法
打底焊			100~120	18~20		锯齿形
填充层	0.8	6~10	125~135	20~22	12~15	月牙形
盖面焊			120~140			直线形

C　焊接

采用左向焊法，焊接层次为三层四道焊，如图 2-37 所示。

将管子垂直固定于焊件固定架上，并将间隙较小的位置 2.5mm 置于起焊位置。施焊前及施焊过程中，应检查、清理导电嘴和喷嘴，检查送丝情况。

　　a　打底焊

　　（1）引弧与焊枪角度。调试好焊接参数，在焊件右侧定位焊缝上引弧，自右向左开始作小幅度锯齿形横向摆动，待左侧形成熔孔后，转入正常焊接。打底时的焊枪角度如图2-38所示。

　　（2）正常焊接。正常焊接时，焊枪作上下均匀摆动向前运行，焊接时注意手腕不断变化，以调整焊条角度。注意熔孔的尺寸，一般控制熔孔的尺寸为深入坡口上侧根部 0.5 ~ 1.0mm，下端以 0.5mm 为宜。焊枪摆动过程中在中间摆动速度稍快；在两端稍作停顿，而且在上侧停顿的时间比下侧要长。焊丝应始终处于熔池前端1/3 处。

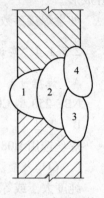

图 2-37　焊接层次

　　（3）接头。接头前先将原收弧处附近的飞溅清理干净，用角向磨光机将原收弧处焊缝打磨成斜坡状，然后由斜坡的最高处开始引弧，按照"引弧"时的方法进行接头处理。

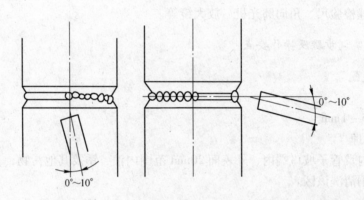

图 2-38　打底焊枪角度

　　（4）收弧。收弧也即封闭接头的处理。封闭接头除了作与一般接头相同的处理外，在接上封闭接头后要继续向前焊5mm 左右再熄弧。

　　b　填充焊

　　将焊缝表面及坡口两侧的飞溅清理干净，用角向磨光机将接头部位凸起部分打磨平整。调好焊接参数，自右向左焊接，并应注意以下几点：

　　（1）起焊位置应与打底焊道接头错开。

　　（2）焊接时，适当加大焊枪的横向摆动幅度，保证坡口两侧熔合好，焊枪角度同打底焊要求。

　　（3）不得熔化坡口棱边，并使焊道高度低于母材 1.5 ~ 2mm。

　　（4）除净熔渣、飞溅，并修磨填充焊道的局部凸起处。

　　c　盖面焊

　　用与填充焊相同的焊接参数和步骤完成盖面层的焊接。

　　为了保证焊缝余高对称，盖面层焊道分两道，焊枪角度如图 2-39 所示。第一道焊缝焊接时，采用直线运条，焊丝对准填充焊缝的下边缘，熔池的下边缘超出管件坡口下棱边1.5mm 左右，逐一焊接时不得出现熔池的下坠。第二道焊缝焊接时，可根据所需要的焊缝宽度作斜向摆动运丝，电弧在上侧坡口边缘棱边处要作适当停顿。

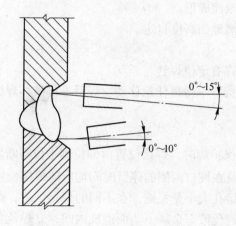

图 2-39　盖面焊焊枪角度

管件垂直固定焊，在焊接过程中依靠手腕的转动和身体上半部的移动保持焊枪角度和良好的视线，这些是操作的难点，也是保证焊缝良好成形的关键。

2.5.1.6　焊后清理及检查

盖面层焊缝完成后，不得修磨焊道，应保证焊缝的原始状态，焊后将焊件表面上的熔渣和飞溅清理干净，用钢丝刷刷净。待指导教师进行焊缝质量检测，对焊缝质量做出评价，作进一步的指导。

2.5.2　项目 2：大直径管对接水平固定全位置焊

2.5.2.1　实训目标

大直径管对接水平固定全位置焊的训练目标有：

（1）熟练掌握水平固定管 CO_2 气体保护焊的操作步骤及操作要领。

（2）掌握水平固定管 CO_2 气体保护焊单面焊双面成形的操作技术。

2.5.2.2　实训图样

管对接水平固定全位置焊实训图样如图 2-40 所示。

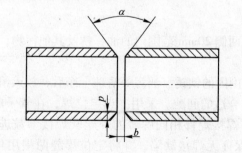

图 2-40　管对接水平固定全位置焊实训图样

技术要求：

（1）水平固定单面焊双面成形。

（2）钝边间隙、焊件离地面高度自定。

（3）根部要焊透。

（4）在 6 点钟位置不许有定位焊缝。

（5）焊件固定开始焊接，不得再任意移动。焊后不得破坏焊缝原始表面。

2.5.2.3　实训须知

水平固定管 CO_2 气体保护焊时，焊接位置由仰位到平位不断发生变化，焊枪角度和焊枪横向的摆动速度、幅度及在坡口两侧的停留时间均应随焊接位置的变化而变化。为保证背面焊缝良好成形，控制熔孔大小是关键，在不同的焊接位置，熔孔尺寸应有所不同。仰焊位置，熔孔应小些，以避免液态金属下坠而造成内凹；立焊位置，有熔池的承托，熔孔可适当大些；平焊位置，液态金属容易流向管内，熔孔应小些。同时，要注意焊接工艺参数的选择。

2.5.2.4　实训准备

A　焊接设备

NBC-250 型 CO_2 气体保护半自动焊机。

B　焊丝

焊丝选用 H08Mn2SiA，直径为 0.8mm。

C　CO_2 气

纯度大于或等于 99.5%。

D　焊件

20 号钢，$\phi133mm \times 100mm \times 12mm$，破口面角度为 30°，将两块组对成一组焊件。

E　工具

面罩、焊缝检验尺、角向磨光机、放大镜等。

2.5.2.5　实训步骤及操作要领

A　装配与定位焊

a　钝边

钝边为 0～1mm。

b　清理

清除坡口及其内、外两侧 20mm 范围内的油、锈及其他污物，直至露出金属光泽。

c　定位焊

将焊件坡口 20mm 范围内的铁锈、油污等清理干净后，放入组装 V 形槽内，保持两管同心，不得有错边，留出合适的间隙。采用二点定位焊，在管子的 10 点钟和 2 点钟的位置进行定位焊，并采用与焊接焊件相同牌号的焊丝及焊接参数进行定位焊，焊点长度为 10～15mm，要求焊透和保证无焊接缺陷，并将定位焊缝两端用角向砂轮打磨成斜坡状，以利于接头。

焊件组对与定位焊缝的位置如图 2-41 所示。

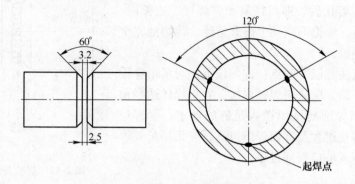

图 2-41 焊件组对与定位焊缝的位置

B 确定焊接工艺参数

采用左向焊法,焊接层次为三层三道焊,工艺参数选择见表 2-19。

表 2-19 焊接参数的选择

焊接层数	焊丝直径/mm	焊丝伸出长度/mm	焊接电流/A	电弧电压/V	气体流量/L·min^{-1}	运丝方法
打底焊			900~100	18~20		月牙形
填充层	0.8	6~10	100~110	20~22	12~15	
盖面焊			110~120			锯齿形

C 焊接

在施焊前及施焊过程中,应检查、清理导电嘴和喷嘴,并检查送丝情况。

a 打底焊

将焊件水平固定在距地面 800~900mm 的高度,使得焊工单腿跪地时能从 6 点钟处焊至 9 点钟(或 3 点钟)处,站着稍弯腰能从 9 点钟(或 3 点钟)处焊至 12 点钟处。间隙小的一侧放在仰焊位置,先按顺时针方向焊接管子前半部。焊枪与焊件的角度如图 2-42 所示。

施焊时,焊枪在 5 点钟与 6 点钟之间的位置,对准坡口根部一侧引弧,引燃电弧后,稍加稳弧移向坡口另一端并稍加停顿,通过坡口两侧的熔滴搭桥建立第一个熔池,然后电弧作小幅度的横向摆动,在前方出现熔孔后即可进入正常焊接。操作过程中,在仰焊位置为获得较为饱满的背面成形,焊枪作小锯齿形摆动的速度要快些,以避免局部高热熔滴下坠,熔孔比立焊位置小些,以熔化坡口钝边 0.5mm 为宜。由仰位至立位时,焊枪摆动速度应逐步放慢,并增加电弧在坡口两侧的停留时间;当焊至 9 点钟位置时,中止焊接来调整焊工身体的位置,保证在最佳的焊枪角度下施焊。从立位至平位,焊枪在坡口中间摆动速度要加快,在坡口两侧适当停顿,并适当减小熔孔尺寸,以防止管子背面焊缝超高;焊至顶部 12 点钟位置时不应停止,要继续向前施焊 5~10mm。

顺时针方向焊完管子的前半部后,用角向砂轮将始焊处和终焊处打磨成斜坡状,然后再逆时针方向继续管子后半部的焊接,操作方法与前半部的焊接相同。

接头时，可在熔池的前端引弧，移向接头的斜坡处，待形成新的熔孔后，即可恢复正常焊接。收弧时，在坡口边缘停弧，焊枪不应马上离开熔池，待熔池完全凝固后再移开焊枪。

打底焊时应注意以下两点：仰焊位置，为了击穿熔孔及防止出现焊瘤，应采用短弧焊接，并将焊丝适当顶向坡口根部，以保证向反面送入足够的铁水；平焊位置，为了防止熔孔过大及背面焊缝过高，应采用长弧焊接，焊丝不可深入坡口根部过多。

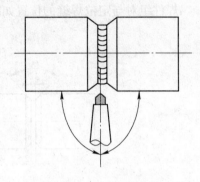

图 2-42　焊枪与焊件的角度

b　填充焊

填充层焊接前将打底层表面的飞溅物清理干净，打磨平整接头凸起处，并清理喷嘴飞溅物，调试好焊接工艺参数，即可引弧焊接。焊枪角度与打底焊基本相同，但焊枪锯齿形摆动幅度要大些，并注意在坡口两侧适当停顿，保证焊道与母材的良好熔合，控制填充量，使其焊道表面低于管子表面 1.5 ~ 2mm，坡口棱边保持完好。

c　盖面焊

盖面层焊接的操作方法与填充层相同，因焊缝加宽，故焊枪的摆动幅度应加大，控制焊枪在坡口两侧停顿稍短，回摆速度放缓，使熔池边缘熔化棱边 1mm 左右。运丝速度要均匀，熔池间的重叠量要一致，才能保证焊缝成形美观。

盖面焊时应注意：在盖面层焊接时，由于在仰焊到斜仰焊区段液态金属易下坠，故要求焊缝焊薄些；而在斜平焊到平焊区段熔池温度偏高不易起弧，故要求焊缝焊厚些，可使盖面焊缝余高整体均匀。

d　清理

焊后将焊件表面上的熔渣和飞溅清理干净，用钢丝刷刷净。

2.5.2.6　注意事项

（1）实训时，要穿戴好劳动保护用品，焊接工位应设置避光屏。

（2）焊接场地要设置排风装置，保证空气流通。

（3）焊件检验前要将焊件表面的焊渣及飞溅物清理干净，焊缝不允许修磨和补焊，应保持原始状态。

（4）定位焊时要确保焊缝焊透。

（5）焊接时，电弧在仰焊位置停顿的时间应比平焊位置停顿的时间短，以防止焊缝下坠。

（6）严格按照焊接专业安全操作规程操作，安全文明生产，培养良好的职业道德。

3 手工钨极氩弧焊

3.1 概述

3.1.1 钨极氩弧焊的焊接工艺特点

钨极惰性气体保护电弧焊是指使用纯钨或活化钨作电极的非熔化极惰性气体保护焊方法，简称 TIG 焊(tungsten inert gas welding)。钨极惰性气体保护焊可用于几乎所有金属及其合金的焊接，可获得高质量的焊缝。但由于其成本较高，生产率低，所以多用于焊接铝、镁、钛、铜等有色金属及合金、不锈钢、耐热钢等材料。本章主要讨论钨极惰性气体保护焊的特点及应用、钨极惰性气体保护焊的电流种类与极性的选择、钨极惰性气体保护焊设备、焊接工艺等内容。

3.1.1.1 钨极氩弧焊的工作原理

TIG 焊是在惰性气体的保护下，利用钨极与焊件间产生的电弧热熔化母材和填充焊丝（也可以不加填充焊丝），形成焊缝的焊接方法，如图 3-1 所示。焊接时保护气体从焊枪的喷嘴中连续喷出，在电弧周围形成隔绝空气的保护层，保护电极和焊接熔池以及临近热影响区，以形成优质的焊接接头。

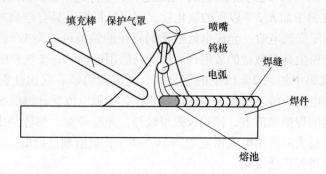

图 3-1 TIG 焊示意图

TIG 焊分为手工和自动两种。焊接时，用难熔金属钨或钨合金制成的电极基本上不熔化，故容易维持电弧长度的恒定。填充焊丝在电弧前方添加，当焊接薄焊件时，一般不需开坡口和填充焊丝；还可采用脉冲电流以防止烧穿焊件。焊接厚大焊件时，也可以将焊丝预热后，再添加到熔池中去，以提高熔敷速度。

TIG 焊一般采用氩气作保护气体，称为钨极氩弧焊。在焊接厚板、高导热率或高熔点金属时，也可采用氦气或氦氩混合气作保护气体。在焊接不锈钢、镍基合金和镍铜合金时可采用氩-氢混合气作保护气体。

3.1.1.2 钨极氩弧焊的特点

与其他焊接方法相比，TIG 焊有如下特点：

（1）可焊金属多。氩气能有效隔绝焊接区域周围的空气，它本身又不溶于金属，不和金属反应；TIG 焊过程中电弧还有自动清除焊件表面氧化膜的作用。因此，TIG 焊可成功地焊接其他焊接方法不易焊接的易氧化、氮化，化学活泼性强的有色金属、不锈钢和各种合金。

（2）适应能力强。钨极电弧稳定，即使在很小的焊接电流下也能稳定燃烧；不会产生飞溅，焊缝成形美观；热源和焊丝可分别控制，因而热输入量容易调节，特别适合于薄件、超薄件的焊接；可进行各种位置的焊接，易于实现机械化和自动化焊接。

（3）焊接生产率低。钨极承载电流能力较差，过大的电流会引起钨极熔化和蒸发，其颗粒可能进入熔池，造成夹钨。由于 TIG 焊使用的电流小，故焊缝熔深浅，熔敷速度小，生产率低。

（4）生产成本较高。由于惰性气体较贵，与其他焊接方法相比生产成本高，故主要用于要求较高产品的焊接。

3.1.1.3 电极材料

钨极氩弧焊用的电极材料应具有强的电子发射能力，能形成稳定的电弧，具有较高的熔点和沸点，在电弧高温下不易蒸发和耗损，能承受较大的电流，具有足够的强度和耐磨损性能等。常用的钨极材料有纯钨极、钍钨极和铈钨极。

（1）纯钨极是使用最早的一种电极材料，但纯钨极发射电子所要求的电压较高，要求焊机具有高的空载电压；另外纯钨极易烧损，电流越大，烧损越严重，因此目前使用不多。

（2）钍钨极在钨中加入3% 以下的氧化钍，制成钍钨极，具有较高的热电子发射能力和耐溶性。尤其用于交流电时，允许电流值比同直径的钨极可提高1/3，空载电压可大大降低，但钍钨极的粉尘具有微量的放射性，因此在磨削电极时，要注意防护。

（3）铈钨极在钨中加入2% 以下的氧化铈，制成铈钨极。它比钍钨极具有更大的优点，适用于直流小电流焊接，引弧容易，电弧稳定，引弧电流比钍钨低50%；电弧弧柱压缩程度好，在相同的焊接规范下，铈钨极弧束较长，光亮带宽，热能集中；烧损小，可减小磨电极的次数；最大的许用电流密度增加5% ~8%，放射剂量极低。因此它是目前最为理想的电极材料，得到广泛应用。

3.1.1.4 电流的种类和极性

钨极氩弧焊可以使用直流电，也可以使用交流电。当直流反接时，由于阳极温度高于阴极温度，致使接正极的钨棒因强烈加热而容易烧损，同时引起电弧不稳，因此一般多采用直流正接法焊接。在焊铝、镁及其合金时，由于铝、镁等金属表面有一层熔点很高的氧化膜，它阻碍着电弧对焊件的作用，必须将它除去才能进行焊接。这类金属采用直流反极性焊接时（即钨极为正，焊件为负），虽然具有较大能量的正离子由钨极跑向焊件时能将焊件表面上的氧化膜击碎（称为阴极清理作用），但由于钨极的许用焊接电流小，电弧燃烧不稳定，焊件本身散热快，焊件温度不能升高，影响了电子热发射能力，电弧更加不稳。当采用交流电焊接时，既可发挥电流在正半周的（相应于反极性）时的阴极清理作用，又可发挥电流负半周（对应于正极性）时加热焊件和稳定电弧的作用。故一般采用交流电焊接铝、镁之类的合金。

如上所述，钨极氩弧焊中，电流种类和极性的选择，是与被焊材料有关的，一般参考表3-1选用。

表 3-1　电流种类和极性的选择

电流种类和极性	被焊金属材料
直流正极性	低合金高强度钢、不锈钢、耐热钢、铜、钛及其合金
直流反极性	适用各种金属的熔化极氩弧焊，TIG焊很少采用
交流电源	铝、镁及其合金

3.1.2　焊接参数的选择及其影响

手工钨极氩弧焊的主要焊接参数有：钨极直径、焊接电流、电弧电压、焊接速度、电源种类、钨极的伸出长度、喷嘴直径、喷嘴与焊件间的距离及氩气流量等。

3.1.2.1　焊接电流

通常根据焊件的材质、厚度和接头的空间位置来选择焊接电流。焊接电流过大或过小都会使焊缝成形不良或产生焊接缺陷。

当焊接电流增加时，熔深增大，而焊缝宽度与余高稍有增加；当焊接电流太大时，一定直径的钨极上电流密度相应很大，使钨极端部温度升高达到或超过钨极的熔点，此时，可看到钨极端部出现熔化现象，端部很亮；当焊接电流继续增大时，熔化了的钨极在端部形成了一个小尖状突起，逐渐变大形成熔滴，电弧随熔滴尖端漂移，很不稳定，这不仅破坏了氩气保护区，使熔池被氧化，焊缝成形不好，而且熔化的钨落入熔池后将产生夹钨缺陷。另外，太大的焊接电流还容易产生焊穿和咬边缺陷。

当焊接电流很小时，由于一定直径的钨极上电流密度低，钨极端部的温度不够，电弧会在钨极端部不规则地漂移，电弧很不稳定，破坏了保护区，熔池被氧化。

当焊接电流合适时，电弧非常稳定。表3-2给出了不同直径、不同牌号钨极允许的电流范围。

表 3-2　不同直径、不同牌号钨极允许的电流范围

钨极直径/mm	焊接电流/A				
	交　流		直流正接	直流反接
	W	WTh	W、WTh	W、WTh
0.5	5~15	5~20	5~20	—
1.0	10~60	15~80	15~18	—
1.6	50~100	70~150	70~150	10~20
2.5	100~160	140~235	150~250	15~30
3.2	150~210	225~325	250~400	25~40
4.0	200~275	300~425	400~500	40~55
5.0	250~350	400~525	500~800	55~80

3.1.2.2　钨极直径

钨极直径应根据焊件厚度、焊接电流大小和电源极性而定，如果钨极直径选择不当，将造成电弧不稳定、钨棒烧损严重和焊缝夹钨。当钨极直径太细时，将产生如焊接电流太大时的现象；当钨极直径太粗时，将产生如焊接电流太小时的现象。

从表 3-2 可以看出：同一直径的钨极，在不同的焊接电源和极性条件下，允许使用的焊接电流范围不同。相同直径的钨极，直流正接时许用电流最大；直流反接时许用电流最小；交流时许用电流介于二者之间。当焊接电流种类和大小变化时，为了保持电弧稳定，应将钨极端部磨成不同形状，如图 3-2 所示。

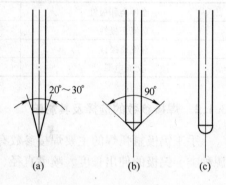

图 3-2　钨极示意图
(a) 小电流；(b) 大电流；(c) 交流

3.1.2.3　电弧电压

电弧电压主要是由弧长决定的，弧长增加，焊缝宽度增加，而熔深稍有减小。但当电弧太长时，容易引起未焊透，并使氩气保护效果变差。但电弧也不能太短，当电弧太短时，很难看清熔池，而且送丝时也容易碰到钨极而引起短路，使钨极受到污染，加大钨极烧损，还容易造成焊缝夹钨，通常使弧长近似等于钨极直径。

3.1.2.4　焊接速度

氩气保护是柔性的，当遇到侧向空气吹动或焊速太快时，则氩气气流会受到弯曲，使保护效果减弱。同时，焊接速度显著影响到焊缝成形。焊接速度增加时，熔深和熔宽均减小，焊接速度太快时，容易产生未焊透，焊缝高而窄，两侧熔合不好；焊接速度太慢时，焊缝很宽，还可能产生焊漏、烧穿等缺陷。在手工钨极氩弧焊时，通常都是操作者根据熔池的大小、熔池的形状和两侧熔合情况随时调整焊接速度。

在选择焊接速度时，应考虑以下因素：

（1）在焊接铝及铝合金、高导热性金属时，为了减小焊接变形，应采用较快的焊接速度。

（2）在焊接有裂纹倾向的金属时，不能采用高速焊接。

（3）在非平焊位置焊接时，为了保证较小的熔池，避免液态金属的流失，应尽量选择较快的焊速。

3.1.2.5　焊接电源的种类和极性的选择

氩弧焊采用的电源种类和极性选择与所焊金属及其合金种类有关。有些金属只能用直流正极性或反极性焊接，有些则交直流都可以使用，因而需根据不同材料选择电源和极性，见表 3-1。

当采用直流正接时，焊件接正极，温度较高，适用于焊厚件及散热快的金属，钨棒接负极，温度低，可使用较大的焊接电流，且钨极烧损小；当采用直流反接焊接时，具有阴极破碎作用，即焊件为负极，钨极为正极的半周波里，因受到正离子的轰击，焊件表面的氧化膜破裂，使液态金属容易熔合在一起，通常都用来焊接铝、镁及其合金。

3.1.2.6　喷嘴的直径

喷嘴的直径(指内径)越大，保护区范围越大，则要求保护气的流量也越大。且喷嘴直径过大时，还会使焊缝位置受到限制，给操作带来不便。喷嘴直径可按式(3-1)选择。

$$D = (2.5 \sim 3.5)d_w \tag{3-1}$$

式中　D——喷嘴直径，mm；

　　　d_w——钨极直径，mm。

3.1.2.7　气体流量的选择

随着焊接速度和弧长的增加，氩气流量也应增加；喷嘴直径和钨极长度增加，氩气流量也要相应增加。当气体流量太小时，保护效果不好；而氩气流量太大时，容易产生紊流，保护效果也不好；只有当保护气流量合适时，喷出的气流是层流，保护效果好。可按式(3-2)计算氩气的流量。

$$Q = (0.8 \sim 1.2)D \tag{3-2}$$

式中　Q——氩气流量，L/min；

　　　D——喷嘴直径，mm。

D 小时 Q 取下限，D 大时 Q 取上限。在实际工作中，通常根据试焊来选择流量。当流量合适时，熔池平稳，表面明亮没有渣，焊缝外形美观，表面没有氧化痕迹；当流量不合适时，则熔池表面上有渣，焊缝表面发黑或有氧化皮。另外，不同的焊接接头形式使氩气流的保护作用也不同。当进行对接接头和T形接头焊接时，具有良好的保护效果，如图3-3(a)所示。在焊接这类焊件时，不必采取其他工艺措施；而在进行T形接头焊接时，保护效果最差的如图3-3(b)所示。在焊接这类接头时，除增加氩气流量外，还应加挡板，如图3-4所示。

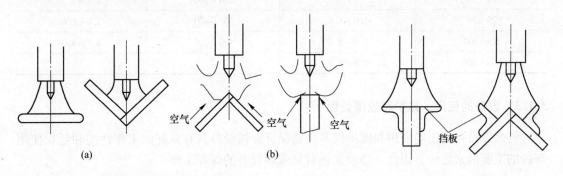

图 3-3　氩气的保护效果

(a) 较好的保护效果；(b) 较差的保护效果

图 3-4　加挡板

手工钨极氩弧焊焊接不同金属材料，看焊缝颜色可以区别氩气保护的效果，见表3-3。

表 3-3　用焊缝颜色区别氩气保护效果

不锈钢	焊缝颜色	银白金黄	蓝	红灰	灰	黑
	保护效果	最好	良好	较差	不好	最坏
铝及铝合金	焊缝颜色	银白有光亮	白色无光亮		灰白	灰黑
	保护效果	最好	较好（氩气大）		不好	最坏
铜及铜合金	焊缝颜色	金黄	黄		灰黄	灰黑
	保护效果	最好	良好		不好	最坏
低碳钢	焊缝颜色	灰白有光亮		灰		灰黑
	保护效果	好		较好		不好

3.1.2.8　喷嘴到焊件的距离

喷嘴到焊件的距离越远，保护效果越差；喷嘴到焊件的距离越近，保护效果越好，但影响操作者的视线。通常喷嘴到焊件的距离以 5～12mm 为宜。

3.1.2.9　钨极伸出长度

为了防止电弧烧坏喷嘴，钨极端部应突出在喷嘴以外，钨极端头至喷嘴端面的距离叫钨极伸出长度。钨极伸出长度越小，喷嘴与焊件间距离越近，保护效果越好，但过近会妨碍观察熔池。通常在对接焊缝焊接时，钨极伸出长度为 3～4mm 较好；在角接焊缝焊接时，钨极伸出长度为 7～8mm 较好。

3.1.2.10　焊丝直径的选择

根据焊接电流的大小选择焊丝直径，表3-4 给出了它们之间的关系。

表 3-4　焊接电流与焊丝直径

焊接电流/A	焊丝直径/mm	焊接电流/A	焊丝直径/mm
10～20	<1.0	200～300	2.4～4.5
20～50	1.0～1.6	300～400	3.0～6.0
50～100	1.0～2.4	400～500	4.5～8.0
100～200	1.6～3.0		

3.1.3　设备的使用、维护和故障处理

氩弧焊设备的正确使用和维护保养，是保证焊接设备具有良好的工作性能和延长使用寿命的重要因素之一。因此，必须加强对氩弧焊设备的保养工作。

3.1.3.1　氩弧焊设备的保养

（1）焊机应按外部接线图正确安装，并应检查铭牌电压值与网路电压值是否相符，若不相符严禁使用。

（2）焊接设备在使用前，必须检查水、气管的连接是否良好，以保证焊接时正常供

水、供气。

（3）焊机外壳必须接地，未接地或地线不合格时不准使用。

（4）应定期检查焊枪的钨极夹头夹紧情况和喷嘴的绝缘性能是否良好。

（5）氩气瓶不能与焊接场地靠近，同时必须固定，以防倾倒。

（6）工作完毕或临时离开工作场地，必须切断焊机电源，关闭水源及气瓶阀门。

（7）必须建立健全焊机一、二级设备保养制度，并定期进行保养。

（8）焊工在工作前，应认真阅读焊接设备使用说明书，掌握焊接设备一般构造和正确的使用方法。

3.1.3.2　钨极氩弧焊机常见故障和消除方法

钨极氩弧焊设备常见故障有：水、气路堵塞或泄漏；钨极不洁引不起电弧，焊枪钨极夹头未旋紧，引起电流不稳；焊枪开关接触不良，使焊接设备不能启动等。这些应由焊工排除。另一部分故障，如焊接设备内部电子元件损坏或其他机械故障，焊工不能随便自行拆修，应由有关的维修人员进行检修。钨极氩弧焊机常见故障和消除方法见表3-5。

表 3-5　钨极氩弧焊机的常见故障和消除方法

故 障 特 征	可能产生原因	消 除 方 法
电源开关接通，指示灯不亮	开关损坏	更换开关
	熔断器烧断	更换熔断器
	控制变压器损坏	修复
	指示灯损坏	换新的指示灯
控制线路有电但焊机不能启动	枪的开关接触不良	检修
	继电器出故障	
	控制变压器损坏	
焊机启动后，振荡器放电，但引不起电弧	网路电压太低	提高网路电压
	接地线太长	缩短接地线
	焊件接触不良	清理焊件
	无气、钨极及焊件表面不洁，间距不合适，钨极太钝等	检查气、钨极等是否符合要求
	火花塞间隙不合适	调整火花塞的间隙
	火花头表面不洁	清洁火花头表面
焊机启动后，无氩气输送	按钮开关接触不良	清理触头
	电磁气阀出现故障	检修
	气路不通	
	控制线路故障	
	气体延时线路故障	
电弧引燃后，焊接过程中，电弧不稳	脉冲稳弧器不工作，指示灯不亮	检修
	消除直流分量的元件故障	检修或更换
	焊接电源的故障	检修

若冷却方式选择开关置于空冷位置时,焊机能正常工作,而置于水冷位置时则不能正常工作(且水流量又大于 1L/min)。其处理的方法是打开控制箱底板,检查水流开关的微动是否正常,必要时可进行位置调整。

3.2　基本操作技术

3.2.1　项目1:平敷焊实训

3.2.1.1　实训目标

手工钨极氩弧焊平敷焊的训练目标有:

(1) 熟悉氩弧焊焊接设备的结构。

(2) 掌握手工钨极氩弧焊引弧、焊接、填丝、收弧的操作方法。

(3) 提高焊丝与焊枪协调配合的操作技能。

3.2.1.2　实训图样

手工钨极氩弧焊平敷焊实训图样如图 3-5 所示。

技术要求:

(1) 在 200mm × 150mm × 2.5mm 的铝合金板上平敷焊。

(2) 焊前必须清除铝合金材料表面的氧化铝薄膜。

(3) 焊道与焊道间距为 20 ~ 30mm。

(4) 焊前检查焊机的各项性能与焊后对焊件进行检验。

(5) 严格按照安全操作规程进行操作,安全文明生产。

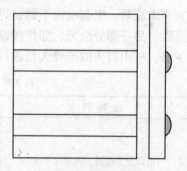

图 3-5　手工钨极氩弧焊平敷焊实训图样

3.2.1.3　实训须知

平敷焊是在平焊位置上堆敷焊道的一种操作方法。手工钨极氩弧焊平敷焊动作包括引弧、收弧、左向焊与右向焊及填丝四个基本动作。

A　引弧

手工钨极氩弧焊通常采用引弧器进行引弧。这种引弧方法的优点是钨极与焊件之间保持一定距离而不接触,能在施焊点上直接引燃电弧,可使钨极端部保持完整,钨极损耗小,引弧处不会出现夹钨缺陷。

没有引弧器时,可用紫铜板或石墨板作为引弧板。将引弧板放在焊件接口旁边或接口上面,在其上引弧约 1s 后,使钨极端部加热到一定温度,立即移到待焊处引弧。这种引弧方法适用于普通功能的氩弧焊机,但是在钨极与紫铜板(或石墨板)接触引弧时,会产生很大的短路电流,很容易烧损钨极端部。

B　收弧

收弧方法不正确,容易产生弧坑裂纹、气孔和烧穿等缺陷。因此,应采取衰减电流的方法,即电流由大到小逐渐下降,以填满弧坑。

一般氩弧焊机都配有电流自动衰减装置,收弧时,通过焊枪手柄上的按钮断续送电来填满弧坑。若无电流衰减装置时，可采用手工操作收弧，其要领是逐渐减少焊件热量，如改变焊枪角度、稍拉长电弧、断续送电等。收弧时，填满弧坑后，慢慢提起电弧直至熄弧，不要突然拉断电弧。

当熄弧后，氩气会自动延时几秒钟停气（因焊机具有提前送气和滞后停气的控制装置），以防止金属在高温下氧化。

C 左向焊法与右向焊法

左向焊法与右向焊法如图 3-6 所示。

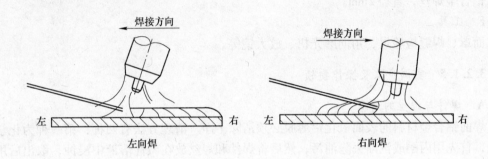

图 3-6 左向焊法与右向焊法

右向焊法适用于厚件的焊接，焊枪从左向右移动，电弧指向已焊部分，有利于氩气保护，焊缝表面不受高温氧化；左向焊法适用于薄件的焊接，焊枪从右向左移动，电弧指向未焊部分，有预热作用，容易观察和控制熔池温度，焊缝成形好，操作容易掌握。钨极氩弧焊焊接过程中一般均采用左向焊法。

D 填丝

a 连续填丝

这种填丝操作技术较好，对保护层的扰动小，但比较难掌握。在连续填丝时，要求焊丝平直，用左手拇指、食指、中指配合动作送丝，无名指和小指夹住焊丝控制方向，如图 3-7 所示。连续填丝时手臂动作不大，待焊丝快用完时才前移动。当填丝量较大，采用较大的焊接参数时，多采用此法。

b 断续填丝

断续填丝以左手拇指、食指、中指捏紧焊丝，焊丝末端应始终处于氩气保护区内。填丝动作要

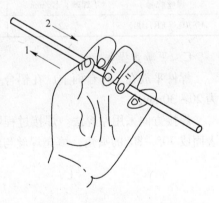

图 3-7 连续填丝操作技术

轻，不得扰动氩气层，以防止空气侵入。更不能像气焊那样在熔池中搅拌，而是靠手臂和手腕的相互配合，拇指和食指的一张一合反复动作，将焊丝端部的熔滴送入熔池。

3.2.1.4 实训准备

A 焊接设备

WSE-250 型交直流方波氩弧焊机及辅助设备。

B　钨极

采用铈钨极，直径 2mm。

C　氩气

纯度大于或等于 99.5%。

D　焊件

铝合金板尺寸为 200mm × 150mm × 2.5mm。

E　焊丝

铝合金焊丝，直径 2mm。

F　工具

面罩、焊缝检验尺、角向磨光机、放大镜等。

3.2.1.5　实训步骤及操作要领

A　焊件与焊丝的清理

焊前铝合金材料的表面氧化铝薄膜必须清除干净。清理方法有两种：第一种为化学清洗法，首先用丙酮或汽油去除油污，然后将焊件和焊丝放在碱性溶液中浸蚀，取出后用热水清洗，再把焊件和焊丝放在 30% ~ 50% 的硝酸溶液中进行中和，最后用热水冲洗干净并烘干；第二种为机械清理法，在去除油污后，用钢丝刷或砂布将焊接处和焊丝表面清理至露出金属光泽，也可用刮刀清除焊件表面的氧化膜。

B　焊接工艺参数选择

焊接工艺参数见表 3-6。

表 3-6　焊接工艺参数

焊丝牌号	焊丝直径/mm	钨极直径/mm	焊接电流/A	氩气流/L·min⁻¹
HS301（ER1100）	2	2	50 ~ 80	6 ~ 10

C　平敷焊操作

焊件平放在工作台面上，在铝合金板的长度方向进行平敷焊，焊道与焊道之间的间距为 20 ~ 30mm。

焊接方向采用左焊法。焊接过程中，为了便于观察熔池及提高保护性能，焊枪与焊件表面成 70° ~ 80° 的夹角，填充焊丝与焊件表面的夹角以 10° ~ 15° 为宜，如图 3-8 所示。

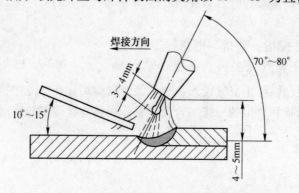

图 3-8　焊枪、焊件和焊丝的相对位置

电弧引燃后，喷嘴与焊接处要保持一定距离并稍作停留，确保母材上形成熔池后，再送给焊丝。填充焊丝时，焊丝的端头切勿与钨极接触，否则焊丝会被钨极沾染，熔入熔池后形成夹钨，并且钨极端头沾有焊丝熔液，端头变为球状影响正常焊接。

焊丝送入熔池的落点应在熔池的前沿处，被熔化后，将焊丝移出熔池（但不能离开氩气保护区，以免灼热的焊丝端头被氧化，降低焊缝质量），然后再将焊丝重复地送入熔池，直至将整条焊道焊完。

若中途停顿或焊丝用完再继续焊接时，要用电弧把起焊处的熔池金属重新熔化，形成新的熔池后再加入焊丝，并与原焊道重叠5mm左右。在重叠处要少添加焊丝，避免接头过高。

每块焊件焊后要检查焊接质量。焊缝表面要呈清晰和均匀的鱼鳞波纹。

3.2.1.6　考核与评分

焊后用钢丝刷将焊缝表面的氧化膜和熔渣清除干净，检测焊缝质量。焊缝表面不允许存在裂纹、气孔、咬边、焊瘤和夹渣等。

评分标准见表3-7。

表3-7　评分标准

项　目	序号	实训要求	配分	评分标准	检测结果	得分
实践操作	1	操作姿势	10	酌情扣分		
	2	焊道起头	10	酌情扣分		
	3	焊道接头	10	酌情扣分		
	4	焊道收尾	10	酌情扣分		
	5	填丝方法	10	酌情扣分		
	6	焊缝宽度(5±2)mm	10	酌情扣分		
	7	焊缝宽度差0~1mm	10	酌情扣分		
	8	焊缝余高(3±1)mm	10	酌情扣分		
	9	焊缝余高差0~1mm	10	酌情扣分		
	10	安全生产	10	酌情扣分		
总　分			100	总　得　分		

3.2.2　项目2：焊机的焊前与焊后检查

3.2.2.1　焊前检查

焊机焊前的检查工作大体可分为检查水路、检查气路和检查电路三个方面。

A　检查水路

在检查有水且水管无破损情况下，开启水阀，检查水路是否畅通，并确定好流量。

B　检查气路

（1）检查氩气钢瓶颜色是否符合规定（国家标准规定氩气钢瓶为灰色），钢瓶上有否质量合格标签，钢瓶内是否有氩气。

（2）按规定装好减压表，开启氩气瓶阀门，检查减压表及流量计工作是否正常，并按工艺要求调整流量计，以达到所需流量。

（3）检查气管有无破损，接头处是否漏气。

C　检查电路

（1）检查电源。检查控制箱及焊接电源接地（或接零）情况。

（2）合闸送电。要注意站在刀开关一侧，戴手套穿绝缘鞋用单手合闸送电。

（3）启动控制箱电源开关。空载检查各部分工作状态，如发现异常情况，应通知电工及时检修；如无异常情况，即可进行下一步工作。

3.2.2.2　负载检查

在正式操作前，应对设备进行一次负载检查。主要通过短时焊接，进一步检查水路、气路、电路系统工作是否正常；进一步发现在空载时无法暴露的问题。

3.2.2.3　焊后检查

（1）关闭水阀。

（2）关闭气路。先关闭氩气瓶高压气阀，再松开减压表螺钉。要注意检查气瓶内氩气不。得全部用尽，至少保留 0.1～0.3MPa 气压，并关紧阀门，使气瓶保持正压。

（3）关闭电源：

1）在拉闸断电时，应注意站在刀开关一侧，单手用力拉断。

2）关闭控制箱电源开关。

3）将焊枪连同输气、输水管、控制多芯电缆等盘好挂起。

3.3　板-板焊接技能训练

3.3.1　项目1：板对接平焊

3.3.1.1　实训目标

板对接平焊的训练目标有：

（1）掌握氩弧焊焊接设备的使用性能，能根据焊接位置和焊件材料正确选择焊接工艺参数。

（2）熟练掌握钢板对接平位钨极氩弧焊单面焊双面成形的焊接技能。

3.3.1.2　实训图样

0Cr18Ni9 不锈钢 V 形坡口对接平位手工钨极氩弧焊实训图样如图 3-9 所示。

技术要求：

（1）平对接单面焊接双面成形。

（2）焊件根部间隙，$b = 2.0～2.5mm$，钝边 $p = 0.5～1mm$，坡口角度 $\alpha = 60°$。

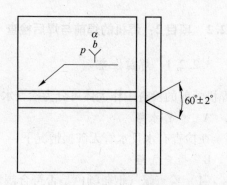

图 3-9　板对接平焊实训图样

（3）焊后变形量小于3°。

3.3.1.3 实训须知

A 0Cr18Ni9奥氏体不锈钢使用范围及特性

0Cr18Ni9不锈钢在最新标准中称为06Cr19Ni10号钢，即304材质。0Cr18Ni9作为不锈钢耐热钢使用最广泛，用于食品用设备、一般化工设备、原子能用工业设备等。通俗地讲0Cr18Ni9就是304不锈钢板，0Cr18Ni9Ti就是321，一个是国标，一个是美标。321是因为原来冶炼技术不好，无法降低碳含量才研制的，现在因冶炼技术的提高，超低碳钢冶炼已经很平常，所以321有被淘汰的趋势。目前321的产量已经很少了。只有一些军工还在使用。0Cr18Ni9钢（AISI304）是奥氏体不锈钢，是在最初发明的18-8型奥氏体不锈钢的基础上发展演变的钢种，该钢是不锈钢的主体钢种，其产量约占不锈钢总产量30%以上。由于此钢具有奥氏体结构，它不可能通过热处理手段予以强化，只能采用冷变形方式达到提高强度的目的。钢的奥氏体结构赋予了它的良好冷、热加工性能、无磁性和好的低温性能。0Cr18Ni9钢薄截面尺寸的焊接件具有足够的耐晶间腐蚀能力，在氧化性酸（HNO_3）中具有优良的耐蚀性，在碱溶液和大部分有机酸、无机酸中以及大气、水、蒸汽中耐蚀性也较好。0Cr18Ni9钢的良好性能，使其成为应用量最大、使用范围最广的不锈钢牌号，此钢适于制造深冲成型的部件以及输送腐蚀介质管道、容器，结构件等，0Cr18Ni9也可用于制造无磁、低温设备和部件。0Cr19Ni10（AISI304L）是在0Cr18Ni9基础上，通过降低碳含量并稍微提高镍含量而研发出的超低碳型奥氏体不锈钢。此钢是为了解决因$Cr_{23}C_6$析出致使0Cr18Ni9钢在一些条件下存在严重的晶间腐蚀倾向而发展的。在开发初期，因冶金生产降碳较难，一度曾妨碍了它的广泛应用，在20世纪70年代新的二次精炼方法AOD和VOD工艺成功用于生产后，此钢才真正得到广泛应用。与0Cr18Ni9比较，此钢强度稍低，但其敏化态耐晶间腐蚀能力显著优于0Cr18Ni9。除强度外，此钢的其他性能同0Cr18Ni9Ti，它主要用于需焊接且焊后又不能进行面溶处理的耐蚀设备和部件。上述两个钢种，在易产生应力腐蚀环境和产生点蚀缝隙腐蚀的条件下，在选用时应慎重。

特性：具有良好的耐蚀性、耐热性、低温强度和力学性能，冲压弯曲等热加工性好，无热处理硬化现象，无磁性。

B 0Cr18Ni9奥氏体不锈钢的焊接性

（1）焊接接头晶间腐蚀。

（2）焊接接头热裂纹。

（3）应力腐蚀开裂。

（4）奥氏体焊缝的脆化。

（5）较大的焊接变形。

C 0Cr18Ni9奥氏体不锈钢钨极氩弧焊接

（1）钨极氩弧焊在焊接过程中惰性气体仅起保护作用，无冶金反应，所以坡口的清洗质量直接影响焊缝的质量，焊前应特别重视对坡口的清洗工作。

（2）由于钨极氩弧焊时对熔池的保护及可见性好，熔池温度又易控制，所以不易产生焊接缺陷，适合于各种位置的焊接，尤其适合较薄工件的焊接。

（3）打底焊时，应尽量采用短弧焊接，填丝量要少，焊枪尽可能不摆动，当焊件间隙较小时，可直接进行击穿焊接。

3.3.1.4　实训准备

A　焊接设备

WSE-250 型交直流方波氩弧焊机及辅助设备。

B　钨极

采用铈钨极，直径 2mm。

C　氩气

纯度大于或等于 99.5%。

D　焊件

0Cr18Ni9 钢板两块，规格为 200mm × 150mm × 2.5mm，坡口面角度为 30°。

E　焊丝

焊丝选用 H0Cr20Ni10，直径 2mm。

F　工具

面罩、焊缝检验尺、角向磨光机、放大镜等。

3.3.1.5　实训步骤及操作要点

A　焊件装配

a　钝边

钝边为 0.5 ~ 1mm，要求坡口平直。

b　焊件清理

清除焊丝表面和焊件坡口内及其正、反两侧 20mm 处的油、锈及其他污物，直至露出金属光泽，并再用丙酮清洗该处。由于在手工钨极氩弧焊焊接过程中惰性气体仅起保护作用，无冶金反应，所以坡口的清洗质量直接影响焊缝的质量。因此采用氩弧焊，应特别重视对坡口的清洗工作质量。

c　装配

（1）装配间隙为 2 ~ 3mm。

（2）定位焊采用与焊件焊接时相同牌号的焊丝进行定位焊，并点焊于焊件反面两端，焊点长度为 10 ~ 15mm。如定位焊缝有缺陷，必须将有缺陷的定位焊缝打磨掉后重新点固，不允许用重新熔化的方法处理。

（3）预置反变形量为 3°。

（4）错边量应在 0.5mm 以内。焊件装配与定位焊如图 3-10 所示。

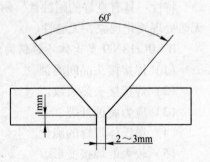

图 3-10　焊件装配及定位焊

B　焊接工艺参数的选用

焊接工艺参数见表 3-8。

C　焊接

a　打底焊

（1）引弧。将钢板固定在水平位置，间隙小的一端放在右侧，施焊时从右向左进行焊接，右手握焊枪，左手拿焊丝，在焊件右侧定位焊缝上进行引弧。

表 3-8　焊接工艺参数

焊接层次	焊接电流/A	氩气流量/L·min⁻¹	钨极直径/mm	钨极伸出长度/mm	喷嘴至焊件距离/mm
打底焊	25 ~ 35				
填充焊	30 ~ 40	7 ~ 9	2.0	3 ~ 5	6 ~ 8
盖面焊	30 ~ 35				

（2）焊接。引弧后，焊枪在原位置稍加停留后，压低电弧向前带至定位焊缝 5mm 左右处，焊枪沿坡口两侧摆动，向前施焊。当焊至定位焊缝前沿形成熔池并出现熔孔后，开始填丝，注意向熔池内送焊丝时用力不能过猛，以保证焊丝端头也就是熔池前总有一滴熔融的铁水为佳。焊枪沿坡口两侧作均匀的小锯齿形摆动，速度要平稳均匀，电弧不宜抬起过高，摆动幅度不要过大，焊丝送入动作要熟练、均匀，送丝要有规律。在焊接时要密切注意焊接参数的变化及相互关系，随时调整焊枪角度和焊接速度。当发现熔池增大、焊缝变宽并出现下凹时，说明熔池温度偏高，这时应减小焊枪与焊件间的夹角，加快送丝速度或加快焊接速度；当发现熔池较小时，说明熔池温度低，应增加焊枪倾角，减慢送丝速度或焊接速度。通过各参数之间的良好配合，保证背面焊缝良好的成形。

（3）接头。当焊丝用完，需更换焊丝，或因其他原因需暂时中止焊接时，会有接头存在。在焊缝中间停止焊接时，可松开焊枪上的按钮开关，停止送丝。如果焊机有电流自动衰减装置，则应保持喷嘴高度不变，待电弧熄灭、熔池完全冷却后，再移开焊枪；若焊机没有电流自动衰减装置，则松开按钮开关后，稍抬高焊枪，待电弧熄灭、熔池冷却凝固到颜色变黑后再移开焊枪。

在接头前，应先检查原弧坑处焊缝的质量，如果保护好则没有氧化皮和缺陷，可直接接头；如有氧化皮和缺陷，最好用角向磨光机将氧化皮或缺陷磨掉，并将弧坑前磨成斜面，在弧坑右侧 15 ~ 20mm 处引弧，并慢慢地向左移动，待原弧坑处开始熔化形成熔池和熔孔后，继续送丝焊接。

（4）收弧。如果焊机有电流自动衰减装置，则焊至焊件末端，应减小焊枪与焊件的夹角，让热量集中在焊丝上，加大焊丝熔化量，以填满弧坑，然后切断控制开关。这时焊接电流逐渐减小，熔池也不断缩小，焊丝回抽，但不要脱离氩气保护区。停弧后，氩气需延时 5s 左右再关闭，防止熔池金属在高温下氧化。如果焊机没有电流衰减控制装置，则在收弧处要慢慢地抬起焊枪，并减小焊枪倾角，加大焊丝的熔化量，待弧坑填满后再切断电流。

b　填充焊

操作步骤和注意事项与打底焊基本相同。

中间层焊接时，应先检查根部焊道表面有无氧化皮和缺陷，如需进行打磨处理，要同时加大焊接电流，焊接时焊枪应横向摆动，一般作锯齿或月牙形向前摆动，其焊枪的摆动幅度比打底焊时稍大，电弧在坡口两侧停留时间要稍长，保证坡口两侧熔合良好，焊道均匀。填充层焊缝应比焊件表面低 1mm 左右，不能熔化坡口上的棱边，并保持坡口边缘的原始状态，为盖面层焊接打好基础。

c　盖面焊

盖面层的焊接与打底层的操作方法基本相同，只是摆动的幅度要进一步增大，保证熔池熔化坡口两侧棱边 0.5~1.0mm，并压低电弧，避免咬边，焊接时，应根据焊缝的余高确定焊丝送进的速度，保证坡口两侧熔合良好。接头方法与打底层不同的是，在熔池前 10~15 处引弧，接头时电弧从接头熔池的最高点处熔化，摆动要有规律，送丝要适量，以确保接头处焊缝过渡圆滑，保持焊缝的统一效果。

D 平焊时易出现的缺陷及排除方法

平焊时易出现的缺陷及排除方法见表 3-9。

表 3-9 平焊时易出现的缺陷及排除方法

缺陷名称	产 生 原 因	排 除 方 法
产生氧化物夹渣或气孔	(1) 送丝动作掌握不好，空气卷入； (2) 送丝位置不准	(1) 在送丝时，焊丝端头不要离开氩气保护区； (2) 送丝位置从熔池前沿滴进，随后撤回
钨极端部发黑，易使焊缝夹钨	(1) 在焊接过程中钨极与熔池接触产生污染物； (2) 钨极与焊丝相接触而短路，产生污染物	(1) 操作时应防止短路； (2) 磨掉钨极被污染部分； (3) 如检查发现焊件夹钨，则铲除夹钨处缺陷，重新焊接
分不清焊透与未焊透	(1) 操作技术不熟练； (2) 观察熔池变化不仔细	(1) 提高操作技术水平； (2) 掌握熔池变化规律

3.3.1.6 评分标准

评分标准见表 3-10。

表 3-10 评分标准

序号	考核内容	考核要点	配分	评分标准	扣分	得分
1	焊前准备	(1) 工件准备（焊前、焊后）； (2) 定位焊； (3) 焊接参数调整	5	(1) 工件清理不干净； (2) 定位焊定位不正确； (3) 焊接参数调整不正确	扣 1 分 扣 2 分 扣 2 分 （扣完为止）	
2	焊缝外观质量	(1) 焊缝余高； (2) 焊缝余高差； (3) 焊缝宽度差； (4) 背面余高； (5) 背面凹坑； (6) 焊缝直线度； (7) 角变形； (8) 错边； (9) 咬边； (10) 气孔、夹渣、裂纹	50	(1) 焊缝余高 >2mm； (2) 焊缝余高差 >1mm； (3) 焊缝宽度差 >2mm； (4) 背面余高 >2mm； (5) 背面凹坑 >1mm 或长度为总长度的 1/4，且 <25mm； (6) 焊缝直线度 >2mm； (7) 角变形 >3°； (8) 错边 >1.2mm； (9) 咬边 ≤0.5mm，累计长度每 5mm 扣 1 分，咬边深度 >0.5mm，或累计长度为总长度的 1/4，且 <25mm； (10) 允许 ≤2mm 的气孔 4 个，夹渣深 ≤0.1δ，长 ≤0.3δ，允许 3 个，裂纹不允许出现（δ 为板厚）	扣 5 分 扣 5 分 扣 5 分 扣 5 分 扣 5 分 扣 5 分 扣 5 分 扣 5 分 扣 5 分 扣 5 分 （扣完为止）	

续表 3-10

序号	考核内容	考核要点	配分	评分标准	扣分	得分
3	焊缝内部质量	承压设备无损检测：JB/T 4730.2—2005	35	射线探伤后按 JB/T 4730.2—2005 评定： （1）焊缝质量达到Ⅰ级； （2）焊缝质量达到Ⅱ级； （3）焊缝质量达不到Ⅱ级，此项考试按不及格论	扣0分 扣15分 扣35分 （扣完为止）	
4	安全文明生产	（1）劳保用品； （2）焊接过程； （3）场地清理	10	（1）劳保用品穿戴不齐； （2）焊接过程有违反安全操作规程的现象； （3）场地清理不干净，工具摆放不整齐	扣2分 扣5分 扣3分 （扣完为止）	
5	考试用时45min	考试用时超时		超时在总分中扣除，每超过时间允许差 5min（不足 5min 按 5min 计算）	扣总分5分	
				超过额度时间15min	本题0分	
合　计			100	总　得　分		

3.3.2　项目2：板对接横焊

3.3.2.1　实训目标

板对接横焊的训练目标有：
（1）了解板对接 V 形坡口对接横位钨极氩弧焊的操作特点。
（2）掌握板对接 V 形坡口横位钨极氩弧焊单面焊双面成形的操作技能。

3.3.2.2　实训图样

板对接横焊实训图样如图 3-11 所示。
技术要求：
（1）横对接单面焊双面成形。
（2）钝边 p、根部间隙 b 自定。
（3）焊件一经固定开始焊接，不得任意移动。

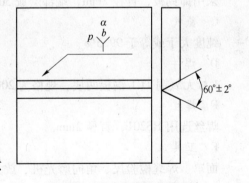

图 3-11　板对接横焊实训图样

（4）焊缝表面清理干净，并保持原始状态。

3.3.2.3　实训须知

A　铜及铜合金常用的焊接方法

铜及铜合金常用的焊接方法有：氧-乙炔焊、手弧焊、钨极氩弧焊、熔化极氩弧焊、埋弧焊、电阻焊、钎焊等多种。从繁多的工艺方法中根据实际情况选择合理的焊接的方法，是获得优质焊接接头、降低加工成本的主要保证。由于铜及铜合金的物理特性，在焊接时需要大功率、高能量密度的焊接方法，热效率高、能量越集中越好，所以决定采用钨极氩弧焊。

B　铜及铜合金熔焊时容易出现的缺陷

（1）难以熔化及成形差。

（2）热裂倾向大。

（3）气孔严重。

（4）接头性能下降。

C　铜及铜合金横焊特点

由于铜及铜合金难以熔化，焊前需要预热，预热温度根据板的厚度确定，板厚小于3mm 的工件预热 150~300℃，板厚大于3mm 的工件预热 350~500℃。对接横焊时，熔化金属在自重的作用下容易下淌，并且在焊缝的上侧易出现咬边，下侧易出现下坠而造成未熔合和焊瘤等焊接缺陷。因此，为克服重力的影响，避免缺陷的产生，应采用较小的焊丝直径、较小的焊接电流和多层多道焊等工艺措施，同时通过焊枪移动与填丝的配合，以获得良好的焊缝成形。

横焊时，坡口下侧对铁液有依托作用，坡口上侧则有较好的吸附液态金属的作用，这对实现单面焊双面成形是非常有用的。如果焊接参数选择合理，操作得当，背面焊缝的成形十分美观。

3.3.2.4　实训准备

A　焊接设备

WSM-500 逆变式脉冲直流钨极氩弧焊机及辅助设备。

B　钨极

采用铈钨极，直径 2mm，端部磨成 30°尖锥形。

C　氩气

纯度大于或等于 99.5%。

D　焊件

1 号无氧铜 TU1 铜板两块，规格为 200mm×150mm×6mm，坡口面角度为 30°。

E　焊丝

焊丝选用 HS201，直径 2mm。

F　工具

面罩、焊缝检验尺、角向磨光机、放大镜等。

3.3.2.5　实训步骤及操作要领

A　焊件装配

a　钝边

钝边为 0.5~1mm。焊件如有弯曲不平现象时，应首先进行校正，以确保坡口平直。

b　焊件清理

清除焊丝表面和焊件坡口内及其正、反两侧 20mm 处的油、锈及其他污物，直至露出金属光泽，并再用丙酮清洗该处。

c 装配

（1）装配间隙为 2 ~ 3mm。

（2）定位焊。采用与焊接时相同牌号的焊丝进行定位焊，并点焊与焊件反面两端，焊点长度为 10 ~ 15mm。如定位焊缝有缺陷，必须将有缺陷的定位焊缝打磨掉后重新点固，不允许用重新熔化的方法处理。

（3）预置反变形量为 3°。

（4）错边量应不超过 0.5mm。

B 焊接工艺参数选择

焊接工艺参数见表 3-11。

表 3-11 焊接工艺参数

焊接层次	焊接电流/A	预热温度/℃	氩气流量/L·min⁻¹	钨极直径/mm	钨极伸出长度/mm
打底焊	80 ~ 110				
填充焊	90 ~ 100	350 ~ 500	7 ~ 9	2.0	3 ~ 5
盖面焊	75 ~ 95				

C 焊接

焊道分布两层三道、三层四道，打底焊一道、填充层一道、盖面焊两道。采用左向焊法。

a 打底焊

保证根部焊透，坡口两侧熔合良好。焊枪角度和填丝位置如图 3-12 所示。

在焊件右端定位焊缝处引弧，先不加焊丝，焊枪在右端定位焊缝处稍停留，待形成熔池和熔孔后，再填丝并向左焊接。焊枪作小幅度锯齿形摆动，在坡口两侧稍停留。正确的横焊送丝位置如图 3-13 所示。

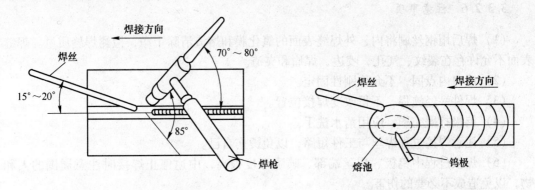

图 3-12 焊枪角度和填丝位置　　　　图 3-13 正确的横焊送丝位置

b 填充焊

除焊枪摆动幅度稍加大外，焊接顺序、焊枪角度、填丝位置都与打底焊相同。焊接过程中应注意在坡口两侧使电弧稍作停顿，但要注意不可将坡口棱边熔化。熄弧应采用加快焊速法收弧，每次重新引弧后应先将原焊缝重新熔化后再进行加丝。

c　盖面焊

盖面焊有两条焊道，焊枪角度如图3-14所示。先焊下面的焊道，后焊上面的焊道。

将填充焊缝进行清理后，电流不变，开始焊接。第一道焊缝注意将坡口的下棱边熔合，第二道焊缝注意将坡口的上棱边熔合。第二道焊缝的焊接速度要快，增加送丝频率，但应适当减少送丝量。焊接过程中，焊枪移动和送丝要配合协调，避免上坡口出现咬边缺陷。盖面层焊接时应使熔池上下边缘超过坡口棱边0.5～1.5mm为宜。盖面层焊接如有接头，应彼此错开，错开的距离应不小于50mm。

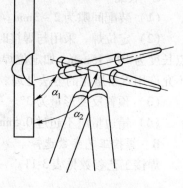

图 3-14　横焊盖面焊焊枪角度

D　横焊时易出现的缺陷及排除方法

横焊时易出现的缺陷及排除方法见表3-12。

表 3-12　横焊时易出现的缺陷及排除方法

缺陷名称	产　生　原　因	排　除　方　法
焊瘤	(1) 熔化金属受重力作用下淌； (2) 熔池温度过高	(1) 铲除焊瘤； (2) 随时观察熔池变化，调整焊枪角度使熔池不过热
咬边	(1) 电流太大； (2) 焊枪角度不正确	(1) 调整焊接电流； (2) 调整焊枪角度
弧坑	(1) 熄弧太快； (2) 填丝不足； (3) 温度过高，电弧停留时间长	(1) 适当拉长电弧，应用电流衰减功能熄弧； (2) 应多加焊丝，高于焊件表面； (3) 控制熔池温度，电弧停留时间适当

3.3.2.6　注意事项

（1）焊后用钢丝刷将内、外焊缝表面的氧化膜和熔渣清除干净，检测焊缝质量。焊缝表面不允许存在裂纹、气孔、咬边、焊瘤和夹渣。

（2）坡口内点固，不允许刚性固定。

（3）焊件一经施焊，不得改变焊接位置。

（4）钨极打磨完毕，应用清水洗手。

（5）注意焊接过程焊丝与工件短路，以免烫伤自己。

（6）焊接过程中钨极、焊丝端部、喷嘴温度很高，中途停止焊接时注意周围的人和物，以免造成不必要的伤害。

（7）严格按照安全操作规程进行操作，安全文明生产。

3.3.3　项目3：板对接立焊

3.3.3.1　实训目标

板对接立焊的操作目标有：

（1）了解钨极氩弧焊立焊过程，进行钢板立焊单面焊双面成形焊接。

（2）掌握 V 形坡口板对接立位钨极氩弧焊单面焊双面成形的操作技能。

3.3.3.2 实训图样

板对接立焊单面焊双面成形实训图样如图 3-15 所示。

技术要求：

（1）立位单面焊双面成形。

（2）根部间隙自定。

（3）焊后变形量不超过 3°。

（4）允许将焊件刚性固定。

（5）焊前清理坡口，露出金属光泽。

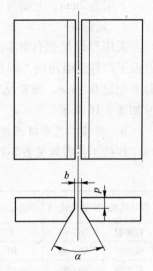

图 3-15 板对接立焊
实训图样

3.3.3.3 实训须知

立焊难度大，主要特点是熔池金属下坠，焊缝成形不好，易出现焊瘤和咬边。因此除具有平焊的基本操作技能外，应选用偏小的焊接电流，焊枪作凸月牙形摆动，并应随时调整焊枪角度来控制熔池的凝固。避免液态金属下淌，通过焊枪的移动与填充焊丝的有机配合，获得良好的焊缝成形。

3.3.3.4 实训准备

A 焊接设备

WSM-500 逆变式脉冲直流钨极氩弧焊机及辅助设备。

B 钨极

采用铈钨极，直径 2mm，端部磨成 30°尖锥形。

C 氩气

纯度大于或等于 99.5%。

D 焊件

Q235 钢板两块，规格为 200mm×150mm×6mm，坡口面角度为 30°。

E 焊丝

焊丝选用 THT50-G（ER50-6），直径 2mm。

F 工具

面罩、焊缝检验尺、角向磨光机、放大镜等。

3.3.3.5 实训步骤及操作要领

A 焊件装配

a 钝边

钝边为 0.5~1.0mm，要求平直。

b 焊件

清理清除坡口及其正、反面两侧 20mm 范围内的油、锈及其他污物，至露出金属光泽，并再用丙酮清洗该区。

　　c　装配间隙

　　下端为2mm，上端为2.5mm。

　　d　定位焊

　　采用与焊接焊件相同牌号的焊丝进行定位焊，并点于焊件反面两端，焊点长度为10～15mm，错边量不超过0.5mm，预置反变形量3°。焊件及坡口尺寸如图3-16所示。

　　B　焊接工艺参数选择

　　焊接工艺参数见表3-13。

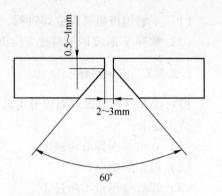

图3-16　焊件及坡口尺寸

表3-13　焊接工艺参数

焊接层次	焊接电流/A	焊接电压/V	氩气流量/L·min^{-1}	钨极直径/mm	钨极伸出长度/mm	喷嘴至焊件距离/mm
打底焊	70～80	8				
填充焊	80～90	10	7～9	2.0	3～5	8～10
盖面焊	85～95	12				

　　C　焊接

　　焊枪角度、焊丝位置如图3-17所示，焊件固定在垂直位置，小间隙在下面，自下向上进行焊接。

　　a　打底焊

　　在焊件最下端的定位焊缝上引弧，先不加焊丝，待定位焊缝开始熔化，形成熔池和熔孔后，开始填丝向上焊接，焊枪作凸月牙形摆动，在坡口两侧稍停留，保证两侧熔合好。在焊接时应注意，焊枪向上移动的速度要合适，特别是要控制好熔池的形状，保证熔池外沿接近为椭圆形，不能凸出来，否则焊道外凸成形不好。尽可能地让已焊好的焊道托住熔池，使熔池表面接近像一个水平面匀速上升，这样焊缝外观较平整。

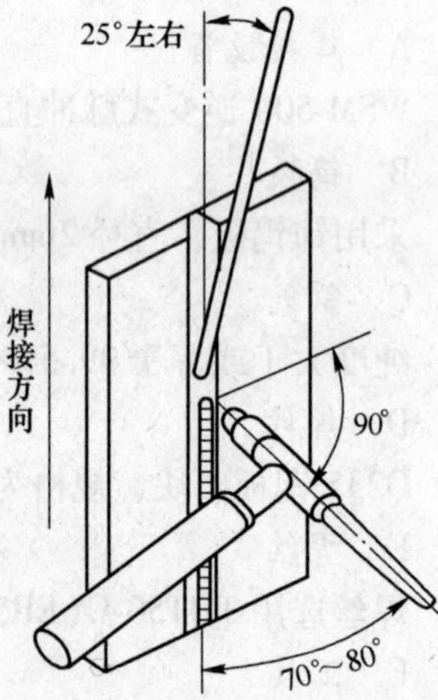

　　b　填充焊

　　焊枪摆动幅度稍大，保证坡口两侧熔合好，焊道表面平整，焊接步骤、焊枪角度、填丝位置与打底焊相同。

　　焊接时应保证坡口两侧熔合良好，焊道均匀。填充层焊缝应比焊件表面低1mm左右，不能熔化坡口的上棱边，并保持坡口边缘的原始状态，为盖面层焊接打好基础。

图3-17　立焊焊枪与焊丝的角度

　　c　盖面焊

　　盖面焊时，焊枪摆动幅度比填充焊稍大，其余与打底焊相同。

　　焊接时应保证熔池熔化坡口两侧棱边0.5～1.0mm，并压低电弧，避免咬边，同时，应根据焊缝的余高确定焊丝送进的速度，保证坡口两侧熔合良好。

　　接头方法与打底层不同的是，在熔池前10～15mm处引弧，接头时电弧从接头熔池的最高点处熔化，摆动要有规律，填丝要适量，以确保接头处焊缝过渡圆滑，保持焊缝的统一效果，防止出现焊瘤等缺陷。

3.3.3.6 评分标准

评分标准见表3-14。

表 3-14 评分标准

项　目	序号	考核要求	配分	评分标准	检测结果	得分
焊缝外观检测	1	表面无裂纹	8	有裂纹不得分		
	2	无烧穿	8	有烧穿不得分		
	3	无焊瘤	8	每处扣4分		
	4	无气孔	6	每处扣4分		
	5	无咬边	6	深<0.5mm，每10mm扣4分；深>0.5mm，每10mm扣4分		
	6	无未熔合	10	深<0.5mm，每处扣3分		
	7	焊缝起头、接头、收尾无缺陷	8	凡脱节或超高每处扣3分		
焊缝内部检测	8	焊缝内部无气孔、夹渣、未焊透、裂纹	8	射线探伤后按 JB/T4730.2-2005 评定： （1）焊缝质量达到Ⅰ级不扣分； （2）焊缝质量达到Ⅱ级扣8分； （3）焊缝质量达到Ⅲ级，此项考试按不及格论		
焊缝外形尺寸	9	焊缝允许宽度(8±1)mm	10	超差1mm，每处扣3分		
	10	焊缝余高0~2mm	6	超差1mm，每处扣3分		
	11	背面凹坑深度≤0.5mm	10	凹坑深度>0.5mm 不得分		
焊后变形错位	12	角变形≤3°	6	超差不得分		
	13	错边量≤0.5mm	6	超差不得分		
安全文明生产	14	违章从得分中扣除		酌情从总分中扣除		
总　分			100	总　得　分		

3.3.4 项目4：板对接仰焊

3.3.4.1 实训目标

板对接仰焊的训练目标有：
（1）熟练掌握钨极氩弧焊仰焊短弧焊接及打底焊的操作手法。
（2）熟练掌握板对接 V 形坡口仰位钨极氩弧焊单面焊双面成形的操作技能。

3.3.4.2 实训图样

板对接仰焊实训图样如图3-18所示。

技术要求：

（1）板对接仰位钨极氩弧焊。

（2）焊件根部间隙，$b = 2 \sim 3mm$，钝边 $p = 0.5 \sim 1mm$，坡口角度 $\alpha = 60°$。

（3）焊后变形量小于 $3°$。

（4）固定高度一般为 $800 \sim 1000mm$。

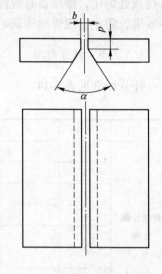

图 3-18　板对接仰焊实训图样

3.3.4.3　实训须知

仰焊是焊接操作中难度最大的焊接位置。在仰焊焊接过程中，焊件倒悬，熔滴受重力作用阻碍其向熔池过渡，而且由于重力作用，氩气的保护效果低于其他焊接位置，故必须严格控制焊接线能量和冷却速度。采用较小的焊接电流、较大的焊接速度，加大氩气流量，使熔池控制在尽可能小的范围内，加快熔池凝固速度，确保焊缝外形美观。

3.3.4.4　实训准备

A　焊接设备

WSM-500 逆变式脉冲直流钨极氩弧焊机及辅助设备。

B　钨极

采用铈钨极，直径 2mm，端部磨成 $30°$ 尖锥形。

C　氩气

纯度大于或等于 99.5%。

D　焊件

Q235 钢板两块，规格为 $200mm \times 150mm \times 6mm$，坡口面角度为 $30°$。

E　焊丝

THT50-G（ER50-6），直径 2mm。

F　工具

面罩、焊缝检验尺、角向磨光机、放大镜等。

3.3.4.5　实训步骤及操作要领

A　焊件装配

a　钝边

钝边为 $0.5 \sim 1.0mm$，要求平直。

b　焊件清理

清除焊丝表面和焊件坡口内及其正、反两侧 20mm 处的油、锈及其他污物，直至露出金属光泽，并用丙酮清洗该处。由于在手工钨极氩弧焊焊接过程中惰性气体仅起保护作用，无冶金反应，所以坡口的清洗质量直接影响焊缝的质量。因此采用氩弧焊，应特别重视对坡口的清洗工作质量。

c　装配

（1）装配间隙。始焊端为 2mm，终焊端为 3mm。

（2）定位焊。采用与焊接焊件相同牌号的焊丝进行定位焊，并点焊于焊件坡口背面两端，焊点长度为 10～15mm。

（3）预置反变形量3°。

（4）装配错边量不超过 0.5mm。焊件装配及坡口尺寸如图 3-19 所示。

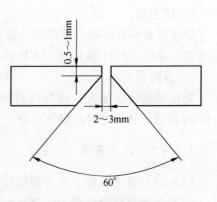

图 3-19　焊件装配及坡口尺寸

B　焊接工艺参数选择

焊接工艺参数见表 3-15。

表 3-15　焊接工艺参数

焊接层次	焊接电流/A	焊接电压/V	氩气流量 /L·min⁻¹	钨极直径/mm	钨极伸出长度 /mm	喷嘴至焊件距离 /mm
打底焊	65～75	8	7～9	2.0	3～5	8～10
填充焊	80～90	10				
盖面焊	70～80	12				

C　焊接

焊接时将焊件水平固定，坡口朝下，将间隙小的一端放在右侧，分三层三道焊。

a　打底焊

焊枪角度如图 3-20 所示。在试板右端定位焊缝上引弧，先不填丝，待形成熔池和熔孔后，开始填丝并向左焊接。焊接时要调低电弧，采用小幅度锯齿形摆动，在坡口两侧稍作停留，熔池不能太太，防止熔融金属下坠。

接头时可在弧坑右侧 15～20mm 处引燃电弧，迅速将电弧左移至弧坑处加热，待原弧坑熔化后，开始填丝转入正常焊接。

焊至焊件左端收弧，填满弧坑后灭弧，待熔池冷却后再移开焊枪。

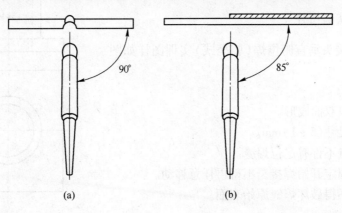

图 3-20　仰焊焊枪角度

（a）正视图；（b）侧视图

b　填充焊

焊接步骤同打底焊,但焊枪、焊丝摆动幅度稍大,保证坡口两侧熔合良好,焊道表面应平整,并低于母材约 1mm,不得熔化坡口棱边。

c　盖面焊

焊枪摆动幅度加大,在焊接过程中,尽量少给送焊丝,使熔池两侧超过棱边 0.5 ~ 1.0mm 即可,从而保证焊缝熔合好、成形好、无缺陷。

3.3.4.6　注意事项

(1) 坡口背面点固,允许预留反变形,不允许刚性固定。

(2) 焊前将焊缝两侧 10 ~ 20mm 范围内清理干净,直至露出金属光泽。

(3) 焊件一经施焊,不得改变焊接位置。

(4) 正确进行板对接仰位钨极氩弧焊单面焊双面成形的操作。

(5) 选择合适的板对接仰焊的焊接工艺参数。

(6) 焊缝应无咬边,接头处无脱节和超高现象,焊缝表面波纹应均匀、宽度一致、无夹渣等缺陷。

(7) 操作难度相对较大,操作者需加强基本功训练。

(8) 严格按照安全操作规程进行操作,安全文明生产。

3.4　管-板焊接技能训练

3.4.1　项目1:管-板 T 形接头垂直俯位焊(骑坐式)

3.4.1.1　实训目标

管-板 T 形接头垂直俯位焊(骑坐式)的训练目标有:

(1) 掌握管-板 T 形接头垂直俯位焊焊接工艺参数。

(2) 掌握钨极氩弧焊管-板 T 形接头垂直俯位焊(骑坐式)操作技能。

3.4.1.2　实训图样

管-板 T 形接头垂直俯位焊(骑坐式)实训图样如图3-21 所示。

技术要求:

(1) 单面焊双面成形。

(2) 焊脚尺寸(5 ±1)mm。

(3) 始焊点不许有定位焊缝。

(4) 焊件固定开始焊接,不得再任意移动。

(5) 焊后不得破坏焊缝原始表面。

3.4.1.3　实训须知

管-板接头是锅炉压力容器结构的基本形式之一,

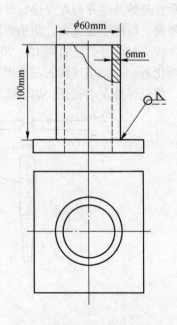

图 3-21　管-板 T 形接头垂直俯位焊
(骑坐式)实训图样

根据接头形式的不同，可分为插入式管-板接头和骑坐式管-板接头两类。当管的孔径较小时，一般采用骑坐式结构组对形式进单面焊双面成形；当管的孔径较大时，则采用插入式结构形式进行焊接。根据空间位置的不同，每类管-板又可分为垂直固定俯位焊、垂直固定仰焊和水平固定全位置焊三种。

插入式管-板接头只需保证根部焊透，外表焊脚对称，无缺陷，比较容易焊接，通常单层单道焊就可以了。骑坐式管-板焊接除保证焊缝外观外，还要保证焊缝背面成形。两类管-板的焊接要领和焊接参数一般基本上是相同的，因此在管-板焊接项目里重点介绍骑坐式管-板的焊接技术，在焊接插入式管-板时，只需按骑坐式管-板打底焊道焊枪的角度和工艺参数就行了。

这两类管-板的焊接实际上是 T 形接头的特例，操作要领与板式 T 形接头相似，所不同的是管-板焊缝在管子圆周的根部，因此焊接时要不断地转动手臂和手腕的位置，才能防止管子咬边和焊脚不对称缺陷的产生。

3.4.1.4　实训准备

A　焊接设备
WSM-500 逆变式脉冲直流钨极氩弧焊机及辅助设备。

B　钨极
采用铈钨极，直径 2mm，端部磨成 30°尖锥形。

C　氩气
纯度大于或等于 99.5%。

D　焊件
Q235 钢管一节，规格为 ϕ60mm × 100mm × 6mm，坡口面角度为 30°，Q235 钢板一块，规格为 100mm × 100mm × 6mm。

E　焊丝
THT50-G（ER50-6），直径 2mm。

F　工具
面罩、焊缝检验尺、角向磨光机、放大镜等。

3.4.1.5　实训步骤及操作要领

A　焊件装配
a　钝边
钝边为 0.5 ~ 1mm。

b　清理
清除管子焊接端外壁 40mm 处、管-板孔内壁与孔径四周 20mm 处的油、锈、水分及其他污物，至露出金属光泽，并再用丙酮清洗该处。

c　装配
装配尺寸如图 3-22 所示，装配时管子应垂直于孔板。

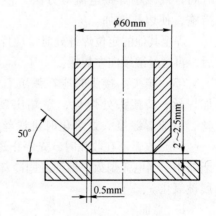

图 3-22　焊件装配尺寸

d　定位焊

采用两点定位固定，均布于管子外圆周上，焊点长度为 6～10mm 左右，要求焊透，不得有缺陷。

B　焊接工艺参数

焊接工艺参数见表3-16。

表 3-16　焊接工艺参数

焊接层次	焊接电流 /A	焊接电压 /V	氩气流量 /L·min⁻¹	钨极直径 /mm	钨极伸出长度 /mm	喷嘴至焊件距离 /mm
打底焊	80～100	6	7～9	2.0	4～6	8～10
盖面焊	85～105	8				

C　焊接

焊道分布是两层两道，左向法月牙形运条方法焊接，在整个焊接过程中焊枪与焊件的夹角为 45°，焊丝与焊件的夹角为 15°左右。根据熔池熔化情况，可适当调整焊接角度。

a　打底焊

打底焊需保证焊缝根部焊透，使道背面成形，操作时控制熔池形状，以免烧穿，形成焊瘤。

（1）引弧。将焊件垂直固定在俯位处，在右侧没有固定的焊缝上引弧，先不加焊丝，电弧在原位置稍摆动，待坡口边缘熔化，开始添加焊丝，形成熔池后开始焊接向前移动。

（2）焊接。待焊丝端部熔化形成熔池后，轻轻地将焊丝向熔池推一下。将液态金属送到熔池前端的熔池中，以提高焊道背面的高度，防止未焊透和背面焊道焊肉不够。

在焊接时要注意观察熔池，保证熔孔大小一致，防止管子烧穿。若发现熔孔变大，可适当加大焊枪与孔板间的夹角，增加焊接速度，减小电弧在管子坡口侧的停留时间，或减小焊接电流等方法，使熔孔缩小；若发现熔孔变小，则采取与上述相反的措施，使熔孔增加。

焊至其他的定位焊缝处时，应停止送丝，利用电弧将定位焊缝熔化并和熔池连成一体后，再送丝继续向左焊接。

（3）接头。接头时应在弧坑右方 10mm 处引弧，并立即将电弧移至接头处，先不加焊丝，待接头处熔化，左端出现熔孔后再添加焊丝焊接。焊至封口处，可稍停送丝，待原焊缝接头处溶化时再送丝，保证接头处熔合良好。

（4）收弧。在收弧时，先停止送丝，随后断开控制开关，此时焊接电流衰减，熔池逐渐缩小，当电弧熄灭，熔池凝固冷却到一定温度后，才能移开焊枪，以防止收弧处焊缝金属被氧化。

b　盖面

焊盖面焊必须保证熔合好，焊脚尺寸大小一致，无缺陷。

焊前可先将打底焊道上局部凸起处打磨平整。从右侧打底焊道上引弧，先不添加焊丝，待引弧处局部熔化形成熔池时，开始填充焊丝，并向左焊接。

在盖面焊时，焊枪横向摆动幅度要大于打底焊，但要使焊脚均匀，并需保证熔池两侧与管子外圆及孔板熔合好。焊接过程中要注意观察熔池两侧和前方，当管子和孔板熔化的宽度基本相等时，焊脚就可以认为是对称的。为了防止管子咬边，焊接电弧可稍离开管壁，从熔池前方添加焊丝，使电弧的热量偏向孔板。盖面焊时其他操作要点与打底焊基本相同。

3.4.1.6 注意事项

（1）坡口处进行点固，允许预留反变形，不允许刚性固定。

（2）焊前将焊缝两侧 10～20mm 范围内清理干净，直至露出金属光泽。

（3）正确进行管-板钨极氩弧焊单面焊双面成形的操作练习。

（4）选择合适的焊接工艺参数。

（5）焊缝应无咬边，接头处无脱节和超高现象，焊缝表面波纹应均匀、宽度一致、无夹钨等缺陷。

（6）焊枪摆动幅度不要太大，尽可能用电弧的热量熔化坡口，熟练的运条方法是保证焊缝成形的关键。

（7）严格按照安全操作规程进行操作，安全文明生产。

3.4.2 项目2：管-板T形接头垂直仰位焊（骑坐式）

3.4.2.1 实训目标

管-板T形接头垂直仰位焊（骑坐式）的训练目标有：

（1）掌握管-板T形接头垂直仰位焊焊接工艺参数。

（2）掌握钨极氩弧焊管-板T形接头垂直仰位焊（骑坐式）操作技能。

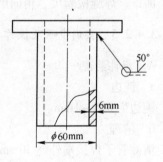

3.4.2.2 实训图样

管-板T形接头垂直仰位焊（骑坐式）实训图样如图3-23所示。

技术要求：

（1）管-板T形接头垂直仰位单面焊双面成形。

（2）焊脚尺寸（6±1）mm。

（3）始焊点不许有定位焊缝。

（4）焊件固定开始焊接，不得再任意移动。

（5）焊后不得破坏焊缝原始表面。

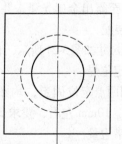

图3-23 管-板T形接头垂直
仰位焊（骑坐式）实训图样

3.4.2.3 实训须知

骑坐式管-板仰焊手工钨极氩弧焊操作项目的难度较大，既要保证单面焊双面成形，又要保证焊缝外表均匀美观，焊脚对称，再加上管壁薄，孔板厚，坡口两侧导热情况不同，需要控制热量分布不均及仰焊位置铁水容易下坠的不利因素，更增加了该项目的操作难度，因而该项目的操作，通常以打底焊保证背面成形，以焊枪与焊件之间不同的夹角来控制热量的分布，盖面焊保证焊脚尺寸和焊缝的外观成形。

3.4.2.4 实训准备

A 焊接设备

WSM-500 逆变式脉冲直流钨极氩弧焊机及辅助设备。

B 钨极

采用铈钨极，直径 2mm，端部磨成 30°尖锥形。

C 氩气

纯度大于或等于 99.5%。

D 焊件

Q235 钢管一节，规格为 ϕ60mm × 100mm × 8mm，坡口面角度为 30°，Q235 钢板一块，规格为 100mm × 100mm × 6mm。

E 焊丝

THT50-G(ER50-6)，直径 2mm。

F 工具

面罩、焊缝检验尺、角向磨光机、放大镜等。

3.4.2.5 实训步骤及操作要领

A 焊件装配

a 钝边

钝边为 0.5 ~ 1mm。

b 清理

清除管子焊接端外壁 30mm 处、管-板孔内壁与孔径四周 20mm 处的油、锈、水分及其他污物，至露出金属光泽，并再用丙酮清洗该处。

c 装配

装配尺寸如图 3-24 所示，装配时管子应垂直于孔板。

d 定位焊

采用两点定位固定，均布于管子外圆周上，焊点长度为 6 ~ 10mm 左右，要求焊透，不得有缺陷。

e 错边量

错边量不超过 0.5mm。

B 焊接工艺参数

焊接工艺参数见表 3-17。

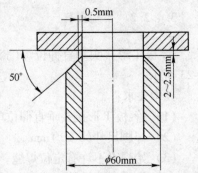

图 3-24 焊件装配尺寸

表3-17 焊接工艺参数

焊接层次	焊接电流 /A	焊接电压 /V	氩气流量 /L·min⁻¹	钨极直径 /mm	钨极伸出长度 /mm	喷嘴至焊件距离 /mm
打底焊	85~105	6	7~9	2.0	4~6	8~10
盖面焊	80~100	8				

C 焊接

本焊件采用两层两道焊，打底焊一层，盖面焊一层。

a 打底焊

将焊件在垂直仰位处固定好，将定位焊缝放在左侧。焊接角度如图 3-25 所示。

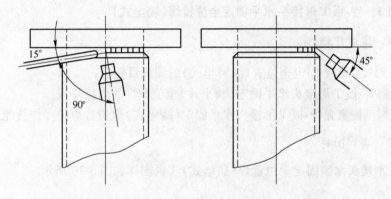

图 3-25 焊接角度

在右侧焊缝上引弧，先不加焊丝，待坡口根部和定位焊点端部熔化形成熔池、熔孔后，再加焊丝从右向左焊接。

焊接时电弧要短，熔池要小，但应保证孔板与管子坡口面熔合好，根据熔化和熔池表面情况调整焊枪角度和焊接速度。

管子侧坡口根部的熔孔超过原棱边应不超过1mm，否则将使背面焊道过宽和过高。中途停顿后需要接头，接头在焊缝右侧 10~15mm 处引弧，先不加焊丝，待接头处熔化形成熔池和熔化后，再加焊丝继续向左焊接。

焊至封闭处，可稍停填丝，待原焊缝端部熔化后再填丝，以保证接头处熔合良好。

b 盖面焊

盖面层焊接角度同打底焊，焊接方法采用月牙形，为达到焊接尺寸要求，可适当增大焊枪的摆动，注意为防止咬边产生，在坡口两侧需要适当的停顿，从而保证焊缝成形良好。

盖面焊接时，如遇到焊脚尺寸较大的情况下，可采用多道焊的方法达到焊接要求，需要注意的是，焊道的重叠要适当，避免产生熔合不良的现象。焊道的接头要错开，避免产生应力集中，降低焊缝的强度。

3.4.2.6　注意事项

（1）坡口处进行点固，采用两点定位，不允许刚性固定。

（2）焊前将焊缝两侧 10~20mm 范围内清理干净，直至露出金属光泽。

（3）选择合适的焊接工艺参数。

（4）操作难度相对较大，操作者需加强基本功的练习。

（5）焊缝应无咬边，接头处无脱节和超高现象，焊缝表面波纹应均匀、宽度一致、无夹钨等缺陷。

（6）焊枪摆动幅度不要太大，尽可能用电弧的热量熔化坡口，熟练的运条方法是保证焊缝成形的关键。

（7）严格按照安全操作规程进行操作，安全文明生产。

3.4.3　项目3：管-板 T 形接头水平固定全位置焊（骑坐式）

3.4.3.1　实训目标

管-板 T 形接头水平固定全位置焊（骑坐式）的训练目标有：

（1）了解管-板 T 形接头水平固定（骑坐式）全位置焊的焊接特点。

（2）掌握钨极氩弧管-板 T 形接头水平固定（骑坐式）全位置焊的操作技能。

3.4.3.2　实训图样

管-板 T 形接头水平固定全位置焊（骑坐式）实训图样如图 3-26 所示。

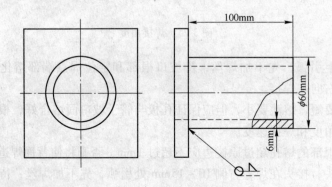

图 3-26　管-板 T 形接头水平固定全位置焊（骑坐式）实训图样

技术要求：

（1）管-板 T 形接头水平固定全位置焊。

（2）单面焊双面成形。

（3）焊脚尺寸为（6±1）mm。

（4）焊后不得破坏焊缝原始表面。

（5）始焊点（仰位）不许有定位焊缝。

3.4.3.3　实训须知

管-板水平固定焊属于全位置焊接，是管-板焊接接头中难度最大的项目。施焊时，分前、后两半，焊缝由下向上均存在仰、立、平三种不同位置的变化。焊枪角度、焊丝角度、焊接速度、填丝的速度、时间、位置，熔池所处的状态都将随焊接位置的变化而变化，而且由于管、板厚度差异较大，熔化时所需热量极不均衡，易造成管烧穿而板未熔合等焊接缺陷，因此焊接过程中，如何控制好熔池温度和溶孔在不同位置时的可见尺寸，以确保电弧热量在管、板熔化时的合理分配是实现管-板水平固定焊单面焊双面成形的关键。

3.4.3.4 实训准备

A 焊接设备

WSM-500 逆变式脉冲直流钨极氩弧焊机及辅助设备。

B 钨极

采用铈钨极，直径 2mm，端部磨成 30°尖锥形。

C 氩气

纯度大于或等于 99.5%。

D 焊件

Q235 钢管一节，规格为 $\phi60mm \times 100mm \times 3mm$，坡口面角度为 30°，Q235 钢板一块，规格为 $100mm \times 100mm \times 6mm$。

E 焊丝

THT50-G（ER50-6），直径 2mm。

F 工具

面罩、焊缝检验尺、角向磨光机、放大镜等。

3.4.3.5 实训步骤及操作要领

A 焊件装配

a 钝边

钝边为 0.5～1mm。

b 清理

清除管子焊接端外壁 30mm 处、管-板孔内壁与孔径四周 20mm 处的油、锈、水分及其他污物，至露出金属光泽，并再用丙酮清洗该处。

c 装配

装配尺寸如图 3-27 所示，装配时管子应垂直于孔板。

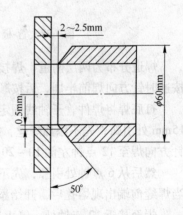

图 3-27 焊件装配尺寸

d 定位焊

采用两点定位固定，均布于管子外圆周上，焊点长度为 6～10mm 左右，要求焊透，不得有缺陷。

e 错边量

错边量不超过 0.5mm。

B 焊接工艺参数

焊接工艺参数见表 3-18。

表 3-18　焊接工艺参数

焊接层次	焊接电流 /A	焊接电压 /V	氩气流量 /L·min⁻¹	钨极直径 /mm	钨极伸出长度 /mm	喷嘴至焊件距离 /mm
打底焊	85～110	6～10	7～9	2.0	4～6	8～10
盖面焊	90～100					

C　焊接

水平固定焊时，为了便于描述，将焊件用通过管子轴线的垂直平面将其分为两个半周，并按时钟面将焊件分成 12 等份进行焊接，12 点在最上方，如图 3-28 所示。

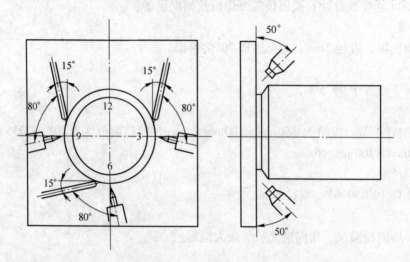

图 3-28　管-板 T 形接头水平固定全位置焊焊枪与焊丝的角度

焊道分布为两层两道，焊接过程中，先焊打底层，后焊盖面层。每层均分为两半，先按逆时针方向焊前半周，后按顺时针方向焊后半周。

打底焊将焊件管子轴线固定在水平位置，12 点钟处在正上方。在 6 点钟处左侧 10～15mm 处引弧，先不添加焊丝，待坡口根部熔化并形成熔孔后，开始添加焊丝，并按逆时针方向焊至 12 点钟左侧 10～20mm 处。

然后从 6 点钟处引弧，先不添加焊丝，待焊缝开始熔化时，按顺时针方向移动电弧，当焊缝前端出现熔孔后，开始添加焊丝，并继续沿顺时针方向焊接。

焊至接近 12 点钟处，停止送丝，待原焊缝处开始熔化时，迅速添加焊丝，使焊缝封闭。这时打底焊道的最后一个接头，注意要防止烧穿和未熔合。

盖面焊焊接顺序和要求同打底焊，但焊枪摆动幅度稍大。特别注意的是：打底焊是为了保证焊透，而盖面焊要求焊脚尺寸达到图纸要求，操作者需要加强训练，避免焊缝宽度不均，导致焊缝成形不美观。

3.4.3.6　评分标准

评分标准见表 3-19。

表 3-19 评分标准

项 目	序 号	考核要求	配分	评 分 标 准	检测结果	得分
焊缝外观检测	1	表面无裂纹	8	有裂纹不得分		
	2	无烧穿	8	有烧穿不得分		
	3	无焊瘤	8	每处扣4分		
	4	无气孔	6	每处扣4分		
	5	无咬边	6	深<0.5mm，每10mm扣2分；深>0.5mm，每10mm扣4分		
	6	无未熔合	10	深>0.5mm，每处扣3分		
	7	焊缝起头、接头、收尾无缺陷	8	凡脱节或超高每处扣3分		
	8	通球检验	10	通球检验不合格不得分		
焊缝内部检测	9	焊缝内部无气孔、夹渣、未焊透、裂纹	6	射线探伤后按 JB/T 4730.2—2005 评定： (1) 焊缝质量达到 I 级不扣分； (2) 焊缝质量达到 II 级扣16分； (3) 焊缝质量达到 III 级，此项考试按不及格论		
焊缝外形尺寸	10	焊脚尺寸 $K=(6\pm1)$mm	8	超差1mm，每处扣3分		
焊后变形错位	11	管、板垂直度 $90°\pm2°$	6	超差不得分		
	12	组装位置正确	6	超差不得分		
安全文明生产	13	违章从得分中扣除		酌情从总分中扣除		
总 分			100	总 得 分		

3.5 管对接焊接技能训练

3.5.1 项目1：管对接水平转动焊

3.5.1.1 实训目标

管对接水平转动焊的训练目标有：

(1) 灵活运用手臂和手腕动作，适应管对接水平转动焊接时焊枪角度与焊丝的变化。

(2) 掌握管 V 形坡口对接水平转动钨极氩弧焊单面焊双面成形的操作技能。

3.5.1.2 实训图样

管对接水平转动焊单面焊双面成形实训图样如图 3-29 所示。

技术要求：

(1) 单面焊双面成形。

（2）钝边 p、间隙 b 自定。

（3）焊件借助转动装置可自动转动。

（4）焊前检查焊机的各项性能与焊后对焊件进行检验。

（5）严格按照安全操作规程进执行操作，安全文明生产。

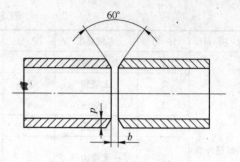

图 3-29　管对接水平转动焊实训图样

3.5.1.3　实训须知

将 V 形坡口管状焊件以对接形式在水平转动位置采用手工钨极氩弧焊方法进行的焊接，称为管 V 形坡口对接水平转动钨极氩弧焊。

管子水平转动，需要借助于可调试的转动装置或手动装置，转动装置以保证管子外壁转动的线速度与焊接速度相同，定位焊施焊位置应为平焊位，通常位于时钟 0 点处，因此在焊接过程中，操作姿势和焊条角度始终保持不变，具有平焊时易操作的优点，是管对接项目位置中最易操作的项目。手动装置在日常焊接当中最为常见，定位焊施焊位置应为斜立焊位，通常在时钟 3 点位置开始焊接至时钟 12 点位置停止焊接，焊接完成后，转动 12 点位置到 3 点位置，重新焊接，转动 4 次完成整个焊接，在焊接当中注意接头的操作方法，以免焊缝接头过高，背面接头熔合不良。操作者需加强反复练习，从而达到焊接要求。

3.5.1.4　实训准备

A　焊接设备

WSM-500 逆变式脉冲直流钨极氩弧焊机及辅助设备。

B　钨极

采用铈钨极，直径 2mm，端部磨成 30°尖锥形。

C　氩气

纯度大于或等于 99.5%。

D　焊件

316L（022Cr17Ni12Mo2）不锈钢钢管两节，规格为 $\phi 60mm \times 100mm \times 5mm$，坡口面角度 30°。

E　焊丝

ER316L（H00Cr19Ni12Mo2），直径 2mm。

F　焊件转动装置

可调试的转动或手动装置。

G　工具

面罩、焊缝检验尺、角向磨光机、放大镜等。

3.5.1.5　实训步骤及操作要领

A　焊件装配

a　钝边

钝边为 0.5 ~ 1mm。

b 焊件清理

清除坡口内及管子坡口端内、外 20mm 范围内露出金属光泽，再用丙酮清洗该区。

c 装配

置焊件与图 3-30 所示的装配胎具上进行装配、点焊。

（1）装配尺寸。焊件装配尺寸如图 3-31 所示。

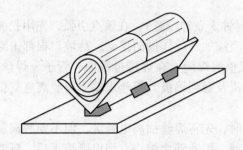

图 3-30 管子对接装配胎具

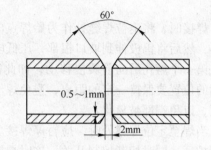

图 3-31 焊件及坡口尺寸

（2）定位焊。两点定位，焊点长度为 10 ~ 15mm，定位焊缝处的间隙为 2mm，采用与焊接焊件相同牌号的焊丝进行定位焊，定位焊点两端应预先打磨成斜坡。

（3）错边量不超过 0.5mm。

B 焊接工艺参数的选用

焊接工艺参数见表 3-20。

表 3-20 焊接工艺参数

焊接层次	焊接电流 /A	焊接电压 /V	氩气流量 /L·min⁻¹	钨极直径 /mm	钨极伸出长度 /mm	喷嘴至焊件距离 /mm
打底焊	40 ~ 50	6	7 ~ 9	2.0	3 ~ 5	8 ~ 10
盖面焊	55 ~ 65	8				

C 焊接

焊道分布是两层两道，焊枪角度如图 3-32 所示。

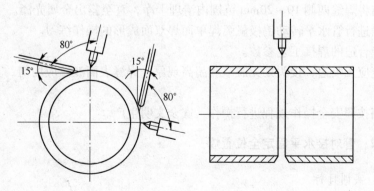

图 3-32 焊枪角度

a　打底焊

其焊缝表面应平滑，不能过高和在两侧形成沟槽，背面成形好，保证根部焊透，防止烧穿和产生焊瘤。

焊接电流为 40~50A，采用连弧焊法焊接，要求单面焊双面成形，焊条角度如图 3-32 所示。起焊处为管件的 3 点钟（图 3-32 中 3 点）处，终焊点为 12 点钟（图 3-32 中 12 点）处。

待第一段焊缝焊完后，将管件转动 90°，重新进行第二段焊缝的焊接，直至焊完一周焊缝。

焊接时，将定位焊缝处作为始焊点（相当于时钟 3 点钟位置），在该点引弧，先用长弧加热，然后将钨极伸到坡口根部，压低电弧，适当添加焊丝作横向摆动，待坡口根部击穿形成第一个熔孔后向前缓慢移动，如此往复完成整道焊缝，在焊接过程中，管子、焊丝、喷嘴的位置要保持一定的距离，避免焊丝扰动气流及触到钨极。焊丝末端不得脱离氩气保护区，以免端部被氧化。

当焊至定位焊缝处时，应暂停焊接。在收弧时，先将焊丝抽离电弧区，但不要脱离氩气保护区，同时切断控制开关，这时焊接电流衰减，熔池随之缩小，当电弧熄灭后，延时切断氩气，焊枪才能离开。

将定位焊缝磨掉，在收弧处磨成斜坡并清理干净后，在斜坡上引弧，待焊缝开始熔化后，焊枪开始转动并添加焊丝，直至焊完打底焊缝为止。

在打底焊道封闭前，先停止送进焊丝，待原焊缝端部开始熔化时，再添加焊丝接头，填满弧坑后断弧。

b　盖面焊

焊接电流为 55~65A，采用连弧焊，月牙形运条方法，焊接顺序与打底焊时相同。

焊接过程中要注意电弧运至坡口两侧边缘时稍作停顿，以保证焊缝与母材熔合良好。接头时应先在弧坑前端 10~15mm 处引弧，用长弧预热后再进行接头；封闭接头应使焊缝超过起头焊缝 10mm，然后灭弧。

操作要领：管件焊接时，焊枪与焊丝的角度在焊接过程中不断地进行改变是保证焊缝良好成形的关键。

3.5.1.6　注意事项

（1）坡口处进行点固，允许预留反变形，不允许刚性固定。

（2）焊前将焊缝两侧 10~20mm 范围内清理干净，直至露出金属光泽。

（3）正确进行管水平转动钨极氩弧焊单面焊双面成形的操作练习。

（4）选择合适的焊接工艺参数。

（5）焊缝应无咬边，接头处无脱节和超高现象，焊缝表面波纹应均匀、宽度一致、无夹钨等缺陷。

（6）严格按照安全操作规程进行操作，安全文明生产。

3.5.2　项目 2：管对接水平固定全位置焊

3.5.2.1　实训目标

管对接水平固定全位置焊的训练目标有：

（1）掌握手工钨极氩弧焊打底焊操作的内填丝法和外填丝法。

（2）掌握手工钨极氩弧焊 V 形坡口水平固定管全位置的焊接技能。

3.5.2.2 实训图样

管对接水平固定焊单面焊双面成形实训图样如图 3-33 所示。

技术要求：

（1）水平固定单面焊双面成形。

（2）钝边、间隙、焊件高度自定。

（3）在 6 点钟位置不许有定位焊缝。

（4）焊件固定开始焊接，不得再任意移动。

（5）焊后不得破坏焊缝原始表面。

3.5.2.3 实训须知

手工钨极氩弧焊焊接接头质量很高，但生产效率较低，常用于小径薄壁管的焊接，生产中对于大直径管的对接常采用手工钨极氩弧焊打底。

钨极氩弧焊要根据焊件的材质，选取不同的电源种类和极性，这对保证焊接质量很重要。手工钨极氩弧焊是双手同时操作，这一点有别于焊条电弧焊。操作时，双手配合协调显得尤为重要。因此，应加强这方面的基本功训练。水平固定管打底焊时，应根据焊接位置的不同变换焊枪与焊丝的角度，如图 3-34 所示。

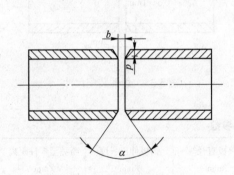

图 3-33 管对接水平固定焊实训图样

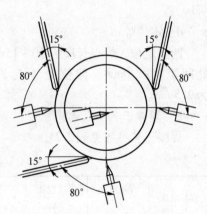

图 3-34 焊枪与焊丝的角度

3.5.2.4 实训准备

A 焊接设备

WSM-500 逆变式脉冲直流钨极氩弧焊机及辅助设备。

B 钨极

采用铈钨极，直径 2mm，端部磨成 30°尖锥形。

C 氩气

纯度大于或等于 99.5%。

D　焊件

Q235 钢管两节，规格为 $\phi 60mm \times 150mm \times 6mm$，坡口面角度为 30°。

E　焊丝

THT50-G（ER50-6），直径 2mm。

F　工具

面罩、焊缝检验尺、角向磨光机、放大镜等。

3.5.2.5　实训步骤及操作要领

A　焊件装配

a　钝边

钝边为 0.5 ~ 1.0mm，要求平直。

b　焊件清理

清除焊丝表面和焊件坡口内及其正、反两侧 20mm 处的油、锈及其他污物，直至露出金属光泽，并用丙酮清洗该处。由于在手工钨极氩弧焊焊接过程中惰性气体仅起保护作用，无冶金反应，所以坡口的清洗质量直接影响焊缝的质量。因此采用氩弧焊，应特别重视对坡口的清洗。

c　装配

将清理好的焊件固定在 V 形槽胎具上，留出所需间隙，保证两管同心，装配要求如图 3-35 所示。

d　定位焊

两点定位，焊点长度为 10 ~ 15mm，并保证该处间隙为 2.0mm，仰位处不允许点固，间隙为 2.5mm。

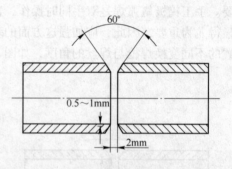

图 3-35　焊件装配尺寸

B　焊接工艺参数选择

焊接工艺参数见表 3-21。

表 3-21　焊接工艺参数

焊接层次	焊接电流 /A	焊接电压 /V	氩气流量 /L·min⁻¹	钨极直径 /mm	钨极伸出长度 /mm	喷嘴至焊件距离 /mm
打底焊	60 ~ 70	7	7 ~ 9	2.0	3 ~ 5	8 ~ 10
盖面焊	70 ~ 80	9				

C　焊接

焊道分布是两层两道，分两半圆进行焊接，先焊右半圆，后焊左半圆。

a　打底焊

将管子固定在水平位置，仰位焊在下面，施焊时，在仰焊部位 6 点钟往左 5 ~ 10mm 处引弧，按逆时针方向先焊前半部分，焊至平焊位置越过管中心 5 ~ 10mm 处收尾，然后再按顺时针方向焊接后半部，如图 3-36 所示。

焊接过程中，焊枪角度和填丝角度要随焊接位置的变化而变化，从而保证焊接质量。

在特殊要求情况下,焊前需先向管内充入氩气,将管内空气置换出来,即可进行施焊。

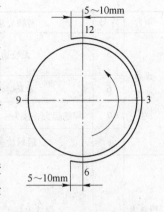

电弧引燃后,在坡口根部间隙两侧用焊枪画圈预热,钝边熔化形成熔孔后,将焊丝紧贴熔孔,在钝边两侧各送一滴熔滴通过焊枪的横向摆动,使之形成搭桥连接的第一个熔池。此时,焊丝再紧贴熔池前沿部填充一滴熔滴,使熔滴与母材充分熔合,熔池前方出现熔孔后,再送入另一滴熔滴,依次循环。直至焊完底层的前半部。在收弧时,应先将焊丝抽离电弧区,但不要脱离氩气保护区,然后切断控制开关,这时焊接电流衰减,熔池也相应地减小,当电弧熄灭后,延时切断氩气,焊枪才能移开。

图 3-36 水平固定管起弧和收弧操作示意图

后半部为顺时针方向的焊接,操作方法与前半部分相同。当焊至距定位焊缝 3~5mm 时,为保证接头焊透,焊枪应画圈,将定位焊缝熔化,然后填充 2~3 滴熔滴,将焊缝封闭后继续施焊(注意定位焊缝处不填焊丝)。当底层焊道的后半部与前半部在平位还差 3~4mm 即将封口时,停止送丝,先在封口处周围画圈预热,使之呈红热状态,然后将电弧拉回原熔池填丝焊接。封口后停止送丝继续向前施焊 5~10mm 停弧,不要立即移开焊枪,要待熔池凝固后再移开。完成打底层焊接,打底层焊道厚度一般以 2mm 为宜。

b 盖面焊

盖面焊焊枪角度与打底焊时相同。在打底层上位于时钟 6 点处引弧,焊枪作月牙形摆动,在坡口边缘及打底层焊道表面熔化并形成熔池后,开始填丝焊接。焊丝与焊枪同步摆动,在坡口两侧稍加停顿,各加一滴熔滴,并使其与母材良好熔合,如此摆动—填丝进行焊接。在仰焊部位,填丝量应适当少些,以防熔敷金属下坠。在立焊部位,焊枪的摆动频率要适当加快以防熔滴下淌;在平焊部位,每次填充的焊丝要多些,以防焊缝不饱满。

整个盖面层焊接运弧要平稳,钨极端部与熔池距离保持在 2~3mm 之间,熔池的轮廓应对称于焊缝的中心线,若发生偏斜,随时调整焊枪角度和电弧在坡口边缘的停留时间。

3.5.2.6 评分标准

评分标准见表 3-22。

表 3-22 评分标准

项目	序号	考核要求	配分	评分标准	检测结果	得分
焊缝外观检测	1	表面无裂纹	8	有裂纹不得分		
	2	无烧穿	8	有烧穿不得分		
	3	无气孔	8	每处扣 4 分		
	4	无焊瘤	6	每处扣 4 分		

续表 3-22

项目	序号	考核要求	配分	评分标准	检测结果	得分
焊缝外观检测	5	无咬边	6	深 < 0.5mm，每 10mm 扣 2 分；深 > 0.5mm，每 10mm 扣 4 分		
	6	无未熔合	10	深 < 0.5mm，每处扣 3 分		
	7	焊缝起头、接头、收尾无缺陷	8	凡脱节或超高每处扣 3 分		
	8	通球检验	8	通球检验不合格不得分		
焊缝内部检测	9	焊缝内部无气孔、夹渣、未焊透、裂纹	18	射线探伤后按 JB/T 4730.2—2005 评定：（1）焊缝质量达到 I 级不扣分；（2）焊缝质量达到 II 级扣 18 分；（3）焊缝质量达到 III 级，此项考试按不及格论		
焊缝外形尺寸	10	焊缝允许宽度(10 ± 2)mm	8	超差 1mm，每处扣 3 分		
	11	焊缝余高 0 ~ 2mm	6	超差 1mm，每处扣 3 分		
焊后变形错位	12	错边量 ≤ 0.5mm	6	超差不得分		
安全文明生产	13	违章从得分中扣除		酌情从总分中扣除		
总　分			100	总　得　分		

3.5.3　项目 3：管对接垂直固定焊

3.5.3.1　实训目标

管对接垂直固定焊的训练目标有：

（1）掌握管 V 形坡口对接垂直固定焊的操作要点。

（2）掌握管 V 形坡口对接垂直固定手工钨极氩弧焊的操作技能。

3.5.3.2　实训图样

管对接垂直固定焊单面焊双面成形实训图样如图 3-37 所示。

技术要求：

（1）垂直固定单面焊双面成形。

（2）钝边、间隙、焊件高度自定。

（3）焊前检查焊机的各项性能与焊后对焊件进行检验。

（4）焊后进行通球检验。

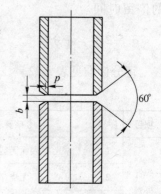

图 3-37　管对接垂直固定焊实训图样

（5）严格按照安全操作规程进行执行操作，安全文明生产。

3.5.3.3 实训须知

垂直固定管的焊接位置为横位，其不同于板对接横焊的是：焊工在焊接过程中要不断地按着管子曲率移动身体，并逐渐调整焊枪、焊丝沿管子圆周转动。同时，液态金属始终处于垂直的位置，容易造成焊缝成形偏下，甚至出现焊瘤等缺陷，给操作带来一定的难度。

垂直固定管打底焊，熔池的热量要集中在坡口下部，要防止上部坡口过热，钝边熔化过多，焊缝背面产生咬边、余高等缺陷。

3.5.3.4 实训准备

A 焊接设备
WSM-500 逆变式脉冲直流钨极氩弧焊机及辅助设备。

B 钨极
采用铈钨极，直径 2mm，端部磨成 30°尖锥形。

C 氩气
纯度大于或等于 99.5%。

D 焊件
Q235 钢管两块，规格为 ϕ60mm × 150mm × 6mm，坡口面角度为 30°。

E 焊丝
THT50-G（ER50-6），直径 2mm。

F 工具
面罩、焊缝检验尺、角向磨光机、放大镜等。

3.5.3.5 实训步骤及操作要领

A 焊件装配
a 钝边
钝边为 0.5 ~ 1mm。

b 焊件清理
清除坡口内及管子坡口端内、外表面 20mm 范围内露出金属光泽，再用丙酮清洗该区。

c 装配
（1）装配。间隙为 1.5 ~ 2.0mm。

（2）定位焊。两点定位，焊点长度为 10 ~ 20mm，焊接材料与正式焊接相同，定位焊点两端应预先打磨成斜坡。将管子置于垂直位置并加以固定，间隙小的一侧位于右边。

（3）错边量不超过 0.5mm。

B 焊接工艺参数
焊接工艺参数见表 3-23。

表 3-23 焊接工艺参数

焊接层次	焊接电流 /A	焊接电压 /V	氩气流量 /L·min^{-1}	钨极直径 /mm	钨极伸出长度 /mm	喷嘴至焊件距离 /mm
打底焊	80~100	6	7~9	2.0	3~5	8~10
盖面焊	85~105	8				

C 焊接

采用两层三道焊,打底焊为一层一道;盖面焊为一层上、下两道。

a 打底焊

焊枪角度如图 3-38 所示。在右侧间隙最小处引弧,先不添加焊丝,待坡口根部熔化形成熔孔后再送进焊丝,当焊丝端部熔化形成熔滴后,将焊丝轻轻地向熔池中推一下,并向管内摆动,将金属液送到坡口根部,以保证背面焊缝的高度。在填充焊丝的同时,焊枪小幅度作横向摆动并向左均匀移动。

在焊接过程中,填充焊丝以往复运动方式间断地送入电弧内的熔池前方,在熔池前呈滴状加入熔池。焊丝送进要有规律,不能时快时慢,这样才能保证焊缝成形美观。

当要移动位置停止焊接时,应按收弧要点进行操作。当再进行焊接时,焊前应将焊缝收弧处打磨成斜坡状并清理干净,在斜坡上引弧,移至离接头 10mm 处,焊枪不动,当获得清晰的熔池后,即可添加焊丝,继续从右向左进行焊接。

小管子垂直固定打底焊,电弧的热量要集中在坡口的下部,以防止上部坡口过热,母材熔化过多,产生咬边或焊缝背面的余高下坠。

b 盖面焊

盖面焊缝由上、下两道焊缝组成,先焊下面的焊道,后焊上面的焊道。焊枪角度如图 3-39 所示。

图 3-38 打底焊焊枪角度

在焊下面的盖面焊道时,电弧对准打底焊道下沿,使熔池下沿超出管子坡口棱边 0.5~1.5mm,使熔池上沿在打底焊道 1/2~2/3 处。

焊上面的盖面焊道时,电弧对准打底焊道上沿,使熔池上沿超出管子坡口 0.5~1.5mm,同时与下沿焊道重叠 1/3~1/2。使得整个焊道圆滑过渡,焊接速度要适当加快,

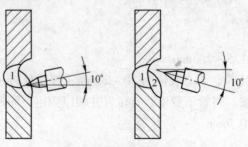

图 3-39 盖面焊焊枪角度

送丝频率加快，适当减少送丝量，防止焊缝下坠。必要时启动焊枪上的衰减电流开关以控制熔池温度，以保证良好的焊缝成形。

无论是打底焊还是盖面焊，在焊接过程中均应注意：焊丝端部始终处于氩气保护范围内，钨极端部要严禁与焊丝、焊件相接触，以防造成夹钨。

D 钨极氩弧焊焊接时易出现的缺陷及防止措施

钨极氩弧焊焊接时易出现的缺陷及防止措施见表3-24。

表3-24 焊接时易出现的缺陷及防止措施

缺陷名称	产 生 原 因	防 止 措 施
咬边	(1) 焊接电流过大； (2) 氩气流量过大，吹力大； (3) 焊枪角度不正确	(1) 合适的焊接电流； (2) 氩气流量要适当； (3) 调整焊枪角度，短弧焊接
夹钨	(1) 钨极与焊件相碰短路； (2) 磨得太尖并在焊件上引弧； (3) 焊接电流过大，钨极严重烧损	(1) 避免钨极与焊件相碰折断； (2) 不在焊件上引弧，避免钨极磨得太尖； (3) 焊接电流应在钨极许用电流范围内
气孔	(1) 焊件与焊丝清理不彻底； (2) 氩气保护效果差，如流量小，电弧过长，电弧不稳； (3) 焊接速度太快	(1) 清理焊件与焊丝； (2) 提高氩气保护效果； (3) 降低焊接速度
烧穿	特别是铝合金，焊接时难以掌握熔池温度，因铝合金由固态到液态无明显颜色变化	(1) 掌握铝合金熔化特点； (2) 在焊接时，只要铝合金失去光泽，即熔化，可添加焊丝； (3) 焊前清除氧化膜
弧坑	(1) 熄弧太快； (2) 填丝不足； (3) 温度过高，电弧停留时间长	(1) 适当拉长电弧，应用电流衰减功能熄弧； (2) 应多加焊丝，高于焊件表面； (3) 控制熔池温度，电弧停留时间适当
焊瘤	(1) 熔化金属受重力作用下淌； (2) 熔池温度过高	(1) 铲除焊瘤； (2) 随时观察熔池变化，调整焊枪角度使熔池不过热
未焊透	(1) 未完全熔透时即添加焊丝； (2) 焊接电流太小； (3) 转动或手动装置转速太快	(1) 观察熔池变化确保熔透； (2) 调整焊枪角度，短弧焊接； (3) 选择合适的转动速度

3.5.3.6 评分标准

评分标准见表3-25。

表 3-25　评分标准

项目	序号	考核要求	配分	评分标准	检测结果	得分
焊缝外观检测	1	表面无裂纹	8	有裂纹不得分		
	2	无烧穿	8	有烧穿不得分		
	3	无焊瘤	8	每处扣4分		
	4	无气孔	6	每处扣4分		
	5	无咬边	6	深<0.5mm，每10mm扣2分；深>0.5mm，每10mm扣4分		
	6	无未熔合	10	深<0.5mm，每处扣3分		
	7	焊缝起头、接头、收尾无缺陷	8	凡脱节或超高每处扣3分		
	8	通球检验	8	通球检验不合格不得分		
焊缝内部检测	9	焊缝内部无气孔、夹渣、未焊透、裂纹	18	射线探伤后按 JB/T 4730.2—2005 评定： （1）焊缝质量达到Ⅰ级不扣分； （2）焊缝质量达到Ⅱ级扣18分； （3）焊缝质量达到Ⅲ级，此项考试按不及格论		
焊缝外形尺寸	10	焊缝允许宽度（10±2）mm	8	超差1mm，每处扣3分		
	11	焊缝余高0~2mm	6	超差1mm，每处扣3分		
焊后变形错位	12	错边量≤0.5mm	6	超差不得分		
安全文明生产	13	违章从得分中扣除				
总　　分			100	总　得　分		

4 埋 弧 焊

4.1 概述

4.1.1 埋弧焊的原理及特点

4.1.1.1 埋弧焊的焊接过程及原理

埋弧焊是电弧在焊剂层下燃烧进行焊接的方法。这种方法是利用焊丝和焊件之间燃烧的电弧产生热量,熔化焊丝、焊剂和母材而形成焊缝的。焊丝作为填充金属,而焊剂则对焊接区起保护和合金化作用。由于焊接时电弧掩埋在焊剂层下燃烧,电弧光不外露,因此被称为埋弧焊。

埋弧焊的焊接过程如图 4-1 所示。焊接时电源的两极分别接在导电嘴和焊件上,焊丝通过导电嘴与焊件接触,在焊丝周围撒上焊剂,然后接通电源,则电流经过导电嘴、焊丝与焊件构成焊接回路。焊接时,焊机的启动、引弧、送丝、机头(或焊件)移动等过程全由焊机进行机械化控制,焊工只需按动相应的按钮即可完成工作。

当焊丝和焊件之间引燃电弧后,电弧的热量使周围的焊剂熔化形成熔渣,部分焊剂分解、蒸发成气体,气体排开熔渣形成一个气泡,电弧就在这个气泡中燃烧。连续送入电弧的焊丝在电弧高温作用下加热熔化,与熔化的母材混合形成金属熔池。熔池上覆盖着一层熔渣,熔渣外层是未熔化的焊剂,它们一起保护着熔池,使其与周围空气隔离,并使有碍操作的电弧光辐射不能散射出来。电弧向前移动时,电弧吹力将熔池中的液态金属排向后方,则熔池前方的金属就暴露在电弧的强烈辐射下而熔化,形成新的熔池,而电弧后方的熔池金属则冷却凝固成焊缝,熔渣也凝固成焊渣覆盖在焊缝表面。熔渣除了对熔池和焊缝金属起机械保护作用外,焊接过程中还与熔化金属发生冶金反应,从而影响焊缝金属的化学成分。由于熔渣的凝固温度低于液态金属的结晶温度,熔渣总是比液态金属凝固迟一些。这就使混入熔池的熔渣、溶解在液态金属中的气体和冶金反应中产生的气体能够不断地逸出,使焊缝不易产生夹渣和气孔等缺陷。未熔化的焊剂不仅具有隔离空气、屏蔽电弧光的作用,也提高了电弧的热效率。

4.1.1.2 埋弧焊的特点

A 埋弧焊的主要优点

(1)焊接生产率高。这主要是因为埋弧焊是经过导电嘴将焊接电流导入焊丝的,与焊条电弧焊相比,导电的焊丝长度短,其表面又无药皮包覆,不存在药皮成分受热分解的限

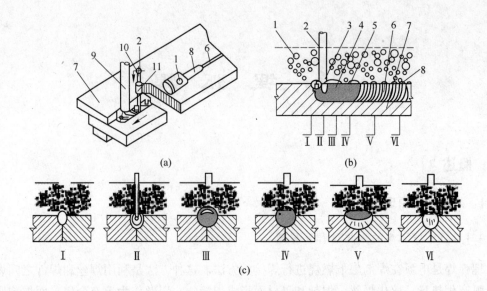

图 4-1　埋弧焊焊接过程

（a）焊接过程；（b）纵向断面；（c）横向断面

1—焊剂；2—焊丝；3—电弧；4—熔池；5—熔渣；6—焊缝；7—工件；8—焊渣；

9—焊剂漏斗；10—送丝滚轮；11—导电嘴

制，所以允许使用比焊条电弧焊大得多的电流，使得埋弧焊的电弧功率、熔透深度及焊丝的熔化速度都相应增大。在特定条件下，可实现 20mm 以下钢板开 I 形坡口一次焊透。另外，由于焊剂和熔渣的隔热作用，电弧基本上没有热的辐射散失，金属飞溅也小，虽然用于熔化焊剂的热量损耗较大，但总的热效率仍然大大增加。因此使埋弧焊的焊接速度大大提高，最高可达 60～150m/h，而焊条电弧焊则不超过 6～8m/h，故埋弧焊与焊条电弧焊相比有更高的生产率。

（2）焊缝质量好。这首先是因为埋弧焊时电弧及熔池均处在焊剂与熔渣的保护之中，保护效果比焊条电弧焊好。从其电弧气氛组成来看，主要成分为 CO 和 H_2 气体，是具有一定还原性的气体，因而可使焊缝金属中的氧含量大大降低。其次，焊剂的存在也使熔池金属凝固速度减缓，液态金属与熔化的焊剂之间有较多的时间进行冶金反应，减少了焊缝中产生气孔、裂纹等缺陷的可能性，焊缝化学成分稳定，表面成形美观，力学性能好。此外，埋弧焊时，焊接参数可通过自动调节保持稳定，焊缝质量对焊工操作技术的依赖程度也可大大降低。

（3）焊接成本较低。这首先是由于埋弧焊使用的焊接电流大，可使焊件获得较大的熔深，故埋弧焊时焊件可开 I 形坡口或开小角度坡口，这样既节约了因加工坡口而消耗掉的焊件金属和加工工时，也减少了焊缝中焊丝的填充量。而且，由于焊接时金属飞溅极少，又没有焊条头的损失，所以也节约了填充金属。此外，埋弧焊的热量集中，热效率高，故在单位长度焊缝上所消耗的电能也大大减少。正是由于上述原因，在使用埋弧焊焊接厚大焊件时，可获得较好的经济效益。

（4）劳动条件好。由于埋弧焊实现了焊接过程的机械化，操作较简便，焊接过程中操作者只是监控焊机，因而大大减轻了焊工的劳动强度。另外，埋弧焊电弧是在焊剂层下燃烧，没有弧光的有害影响，放出的烟尘和有害气体也较少，所以焊工的劳动条件大为改善。

B 埋弧焊的主要缺点

（1）难以在空间位置施焊。这主要是因为采用颗粒状焊剂，而且埋弧焊的熔池也比焊条电弧焊的大得多，为保证焊剂、熔池金属和熔渣不流失，埋弧焊通常只适用于平焊或倾斜度不大的位置焊接。其他位置的埋弧焊须在采用特殊措施保证焊剂能覆盖焊接区时才能进行焊接。

（2）对焊件装配质量要求高。由于电弧埋在焊剂层下，操作人员不能直接观察电弧与坡口的相对位置，当焊件装配质量不好时易焊偏而影响焊接质量。因此，埋弧焊时焊件装配必须保证接口间隙均匀、焊件平整无错边现象。

（3）不适合焊接薄板和短焊缝。这是由于埋弧焊电弧的电场强度较高，焊接电流小于100A时电弧稳定性不好，故不适合焊接太薄的焊件。另外，埋弧焊由于受焊接小车的限制，机动灵活性差，一般只适合焊接长直焊缝或大圆弧焊缝，对于焊接弯曲、不规则的焊缝或短焊缝则比较困难。

4.1.2 埋弧焊工艺参数及选择方法

4.1.2.1 工艺参数

A 焊接电流

当其他条件不变时，焊接电流增加，焊缝熔深和余高都增加，而焊缝宽度几乎保持不变或略有增加。电流是决定熔深的主要因素，增大电流能提高生产率，但在一定的焊速下，焊接电流过大会使热影响区过大，易产生焊瘤及焊件被烧穿等缺陷。若电流过小，则熔深不足，产生熔合不好、未焊透、夹渣等缺陷，并使焊缝成形变坏。

B 焊接电压

其他工艺参数不变时，焊接电压对焊缝成形影响是若电弧电压增大，则焊缝宽度显著增加而焊缝熔深和余高略有减少，所以焊接电压是决定熔宽的主要因素，焊接电压过大时，熔剂溶化量增加，电弧不稳，严重时会产生咬边或气孔等缺陷。

C 焊接速度

其他参数不变，焊接速度增加时，焊缝熔深和焊缝宽度都大为下降。如果焊接速度过快，则会产生咬边、未焊透、电弧偏吹和气孔等缺陷，以及焊缝余高大而窄，成形不好；如焊速过慢，则焊缝余高过高，形成宽而窄的大熔池，焊缝表面粗糙，容易产生满溢、焊瘤或烧穿等缺陷；当焊接速度太慢而且焊接电压又太高时，焊缝截面成"蘑菇形"，容易产生裂纹。

D 焊丝直径与伸出长度

焊接电流不变时，减少焊丝直径，因电流密度增加，熔深增大，焊缝成形系数减少，因此焊丝直径要与焊接电流相匹配，见表4-1。焊丝伸出长度增加时，熔敷速度和熔敷金属增加。

表 4-1　不同直径焊丝的焊接电流范围

焊丝直径/mm	2	3	4	5	6
电流密度/A·mm^{-2}	63～125	50～85	40～63	35～50	28～42
焊接电流/A	200～400	350～600	500～800	500～800	800～1200

E　焊丝倾角

单丝焊时焊件放在水平位置，焊丝与工件垂直。当采用前倾焊时，焊缝成形系数增加，熔深浅，焊缝宽，一般适用于薄板焊接；焊丝后倾时，焊缝成形不良，一般只用于多丝焊的前导焊丝。

F　焊件位置的影响

当进行上坡焊时，熔池液体金属在重力和电弧作用下流向熔池尾部，电弧能深入到熔池底部，使焊缝熔深与余高增加，宽度减小，如上坡角度 $\alpha > 6° \sim 12°$ 时，成形会恶化，因此自动焊时，实际上总是避免采用上坡焊。下坡焊的情况正好相反，但角度 $\alpha > 6° \sim 8°$ 时，会导致未焊透和熔池铁水溢流，使焊缝成形恶化。

4.1.2.2　选择方法

A　焊接工艺参数的选择依据

焊接工艺参数的选择是针对将要投产的焊接结构施工图上标明的具体焊接接头进行的。根据产品图样和相应的技术条件，下列原始条件是已知的：

（1）焊件的形状和尺寸（直径、总长度），接头的钢材种类与板厚。

（2）焊缝的种类（纵缝、环缝）和焊缝的位置（平焊、横焊、上坡焊、下坡焊）。

（3）接头的形式（对接、角接、搭接）和坡口形式（Y 形、X 形、U 形坡口等）。

（4）对接头性能的技术要求，其中包括焊后无损探伤方法，抽查比例以及对接头强度、冲击韧度、弯曲、硬度和其他理化性能的合格标准。

（5）焊接结构（产品）的生产批量和进度要求。

B　焊接工艺参数的选择程序

根据上列已知条件，通过对比分析，首先可选定埋弧焊工艺方法，单丝焊还是多丝焊或其他工艺方法，同时根据焊件的形状和尺寸可选定细丝埋弧焊，还是粗丝埋弧焊。例如小直径圆筒的内外环缝应采用 ϕ2mm 焊丝的细丝埋弧焊；厚板深坡口对接接头纵缝和环缝宜采用 ϕ4mm 焊丝的埋弧焊；船形位置厚板角接接头通常可采用 ϕ5mm、ϕ6mm 焊丝的粗丝埋弧焊。

焊接工艺方法选定后，即可按照钢材、板厚和对接头性能的要求，选择适用的焊剂和焊丝的牌号，对于厚板深坡口或窄间隙埋弧焊接头，应选择既能满足接头性能要求又具有良好工艺性和脱渣性的焊剂。

C　温度的选择

根据所焊钢材的焊接性试验报告，选定预热温度、层间温度、后热温度以及焊后热处理温度和保温时间。由于埋弧焊的电弧热效率较高，焊缝及热影响区的冷却速度较慢，因此对于一般焊接结构，板厚 90mm 以下的接头可不作预热；厚度 50mm 以下的普通低合金钢，如施工现场的环境温度在10℃以上，焊前也不必预热；强度极限600MPa以上的高强度钢或其他低合金钢，板厚20mm以上的接头应预热至100～150℃。后热和焊后热处理通常只用于低合金钢厚板接头。

D　焊接参数的选择

最后根据板厚，坡口形式和尺寸选定焊接参数（焊接电流、电弧电压和焊接速度）并配合其他次要工艺参数。确定这些工艺参数时，必须以相应的焊接工艺试验结果或焊接工艺评定试验结果为依据，并在实际生产中加以修正后确定出符合实际情况的工艺参数。

4.1.3　埋弧自动焊设备的使用与维护

4.1.3.1　功能及分类

A　埋弧焊机的主要功能

一般电弧焊的焊接过程包括有启动引弧、焊接和熄弧停焊3个阶段。焊条电弧焊时，这几个阶段都是由焊工用手工完成的；而埋弧焊时，就要将这3个阶段由机械来自动完成。为此，埋弧焊机应具有以下主要功能：

（1）建立焊接电弧，并向电弧供给电能。

（2）连续不断地向焊接区送进焊丝，并自动保持确定的弧长和焊接工艺参数不变，使电弧稳定燃烧。

（3）使电弧沿接缝移动，并保持确定的行走速度。

（4）在电弧前方不断地向焊接区铺撒焊剂。

（5）控制焊机的引弧、焊接和熄弧停机的操作过程。

B　埋弧焊机的分类

常用的埋弧焊机有等速送丝式和变速送丝式两种类型。按照不同的工作需要，埋弧焊机可做成不同的形式。常见的有焊车式、悬挂式、车床式、悬臂式和门架式等。

4.1.3.2　结构特点

埋弧焊机主要由送丝机构、行走机构、机头调整机构、焊接电源和控制系统等部分组成。

A　送丝机构

送丝机构包括送丝电动机及传动系统、送丝滚轮和矫直滚轮等，有直流电动机拖动和交流电动机拖动两种形式。它应能可靠地送进焊丝并具有较宽的调速范围，以保证电弧稳定。

B　焊车行走机构

焊车行走机构包括行走电动机及传动系统、行走轮及离合器等。行走轮一般采用橡胶绝缘轮，以免焊接电流经车轮而短路。离合器合上时由电动机拖动，脱离时焊接小车可用手推动。

C　焊接电源

埋弧焊机可配用交流或直流弧焊电源。采用直流电源焊接，能更好地控制焊道形状、熔深和焊接速度，也更容易引燃电弧。通常直流电源适用于小电流、快速引弧、短焊缝、高速焊接，以及所采用焊剂的稳弧性较差和对焊接参数稳定性有较高要求的场合。采用直流电源时，不同的极性将产生不同的工艺效果。正接时焊丝的熔敷效率高；反接时焊缝熔深大。采用交流电源时，焊丝熔敷效率及焊缝熔深介于直流正接与反接之间，而且电弧的磁偏吹最小。因而交流电源多用于大电流埋弧焊和采用直流时磁偏吹严重的场合。

埋弧焊电源的额定电流在 500～2000A 之间（一般为 1000A），负载持续率为 100%。常用的交流电源为同体式弧焊变压器；常用的直流电源为硅弧焊整流器、晶闸管弧焊整流器。从发展看，后者的应用将日趋扩大。对于使用细焊丝的小电流埋弧焊，可选用焊条电弧焊电源代替（也可多台并联使用），但所用的焊接电流上限不应超过按 100% 负载持续率折算的数值。

D 控制系统

常用的埋弧焊机控制系统包括送丝拖动控制、行走拖动控制、引弧和熄弧的自动控制等，大型专用焊机还包括横臂升降、收缩、主柱旋转、焊剂回收等控制系统。一般埋弧焊机常用控制箱来安装主要控制电气元件，但也有一部分元件安装在焊接小车上的控制盒和电源箱内。在采用晶闸管等电子控制电路的新型埋弧焊机中已不单设控制箱，控制系统的电气元件就安装在焊接小车上的控制盒和电源箱内。

除上述主要组成部分外，埋弧焊机还有导电嘴、送丝滚轮、焊丝盘、焊剂漏斗及焊剂回收器、电缆滑动支承架、导向滚轮等易损件和辅助装置。

4.1.3.3 维护及故障排除

为保证焊接过程顺利进行，提高生产效率和焊接质量，延长焊机寿命，应正确使用焊机并对焊机进行经常性的维护，使其处于良好的工作状态。

埋弧焊机安装时，要仔细研读使用说明书，严格按照说明书中的要求进行安装接线。要注意外接电网电压应与设备要求的电压一致。外接电缆要有足够的容量和良好的绝缘。连接部分的螺母要拧紧，尤其是地线连接的可靠性很重要，否则可能危及人身安全。通电前，应认真检查接线的正确性；通电后，应仔细观察设备的运行情况，如有无发热、有无声音异常等，并应注意运动部件的转向和测量仪表指示的方向是否正确无误等。若发现异常，应立即停机处理。

电焊机制造厂生产的 MZ-1000 型埋弧焊机，一般是按交流电源接线出厂供货的，若要改用直流电源，需要对焊机略加改装。需要改动的主要有三处：一是直流电源的一极（应注意使用的极性）连接交流接触器的主触点，若触点面积不够时，可用两个触点并联使用；二是将互感器改为分流器；三是将交流电流表和电压表改为直流电流表和电压表。

只有熟悉焊机的结构、工作原理和使用方法，才能正确使用和及时排除各种故障，有效地发挥设备的正常功能。在使用过程中应经常对设备进行清理，严防异物落入电源或焊接小车的运动部件内，并应及时检查连接件是否因运动时的振动而松动。运动部件响声异常、电路引线不正常发热往往就是由于连接件松动而引起的。若设备在露天工作，还要特别注意因下雨受潮而破坏焊机的绝缘等问题。但是任何设备工作一段时间后，发生某些故障总是难免的，因此对焊接设备必须进行经常性的检查和维护。

4.2 板-板对接焊接技能训练

4.2.1 项目1：平敷焊技能训练

4.2.1.1 实训目标

平敷焊技能的训练目标有：
（1）熟练掌握 MZ-630 型埋弧自动焊机的操作技能。
（2）掌握引弧和收弧的要领。
（3）准确选择并能灵活调整焊接工艺参数。

4.2.1.2 实训图样

平敷焊实训图样如图 4-2 所示。
技术要求：
（1）埋弧焊平敷焊训练。
（2）焊接参数自定。
（3）焊缝表面清理干净，并保持原始状态。

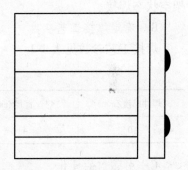

图 4-2　平敷焊实训图样

4.2.1.3 实训须知

A　焊接电缆连接应注意事项

埋弧自动焊焊接前，焊接电缆线与焊件的连接往往容易被忽视，如果连接位置不妥当，可能会形成焊接过程中的附加磁场，造成电磁偏吹。并且焊接电缆与焊件接触不可靠，还会影响焊接工艺参数的稳定性。

在焊接板件长焊缝时，应将焊接电缆分别接到焊件的两端。如果只接一端，应从连接焊接电缆的一端起焊。

用交流焊接时，要注意不要将与导电嘴相接的焊接电缆线绕挂在焊件上，以免影响焊接工艺参数的稳定性。

B　安全与防护

（1）焊工焊接前要穿戴好防护用品，如工作服、防护鞋，检查设备及工具是否有不安全因素。

（2）埋弧焊机必须采取保护接地或接零装置，接线应牢靠，绝缘良好；焊机要在额定值范围内工作，不允许超负荷运行。

（3）焊件在工作台或滚轮架上必须安放平稳。

（4）更换焊丝盘、搬动焊机或焊件时，必须切断电源。

（5）焊接结束应及时切断电源，清理完焊件及场地后才能离开现场。

4.2.1.4 实训准备

A　焊接设备
MZ-630 型埋弧自动焊机。

B　焊剂

焊剂 HJ431，使用前在 250℃下烘干 2h。

C　焊丝

焊丝选用 H08A，直径为 4.0mm。

D　焊件

Q235 钢板，规格为 1000mm × 150mm × 10mm。

E　辅助工具

焊剂回收桶、扫帚、戳子、敲渣锤、气锤等。

4.2.1.5　实训步骤及操作要领

A　画线

用石笔沿 1000mm 长度方向每隔 50mm 画线作为平敷焊焊道基准线，然后将焊件处于架空状态焊接。

B　确定焊接工艺参数

焊接工艺参数见表4-2。

表 4-2　焊接工艺参数

焊件厚度/mm	焊丝直径/mm	焊接电流/A	电弧电压/V	焊接速度/m·h⁻¹
10	4	670 ~ 700	35 ~ 36	35

C　引弧前的操作

（1）检查焊机外部接线是否正确。

（2）调整好轨道位置，将焊接小车放在轨道上面。

（3）将焊丝装夹到固定轴上，再把焊剂放入焊剂漏斗内。

（4）闭合焊接电源的开关和控制线路的电源开关，应仔细观察设备运行情况，确保无误。

（5）调整焊丝位置，按动控制盘上的焊丝向上或向下按钮，使焊丝对准待焊处中心，并与焊件表面轻轻接触。

（6）调整导电嘴至焊件间的距离，使焊丝的伸出长度适中。

（7）将控制盘上的开关旋转到焊接位置上。

（8）按照焊接方向，将焊接小车的换向开关旋转到向前或向后的位置上。

（9）调整焊接工艺参数，通过控制盘上的按钮或旋钮来分别调整电弧电压、焊接速度和焊接电流，在焊接过程中，电弧电压和焊接电流需要相互匹配，以得到工艺规定的焊接工艺参数。

（10）将焊接小车的离合器手柄向上扳，使主动轮与焊接小车相连接。

（11）开启焊剂漏斗阀门，使焊剂堆敷在始焊部位。

（12）准备焊接。

D　引弧

按下控制盘上的启动按钮，焊接电源接通，同时将焊丝向上提起，焊丝与焊件之间产生电弧，随之电弧被拉长，即电弧电压达到给定值时，焊丝开始向下送进，当送丝速度与熔化速度相等后焊接过程稳定。与此同时，焊接小车也开始沿轨道前进，焊接正常进行。

引弧时，如果按下启动按钮后，焊丝上抽不能引燃电弧，而把机头顶起，表明焊丝与焊件接触太紧或接触不良。需要适当剪短焊丝或清理接触表面，再重新引弧。

E 焊接

在焊接过程中，应随时观察控制盘上的电流表和电压表的读数、导电嘴的高低、焊缝成形和焊接方向指针的位置。

如果电流表和电压表的读数变化很小，表明焊接过程稳定。若发现读数变动幅度增大、焊缝成形不良时，可随时调节"电弧电压"旋钮、"焊接电源遥控"按钮、"焊接速度"旋钮。可用机头上的手轮调节导电嘴的高低。

观察焊缝成形时，要等焊缝凝固并冷却后再除去渣壳（否则会影响焊缝的性能），然后观察焊缝表面的成形状况。通过观察焊件背面的红热程度，可了解焊件的熔透状况。若背面出现红亮颜色，则表明熔透良好；若背面颜色较暗，应适当地减小焊接速度或增大焊接电流；若背面颜色白亮，母材加热面积前端呈尖状，则已接近焊穿，应立即减小焊接电流或适当地提高电弧电压。

观察焊接小车的行走状况，随时调整保证焊丝对中。用小车前侧的手轮调节焊丝相对准线的位置。调节时操作者所站位置要与准线对正，以避免偏斜。

适时添加焊剂，适当地调节焊接电流、电弧电压和焊接速度，以确保焊接正常进行。

F 收弧

收弧时分两步按下停止按钮：先按下一半手不松开，使焊丝停止送进，此时靠继续燃烧的电弧填满弧坑；再将停止按钮按到底，此时焊接小车将自动停止并切断焊接电源。

收弧时，如果将停止按钮直接按到底（未按上述的两步操作），焊丝送进与焊接电源同时切断，就会由于送丝电动机的惯性继续下送一段焊丝，致使焊丝插入待凝固的熔池中，发生焊丝与焊件的黏结现象；若导电嘴较低或电弧电压较高，突然断电，电弧可能返烧到导电嘴，甚至将焊丝与导电嘴熔化在一起。

接着关闭焊剂漏斗的阀门，扳下离合器手柄，将焊接小车推开，放到适当的位置；回收焊剂，清除渣壳，检查焊接质量。

焊后，切断一切电源，清理现场，整理好焊接设备，确认无火种后才能离开工作现场。

4.2.1.6 注意事项

（1）焊接前，应首先掌握正确使用并调节焊接设备。

（2）合理地选择和调节焊接电流、电压、焊接速度。

（3）引弧时，应时刻注意电弧是否引燃，以免顶起机头。

（4）焊接过程中，应时刻注意焊剂的覆盖情况，以免影响焊缝质量。

（5）安全文明生产。

4.2.2　项目2：板厚为6mm的Q235钢带垫板的I形坡口对接技能训练

4.2.2.1　实训目标

板厚为6mm的Q235钢带垫板的I形坡口对接技能训练目标有：
（1）掌握带垫板的I形坡口对接埋弧焊焊前清理、焊件、垫板的装配技能。
（2）掌握带垫板的I形坡口对接埋弧焊的焊接技能。

4.2.2.2　实训图样

带垫板的I形坡口对接平焊位置实训图样如图4-3所示。

技术要求：

（1）I形坡口对接平焊。

（2）焊接参数自定。

（3）焊缝表面清理干净，并保持原始状态。

4.2.2.3　实训须知

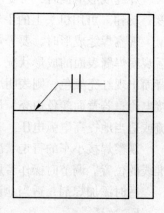

单面焊双面一次成形是仅在焊件的一面施焊，完成整条焊缝双面一次成形的一种焊接技术，其特点是使用较大的焊接电流将焊件一次熔透。由于焊接熔池较大，只有采用强制成形的衬垫，使熔池在衬垫上冷却凝固。与双面埋弧焊相比，可免除焊件翻转带来的问题，并减少了焊缝清根所造成的焊接材料的消耗，大大提高生产率，减轻劳动强度，降低生产成本。此技术适用于压力容器、大型球罐、造船和大型金属结构等的制造。

图4-3　带垫板的I形坡口
对接平焊位置实训图样

对接接头埋弧焊时，一般厚度在14mm以内的板材可不开坡口双面焊，也可不开坡口单面焊。厚度14mm以下的工件，如果不开坡口，只要选择合适的焊接电流，选择0～1mm的间隙，便可保证单面焊一次焊透。

对接接头单面焊可以采取以下几种方法实现：工艺垫板法、焊剂垫法、移动滑块法。

4.2.2.4　实训准备

A　焊接设备

MZ-630型埋弧自动焊机，WSE250手弧焊机一台。

B　焊剂

焊剂HJ431，使用前在250℃下烘干2h。

C　焊丝、定位焊条

焊丝选用H08A，直径为4.0mm，定位焊用焊条为E4303，直径为4mm。

D　焊件

Q235钢板，规格为500mm×150mm×6mm，每组2块；100mm×100mm×6mm引弧板、引出板各一块。

E　辅助工具

焊剂回收桶、扫帚、戳子、敲渣锤、气锤等。

4.2.2.5　实训步骤及操作要点

A　焊件装配与定位焊

a　矫平

采用相应的辅助工具将试板矫平。

b　清理坡口

清除对接面及焊接部位两侧 30mm 范围内的表面锈蚀、油污、氧化皮及水分。

B　装配与定位焊

装配与定位焊示意图如图 4-4 所示，装配间隙为 0~1mm，反变形量为 3°。在焊件两端焊引弧板及引出板。在焊件背面装焊垫板，要求垫板与焊件贴紧，并用定位焊缝固定好。定位焊缝的长度为 20mm，间距 50mm 左右，且两边要对称。

焊件装配必须保证间隙均匀、高低平整。

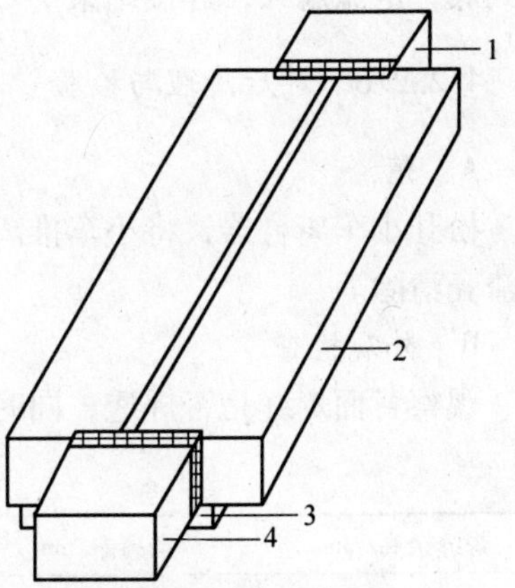

C　确定焊接工艺参数

I 形坡口对接平焊，单层焊道一次焊完，焊接参数见表 4-3。

图 4-4　装配要求

1—引弧板；2—试板；3—垫板；4—引出板

表 4-3　焊接参数

焊件厚度/mm	焊丝直径/mm	间隙/mm	焊接电流/A	电弧电压/V	焊接速度/m·h⁻¹
6	4	0~1	600~700	35~36	35

D　焊接

将焊件放置于水平位置，然后用单层单道一次完成焊接。

a　试焊

先在废钢板上按表 4-3 的规定调试好焊接参数。

b　焊件与焊机安装

使焊件间隙与焊接小车轨道平行。调整焊丝位置，使焊丝前端对准焊件间隙，但不接触焊件，然后往返拉动焊接小车几次，进行调整，保证焊丝始终处于整条焊缝的中心线上。

c　引弧

将焊接小车推至引弧板端，锁住焊接小车离合器，按动送丝开关，使焊丝与焊件可靠接触，打开焊剂漏斗阀门送给焊剂，待焊剂将焊丝伸出部分完全覆盖后，按启动按钮引弧。

d　焊接

从引弧到进入正常焊接后，应注意观察焊剂的覆盖情况，且在焊接过程中不宜太厚，否则会影响熔池中气体的排出，也不宜过薄而露出弧光，必须覆盖均匀。焊接过程中要注意观察，并随时调整焊接工艺参数。

　　e　收弧

当熔池全部达到引出板后，开始收弧。先关焊剂漏斗。然后按下一半停止按钮，焊丝停送焊接，小车停止前进，电弧仍然继续燃烧，以使焊丝继续熔化填满弧坑，并以按下停止按钮这一半的时间长短来控制弧坑填满程度。紧接着按下停止按钮的后一半，这次一直按到底，电弧熄灭，焊接结束。

4.2.2.6　焊后清理与检验

　　A　清渣

松开小车离合器，将小车推离焊件后，将焊剂及渣壳清理干净回收焊剂，将焊件表面的渣壳清除。

　　B　外观检查

观察背面焊缝是否焊透，同时可按表 4-4 所示进行正面焊缝尺寸的检测。

表 4-4　焊缝表面质量检验

焊缝余高/mm	余高差/mm	焊缝宽度/mm	宽度差/mm	焊缝直线度/mm
0 ~ 3	≤2	3 ~ 4	≤2	≤2

　　C　射线探伤检查

射线探伤应符合 GB/T 3323—2005 金属熔化焊焊接接头射线照相规定的 Ⅱ 级以上。

4.2.3　项目3：板厚为 14mm 的 Q235 钢带焊剂垫的 I 形坡口对接焊技能训练

4.2.3.1　实训目标

板厚为 14mm 的 Q235 钢带焊剂垫的 I 形坡口对接焊的训练目标有：

（1）熟练掌握埋弧自动焊机的操作。

（2）熟悉埋弧焊的坡口加工和焊件装配工艺。

（3）掌握埋弧焊对接平焊操作技术。

4.2.3.2　实训图样

中厚板的板-板对接平焊位置双面焊实训图样如图 4-5 所示。

技术要求：

（1）I 形坡口平位双面埋弧焊。

（2）焊接参数自定。

（3）焊缝表面清理干净，并保持原始状态。

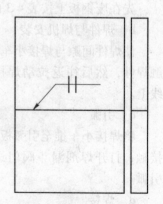

图 4-5　中厚板对接平焊位置双面焊实训图样

4.2.3.3　实训须知

　　A　平板双面焊

平板双面焊是埋弧焊对接接头最主要的焊接技术，适用于中厚板的焊接。这种方法需由焊件的两面分别施焊，焊完一面后翻转焊件再焊另一面。由于焊接过程全部在平焊位置完成，因而焊缝成形和焊接质量较易控制，焊接参数的波动小，对焊件装配质量的要求不是太高，一般都能获得满意的焊接质量。在焊接双面埋弧焊第一面时，既要保证一定的熔深，又要防止熔化金属的流溢或烧穿焊件。所以，焊接时必须采取一些必要的工艺措施，以保证焊接过程顺利进行。

B　平板双面焊操作方式

按采取的不同措施，可将双面埋弧焊分为 4 种。

a　不留间隙双面焊

这种焊接法就是在焊第一面时焊件背面不加任何衬垫或辅助装置，因此也叫悬空焊接法。

b　焊剂垫法

焊剂垫法适用于厚度在 14mm 以上的较厚结构钢的焊接，焊接方法有预留间隙双面埋弧自动焊；另一种焊接方法是开坡口双面埋弧自动焊。

c　工艺垫板法

正面施焊时，背面用长 30～50mm、厚 3～4mm 的薄钢带、石棉绳或石棉板作为工艺衬板，反面焊时除去衬板。

d　手弧焊封底法

对于不便翻转的工件，可先用手弧焊仰焊封底，正面再用埋弧焊焊接。

4.2.3.4　实训准备

A　焊接设备

MZ-630 型埋弧自动焊机，WSE250 手弧焊机一台。

B　焊剂

焊剂 HJ431，使用前在 250℃ 下烘干 2h。

C　焊丝、定位焊条

焊丝选用 H08A，直径为 4.0mm，定位焊用焊条为 E4303，直径为 4mm。

D　焊件

Q235 钢板，规格为 500mm × 150mm × 14mm，每组 2 块；100mm × 100mm × 14mm 引弧板、引出板各一块。

E　辅助工具

焊剂回收桶、扫帚、戳子、敲渣锤、气锤等。

4.2.3.5　实训步骤及操作要领

A　焊件装配与定位焊

将焊件待焊处两侧 20mm 范围内的铁锈、污物清理干净后，平放在组对平台上，接头形式如图 4-6 所示，错边量不大于 1.4mm，反变形量为 3°，引出板和引弧板分别在焊件的两端进行定位焊。

B　确定焊接工艺参数

两层二道双面焊，先焊背面焊缝并达到一定的熔深后，再焊正面焊缝，操作方法同埋

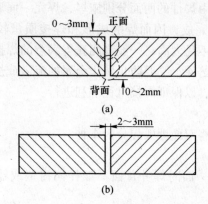

图 4-6　I 形坡口对接接头形式

(a) 焊缝形式及尺寸；(b) 坡口与间隙

弧自动焊平敷焊，焊接工艺参数选择见表 4-5。

表 4-5　焊接工艺参数

焊　缝	焊丝直径/mm	焊接电流/A	电弧电压/V	焊接速度/m·h^{-1}
背　面	5	700 ~ 740	32 ~ 34	30
正　面	5	800 ~ 840	32 ~ 34	30

C　焊接

将装配好的焊件置于焊剂垫上，如图 4-7 所示。焊剂垫的作用是避免焊接过程中液态金属和熔渣从接口处流失。简便易行的焊剂垫是在接口下面安放一根适当规格的槽钢，并撒满符合工艺要求的焊剂，将焊剂在纵向堆成直线形的尖顶。焊件安放时，接口要对准焊剂垫的尖顶线，并锤击钢板使焊剂垫实。然后用木楔垫在焊件两侧，将焊件找平。

a　焊接背面焊缝

将焊接小车摆放好，调整焊丝位置，使焊丝对准根部间隙，往返拉动小车几次，保证焊丝在整条焊缝上均能对中，且不与焊件接触。

引弧前将小车拉到引弧板上，调整好小车行走方向开关，锁定行走离合器后，按动送丝、退丝按钮，使焊丝端部与引弧板轻轻地可靠接触。最后将焊剂漏斗阀门打开，让焊剂覆盖焊接处。

引弧后，迅速调整相应的旋钮，直至相关的工艺参数符合要求，电压、电流表数值变化减小，焊接稳定为止。

整个焊接过程中，均要注意电压表、电流表的读数和焊接状况，以及焊剂是否足够，机头上的电缆是否妨碍小车运行，小车运行速度是否均匀，焊接过程的声音是否正

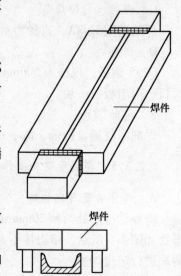

图 4-7　焊剂垫焊法示意图

常等，根据具体情况作出适当的调整，以满足正常的工作要求。

当焊接熔池离开焊件位于引出板上时，应马上收弧，收弧操作方法与平敷焊所述的方法相同。待焊缝金属及熔渣冷却凝固后，敲掉背面焊缝的熔渣，并检查焊缝外观质量。要求背面焊缝的熔深应达到焊件厚度的40%~50%，实际焊接过程中这个厚度无法直接测量，而是通过观察熔池背面母材受热所呈现出来的颜色来间接判断。当熔池背面在红色到黄色范围内（焊件越薄颜色应越浅），就表明已达到熔透深度。如果熔透不够，则需加大间隙，增大焊接电流或减小焊接速度。

b 焊接正面焊缝

背面焊缝经外观检查后，将焊件正面朝上（不必用焊剂垫，因背面焊缝可托住熔池）可悬空放置，如图4-8所示。焊接步骤与背面焊缝焊接完全相同。只是要保证正面焊缝熔深达到板厚的60%~70%，以防止未焊透和夹渣缺陷。一般通过加大焊接电流或减小焊接速度来实现，焊接正面焊缝时所用的焊接电流较大就是这个原因。

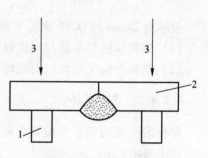

图4-8 悬空焊接示意图
1—支承垫；2—焊件；3—压紧力

通常焊接正面焊缝时也可以不换位置，仍在焊剂垫上焊接，但是，由于不便于观察焊件背面受热时颜色的变化，正面焊缝的熔深主要靠工艺参数来保证，而这些工艺参数必须在焊接前试焊确定，才能正式焊接焊件。

4.2.3.6 焊后清理与检验

A 清理

将焊剂及渣壳清理干净，将焊件正、反面的熔渣去除。

B 焊缝外观检查

焊件焊妥后，需先进行外观检查，合格后再进行其他项目的检查。外观检查是用眼睛或放大镜（不大于5倍）检查焊缝的缺陷性质和数量，并用测量工具测定缺陷位置和尺寸，焊缝的余高和宽度的最大值和最小值可用焊接检测器测量，但不取平均值。

焊缝经外观检查，应符合下列要求：

（1）焊缝表面应是原始状态，没有加工或返修的痕迹。

（2）焊缝外形尺寸应符合规定（表4-6）。

表4-6 焊缝外形尺寸规定

焊 缝	错边量	变形量/(°)	直线度/mm	余高/mm	余高差/mm
背 面	≤10%板厚	≤3	≤2	0~3	≤1
正 面	≤10%板厚	≤3	≤2	0~3	≤1

（3）焊缝正面、背面不得有裂纹、气孔、夹渣、未熔合、未焊透、咬边、凹坑、焊瘤和烧穿等缺陷。

C　无损探伤检验

按国家标准 GB/T 3323—2005，采用 X 射线探伤，Ⅱ级片为合格，焊缝 100% 探伤。

D　力学性能试验

弯曲试验方法可采用 GB/T 2653—2008 标准，合格标准应执行《中国锅炉压力容器焊工考试规则》标准。

4.2.4　项目4：板厚为 25mm 的 Q235 钢板 V 形坡口双面焊对接技能训练

4.2.4.1　实训目标

板厚为 25mm 的 Q235 钢板 V 形坡口双面焊对接技能的训练目标有：

（1）掌握厚板 V 形坡口对接埋弧焊焊件、引弧板、引出板的装配技能。

（2）掌握厚板 V 形坡口对接埋弧焊的多层多道焊的操作技能。

4.2.4.2　实训图样

厚板的板-板对接平焊位置双面焊实训图样如图 4-9 所示。

技术要求：

（1）采用埋弧焊进行焊接。

（2）V 形坡口平焊双面焊。

（3）焊接参数自定。

（4）焊接材质 Q345(16Mn)。

（5）焊缝表面清理干净，并保持原始状态。

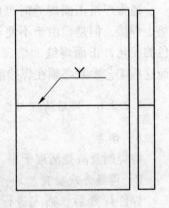

4.2.4.3　实训须知

焊接性及焊接特点分析：Q345(16Mn) 属于低合金高强度结构钢，含碳量较低，具有良好的焊接性。这种钢比相同含碳量的碳素结构钢强度要高，塑、韧性也好，但热影响区淬硬倾向相对稍大，所以在板材厚度大、接头拘束度高或环境温度低的情况下焊接时，需要采用严格的工艺措施防止冷裂

图 4-9　厚板的板-板对接平焊位置双面焊实训图样

纹的产生，如严格控制线能量、预热和焊后热处理等。在本实训中，由于接头拘束度较低，因此焊接时只要采用合适的焊接参数，控制焊接线能量，是能够避免焊接缺陷产生的。

4.2.4.4　实训准备

A　焊接设备

MZ-630 型埋弧自动焊机，WSE250 手弧焊机一台。

B　焊剂

焊剂 HJ431，使用前在 250℃ 下烘干 2h。

C　焊丝、定位焊条

焊丝选用 H08A，直径为 4.0mm，定位焊用焊条为 E4303，直径为 4mm。

D 焊件

16Mn 钢板，规格为 500mm × 150mm × 20mm，每组 2 块，坡口角度为 30°；100mm × 100mm × 20mm 引弧板、引出板各一块。

E 辅助工具

焊剂回收桶、扫帚、戳子、敲渣锤、气锤等。

4.2.4.5 实训步骤及操作要领

A 焊件装配

a 焊件清理

装配前先将焊件坡口面及坡口正、反两表面 20mm 范围内的水分、油、锈等清理干净，直至呈现金属光泽。

b 焊件装配

装配间隙为 2 ~ 3mm；焊件错边量应不大于 1.5mm；反变形量为 5° ~ 6°。图 4-10 所示为焊件装配后坡口的尺寸示意图。

在焊件两端分别安装引弧板、熄弧板及立板。用焊条电弧焊方法作装配定位焊，焊接电流推荐采用 180 ~ 210A。装配定位焊如图 4-11 所示。

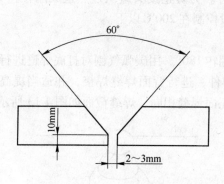

图 4-10 坡口尺寸示意图

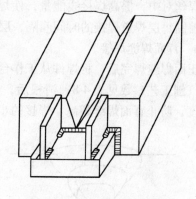

图 4-11 装配定位焊示意图

B 焊接工艺参数选择

焊接工艺参数见表 4-7。

表 4-7 焊接工艺参数

焊 缝	焊丝直径/mm	间隙/mm	焊接电流/A	电弧电压/V	焊接速度/m·h⁻¹
背面	5	0 ~ 2	600 ~ 700	35 ~ 38	30
正面			500 ~ 600	32 ~ 34	30

C 焊接

采用多层多道双面焊，保证焊透。先焊正面 V 形坡口焊缝，后焊背面焊缝，背面焊缝焊前需要清根。

a 正面焊缝焊接

正面 V 形坡口焊接时，要求在焊剂垫上进行，并采用多层多道焊。头两层焊缝由于坡口宽度较小，可以只焊一条焊道。在调试好预设的焊接工艺参数后，即可进行焊接，操作步骤如下：

(1) 安放焊件；

(2) 焊丝对中检查；

(3) 引弧；

(4) 焊接；

(5) 熄弧；

(6) 清渣。

每层焊道焊完后，必须仔细清除渣壳。焊道要求光滑、平整或略微下凹，焊缝与母材过渡圆滑、熔合良好，不允许有咬边、夹渣或未焊透等现象。

为了防止焊缝未填满或咬边的出现，当焊缝坡口宽度较大时，根据实际情况可适当增加每层焊缝焊道的数量，并以填满焊缝、不产生咬边或夹渣等缺陷为准。此时，焊丝位置需要作相应的调整，焊丝与同侧坡口边缘的距离约等于焊丝直径，要保证每侧的焊道与坡口面成稍凹的圆滑过渡，使熔合良好，便于清渣。盖面焊时，为提高焊缝表面质量，一般先焊坡口边缘的焊道，后焊中间的焊道，焊后焊道余高要求 0～4mm。焊道的截面形状如图 4-12 所示。焊接过程中应注意层与层间焊道的熔合情况，如果发现熔合不好，应及时调整焊丝对中，提高焊接线能量，使焊道充分熔合。为防止接头组织过热造成晶粒粗大，必须控制每层焊道焊接的时间间隔，层间温度一般控制在 200℃ 以下。

b 背面焊缝焊接

正面焊缝焊完后，将焊件从工作台上取下，翻转 180°。用碳弧气刨对打底焊道进行清根，气刨工艺参数见表 4-8。清根后，重新安放焊件，进行背面焊缝焊接，并适当提高焊接速度，防止背面焊缝超高。焊接的步骤基本与正面焊缝相同，焊缝截面如图 4-13 所示。

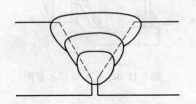

图 4-12 正面焊缝截面示意图

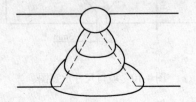

图 4-13 背面焊缝截面示意图

表 4-8 碳弧气刨工艺参数

碳棒直径/mm	电流/A	刨槽宽度/mm	伸出长度/mm	刨削倾角/(°)	电源极性
8	300～400	10	80～100	35	反接

4.2.4.6 焊后清理及检验

A 清理

将焊剂及渣壳清理干净。

B 外观检查

按表 4-9 进行焊缝尺寸的检验。

表 4-9 焊缝尺寸要求

焊 缝	错边量	变形量/(°)	直线度/mm	余高/mm	余高差/mm
背 面	≤10% 板厚	≤3	≤2	0 ~ 3	≤1
正 面	≤10% 板厚	≤3	≤2	0 ~ 3	≤1

C 无损探伤检验

按国家标准 GB/T 3323—2005，采用 X 射线探伤，Ⅱ级片为合格，焊缝 100% 探伤。

D 力学性能试验

弯曲试验方法可采用国家标准 GB/T 2653—2008，合格标准应执行《中国锅炉压力容器焊工考试规则》标准。

4.2.5 项目 5：角焊缝焊接技能训练

4.2.5.1 实训目标

角焊缝焊接技能的训练目标有：

（1）熟练掌握角焊缝船形焊的操作技能。

（2）熟练掌握角焊缝横角焊的操作技能。

4.2.5.2 实训图样

角焊缝实训图样如图 4-14 所示。

技术要求：

（1）埋弧焊船形焊、横角焊。

（2）横角焊焊脚尺寸为 8mm。

4.2.5.3 实训须知

角焊缝主要出现在 T 形接头和搭接接头中，按其焊接位置可分为船形焊和横角焊两种。

A 船形焊

焊的焊接形式如图 4-15 所示。焊接时，由于焊丝处在垂直位置，熔池处在水平位置，

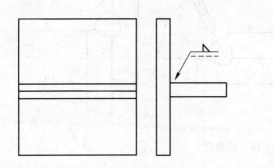

图 4-14 角焊缝实训图样

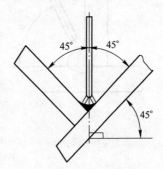

图 4-15 船形焊

熔深对称，焊缝成形好，能保证焊接质量，但易得到凹形焊缝，对于重要的焊接结构，如锅炉钢架，要求此焊缝的计算厚度应不小于焊缝厚度的60%，否则必须补焊。当焊件装配间隙超过1.5mm时，容易发生熔池金属流失和烧穿等现象。因此，对装配质量要求较严格。当装配间隙大于1.5mm时，可在焊缝背面用焊条电弧焊封底，用石棉垫或焊剂垫等来防止熔池金属的流失。在确定焊接参数时，电弧电压不能太高，以免焊件两边产生咬边。

船形焊的焊接工艺参数见表4-10。

表4-10　船形焊的焊接工艺参数

焊脚/mm	焊丝直径/mm	焊接电流/A	电弧电压/V	焊接速度/m·h⁻¹
4	3	350~400		
6	3	400~450		
	4	500~550	35~45	25~35
8	3	600~650		
	4	670~700		

B　横角焊

横角焊的焊接形式如图4-16所示。由于焊件太大，不易翻转或其他原因不能在船形焊位置上进行焊接，才采用横角焊，即焊丝倾斜。横角焊的优点是对焊件装配间隙敏感性较小，即使间隙较大，一般也不会产生金属溢流等现象。其缺点是单道焊缝的焊脚最大不能超过8mm。当焊脚要求大于8mm时，必须采用多道焊或多层多道焊。角焊缝的成形与焊丝和焊件的相对位置关系很大，当焊丝位置不当时，易产生咬边、焊偏或未熔合等现象。因此，焊丝位置要严格控制，一般焊丝与水平板的夹角 α 应保持在45°~75°，通常为60°~70°，并选择距竖直面适当的距离。电弧电压不宜太高，这样可使焊剂的熔化量减少，防止熔渣溢流。使用细焊丝能保证电弧稳定，并可以减小熔池的体积，以防止熔池金属溢流。

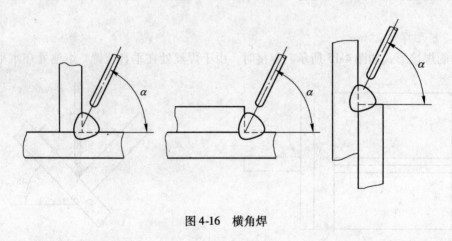

图4-16　横角焊

横角焊的焊接工艺参数见表4-11。

表 4-11 横角焊的焊接工艺参数

焊脚/mm	焊丝直径/mm	焊接电流/A	电弧电压/V	焊接速度/m·h⁻¹
4	3	350~370	28~30	
6	3	450~470		40~60
	4	480~500		
8	3	500~530	30~32	
	4	670~700	32~34	

4.2.5.4 实训准备

A 焊接设备

MZ-630 型埋弧自动焊机，WSE250 手弧焊机一台。

B 焊剂

焊剂 HJ431，使用前在 250℃下烘干 2h。

C 焊丝、定位焊条

焊丝选用 H08A，直径为 4.0mm，定位焊用焊条为 E4303，直径为 4mm。

D 焊件

16Mn 钢板，规格为 500mm × 150mm × 15mm、500mm × 80mm × 15mm，各一块；100mm × 100mm × 15mm 引弧板、引出板各一块。

E 辅助工具

焊剂回收桶、扫帚、戳子、敲渣锤、气锤等。

4.2.5.5 实训步骤及操作要领

A 装配与定位焊

装配间隙为 1.5~2.0mm，反变形量为 3°~4°。焊件两端装引出板、引弧板，装配定位焊。定位焊焊条采用 E4315，直径为 4.0mm，使用前按规定烘干，焊接电流 180~210A。

B 确定焊接参数

焊接工艺参数见表 4-12。

表 4-12 焊接工艺参数

焊接方法	焊脚尺寸/mm	焊丝直径/mm	焊接电流/A	电弧电压/V	焊接速度/m·h⁻¹
船形焊	8	3	500~600	34~36	50
		4	550~650		
横角焊	7	3	500	30~35	80
		4	600		

C 焊接

a 船形角焊缝操作要点

（1）船形焊相当于 90°V 形坡口内对接焊，由于焊件厚度相同，所以只需将焊丝对中，则熔合区将始终位于两水平位置，易获得理想的焊缝质量，如图 4-17 所示。

（2）对装配质量要严格掌握，焊缝间隙不得超过 1.5mm。

（3）在确定焊接参数时，焊接电压不能过大，以免产生咬边。

b　横角焊操作要点

（1）横角焊是焊件不易翻转，或由于其他原因不能在船形位置焊接时才采用焊丝倾斜的横角焊，如图 4-18 所示。

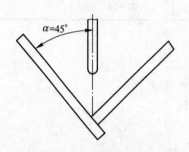

图 4-17　角焊缝船形焊法示意图

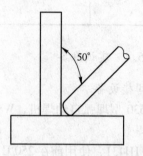

图 4-18　角焊缝横角焊法示意图

（2）横角焊对装配间隙的敏感性小。

（3）焊丝与竖直面的夹角在 50°左右。

（4）应采用较细的焊丝，以便减小熔池体积，防止熔池金属流失。

4.2.5.6　焊缝质量检验

A　外观检查

焊缝外表面应整齐、均匀、无焊瘤、气孔及表面裂纹，咬边深度不大于 0.8mm，咬边长度不超过 50mm。

B　磁粉探伤

角焊缝均作 100% 磁粉探伤检查，不允许裂纹存在。不允许存在的缺陷允许修复补焊，补焊前应对补焊处局部预热 100 ~ 150℃。

5 等离子弧焊接与切割

5.1 概述

5.1.1 等离子弧焊接介绍

5.1.1.1 等离子弧焊接的原理及特点

等离子弧焊接是指借助水冷喷嘴对电弧的约束作用，获得较高能量密度的等离子弧进行焊接的方法。它是利用特殊构造的等离子弧焊枪所产生的高达几万摄氏度的高温等离子弧，有效地熔化焊件而实现焊接的过程，如图5-1所示。

等离子弧焊与钨极氩弧焊相比，能量集中，温度高，一次焊透厚度可达12mm，并且可以焊接电弧焊所不能焊接的金属材料，甚至解决氩弧焊所不能解决的极薄（0.01mm）金属的焊接问题，焊接质量和焊接速度均优于钨极氩弧焊，生产率高。但其设备系统较复杂，费用较高。

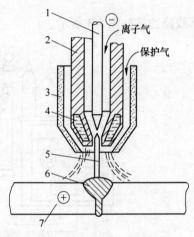

图5-1 等离子弧的形成
1—钨极；2—压缩喷嘴；3—保护罩；4—冷却水；
5—等离子弧；6—焊缝；7—工件

5.1.1.2 等离子弧焊接类型

等离子弧焊接分三种类型，即小孔型等离子弧焊、熔透型等离子弧焊和微束等离子弧焊。

A 小孔型等离子弧焊

小孔型等离子弧焊又称穿孔、锁孔或穿透焊，焊缝成形原理如图5-2所示。适用于焊接厚度为2～8mm的合金钢板材，可以不开坡口和背面不用衬垫进行单面焊双面成形。

B 熔透型等离子弧焊

熔透型等离子弧焊主要用于薄板单面焊双面成形及厚板的多层焊。

C 微束等离子弧焊

微束等离子弧焊一般用来焊接细丝和箔材。

5.1.1.3 等离子弧焊机

等离子弧焊机按焊接电流的大小可分为大电流等离子弧焊机，如LHJ8-160型、LH3-63型、LH3-100型等；以及微束等离子弧焊机，如LH-6型、LH-20型、LH-30型等。

手工等离子弧焊机由焊接电源、焊枪、气路和水路系统、控制系统等部分组成，其外

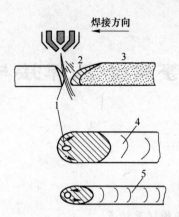

图 5-2　小孔型等离子弧焊焊缝成形原理

1—小孔；2—熔池；3—焊缝；4—焊缝正面；5—焊缝背面

部线路连接如图 5-3 所示。

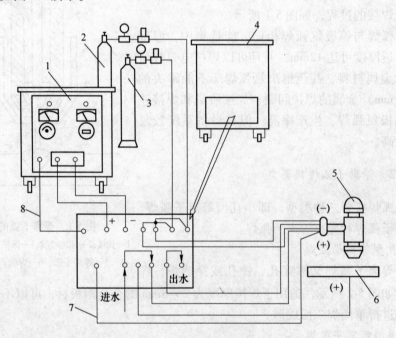

图 5-3　等离子弧焊机及外部线路连接示意图

1—电源；2—离子气瓶；3—保护气瓶；4—控制箱；5—焊枪；
6—焊件；7—控制线；8—电缆

A　焊接电源

具有下降或陡降特性的电源均可供等离子弧焊使用，只采用直流电源，并采用正极性接法。

常用的 LH-30 型微束等离子弧焊机，空载电压为 135V。额定焊接电流为 30A，维弧电流为 2A，可焊接焊件厚度为 0.1 ~ 1mm。

B　焊枪

等离子弧焊时，产生等离子弧并用来进行焊接的重要装置，也称为等离子弧发生器。

a　对焊枪的基本要求

（1）能有效固定喷嘴与钨极的位置，对中要好并能调节。

（2）能对钨极和喷嘴进行有效的冷却。

（3）喷嘴与钨极之间要可靠绝缘，能有效导入离子气流和保护气流。

（4）喷嘴容易更换，使用轻巧，便于操作和观察。

b　焊枪结构

焊枪主要由上枪体、下枪体和喷嘴三部分构成，如图 5-4 所示。

喷嘴是等离子弧发生器的关键部件，它的作用是导电、产生非转移弧和对电弧起压缩作用，其形状和几何尺寸对等离子电弧的压缩程度和稳定性具有决定性的影响。

喷嘴基本结构如图 5-5 所示，喷嘴结构主要参数见表 5-1。

表 5-1　喷嘴结构主要参数

喷嘴孔径/mm	孔道比 l/d	锥度/(°)	等离子弧类型
0.6 ~ 1.2	2.0 ~ 6.0	25 ~ 45	混合型弧
1.6 ~ 3.5	1.0 ~ 1.2	60 ~ 90	转移型弧

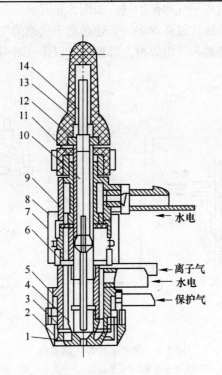

图 5-4　等离子弧焊枪结构

1—喷嘴；2—保护套外环；3，4，6—密封圈；5—下腔体；7—绝缘柱；8—绝缘套；9—上腔体；
10—电极夹头；11—套管；12—螺母；13—胶木套；14—钨极

喷嘴孔径 d 决定着等离子弧机械压缩的程度、等离子弧的稳定性和喷嘴蹬使用寿命。当电流和离子气流确定后 d 越小，则压缩作用越大；但是 d 过小，则会引起双弧现象，会破坏等离子弧的稳定性，甚至烧坏喷嘴。因此，对于给定的 d 值，应有一个合理的电流范围，见表 5-2。

喷嘴孔长度 l 对电弧的压缩也有很大的影响。当喷嘴孔径 d 确定后，随 l 增加对电弧压缩作用加强，l/d 称为孔道比，用以表征喷嘴孔道压缩特征。

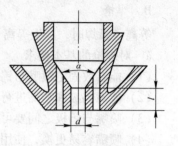

图 5-5　喷嘴的基本结构

表 5-2　喷嘴孔径与许用电流

喷嘴孔径 d/mm	0.6	0.8	1.2	1.4	2.0	2.5	3.2	4.8
许用电流/A	≤5	1~25	20~60	30~70	40~100	100~200	150~300	200~500

锥度 α 又称压缩角，常用的锥角为 60°~75°，最小可用到 25°。

压缩孔道形状有圆柱形、圆锥形、台阶形等扩散型喷嘴。一般情况下采用圆柱形压缩孔道。喷嘴材料采用导热性好的紫铜制造，大功率喷嘴必须采用直接水冷，为保证冷却效果，壁厚一般不大于 2.5mm。

C　气路和水路系统

气路系统应能分别供给离子气和保护气，如图 5-6 所示。

手工等离子弧焊气路系统比氩弧焊多一条输送离子气流的气路。水路系统与钨极氩弧焊相似。冷却水从焊枪下部通入，由焊枪上部流出，以保证对喷嘴和钨极的冷却作用。一般进水压力不小于 0.2MPa。

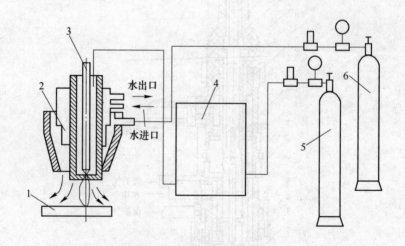

图 5-6　等离子弧焊气路系统
1—焊件；2—焊枪；3—电极；4—控制箱；5—离子气瓶；6—保护气瓶

D　控制系统

控制系统一般包括高频引弧电路、拖动控制电路、延时电路和程序控制电路等部分。

程序控制电路包括提前送保护气、高频引弧和转弧、离子气逆增、延时行走、电流衰减和延时停气等控制环节。

5.1.1.4　等离子弧焊所用材料

A　气体

所采用的气体分为离子气和保护气两种。大电流等离子弧焊时，离子气和保护气用同一种气体，否则会影响等离子的稳定性。小电流等离子弧焊时，离子气一律用氩气；保护气可以用 Ar，也可以用 $Ar(95\%) + H_2(5\%)$ 的混合气体或 $Ar(80\% \sim 95\%) + CO_2(5\% \sim 20\%)$ 混合气体。考虑到保护气体的安全性，后一种混合气体在实际生产中得到了广泛的应用。

B　电极和极性

一般采用铈钨极作为电极。焊接不锈钢、铁及铁合金、镍及镍合金等采用直流正接；焊接铝、镁合金时采用直流反接，并使用水冷铜电极。

为了便于引弧和提高等离子弧的稳定性，一般电极端部磨成60°的尖角。电流小、钨极直径较大时锥角可磨得更小一些。电流大、钨极直径大的可磨成圆台形、圆台尖锥形、球形等，以减少烧损。

由钨极安装位置确定的电极内缩长度 l_g（图5-7），对等离子弧的压缩和稳定性有很大的影响。增大时压缩程度提高，但过大易引起双弧现象。一般选取 $l_g = (l \pm 0.2) \, \text{mm}$；割枪取 $l_g = l \pm (2 \sim 3) \, \text{mm}$（$l$ 为孔道长度）。

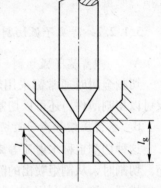

图5-7　钨极的内缩长度

5.1.1.5　等离子弧焊工艺参数

A　离子气流量

离子气流量增加可使等离子流力和穿透力增大，但流量过大不能保证焊缝成形。离子气流量的大小应根据焊接电流、焊接速度及压缩喷嘴尺寸、高度等参数来确定。

B　焊接电流

焊接电流应根据焊件的板厚或熔透要求进行选择，在其他条件给定时，随着焊接电流的增加，等离子弧熔透能力提高。但电流过大，穿透小孔之间的能力过大，会使熔池金属下坠，不能形成稳定的穿孔焊接过程，而且还会产生双弧现象。电流过小，不能形成穿透小孔或小孔直径减小。因此在喷嘴结构确定的条件下，为形成稳定的穿透小孔的焊接过程，电流有一个适当的范围。

C　焊接速度

在其他条件给定时，焊接速度增加，穿透小孔直径减小，甚至消失，还会引起焊缝两侧咬边和出现气孔等缺陷。焊接速度太低又会造成焊件过热，背面焊缝金属下陷、凸出太高或烧穿等缺陷。

D　喷嘴到焊件表面的距离

喷嘴到焊件表面的距离一般为 $3 \sim 8 \text{mm}$。距离过大，会使熔透能力降低；距离过小，则造成飞溅物沾污喷嘴。

E　保护气流量

保护气流量应与离子气流量有一个适当的比例，保护气流量太小则变化效果差，保护气流量太大则会造成气流紊乱，影响等离子弧的稳定和保护效果。小孔型焊接保护气体一般在 15～30L/min 的范围内。

5.1.2　等离子弧气割介绍

5.1.2.1　等离子弧切割的原理及特点

等离子弧切割是利用高温、高速和高能的等离子气流来加热和熔化被切割材料，并借助被压缩的高速气流，将熔化的材料吹除而形成狭窄割口的过程，如图 5-8 所示。等离子弧的温度远远超过金属和非金属的熔点，等离子弧切割过程不是依靠氧化反应，而是靠熔化来切割材料，因而可以切割氧-乙炔焰和普通电弧所不能切割的铝、铜、镍、钛、铸铁、不锈钢和高合金钢等，并能切割任何难熔金属和非金属，且切割速度快，割口狭窄、光洁、质量好。

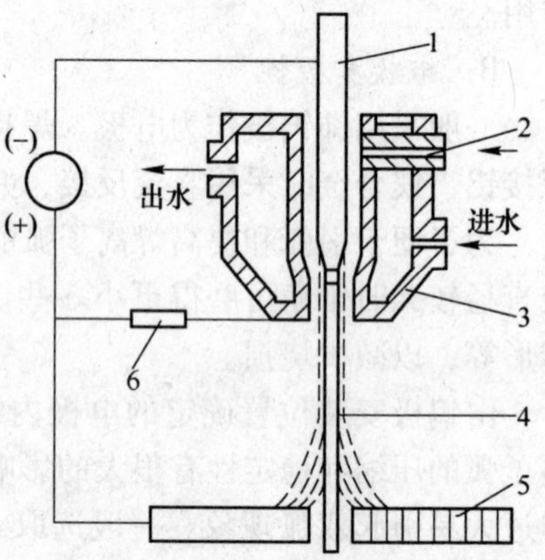

图 5-8　等离子弧切割示意图
1—钨极；2—进气管；3—喷嘴；
4—等离子弧；5—割件；6—电阻

5.1.2.2　等离子弧切割类型

A　一般等离子弧切割

切割金属时通常都采用转移型电弧，该工艺不仅可以切割薄件，还可以切割较厚的钢板。

B　水再压缩等离子弧切割

这种切割也称水射流等离子弧，该方法是在普通的等离子弧外围再用水流进行二次压缩。切割时，从割炬喷出的除等离子气体外，还伴有高速流动的水束，共同迅速将熔化的金属排开，该工艺利用水的特性，不仅可以大大降低切割噪声，而且割口宽度也比一般等离子弧切割的割口窄。

C　空气等离子弧切割

该工艺一般使用压缩空气作为离子气，由于压缩空气成本低，尤其是切割碳钢和低合金钢的切割速度快，热变形小，受到工业部门的重视。

5.1.2.3　等离子弧切割设备

常用的等离子弧切割机有 LG-400-1 型、LG-400-2 型和 LGK-100 型等。

等离子弧切割机包括电源、控制箱、水路系统、气路系统及割炬等。其外部接线如图 5-9 所示。

A　切割电源

电源应具有陡降的外特性曲线，一般要求空载电压为 150～400V，工作电压在 80V 以上。为了保证等离子弧的稳定燃烧，一般采用直流电源。与 LG-400-1 型等离子弧切割机配套的电源是 ZX2-400 型弧焊整流器，其空载电压较高，分 180V 和 300V 两挡，既可进

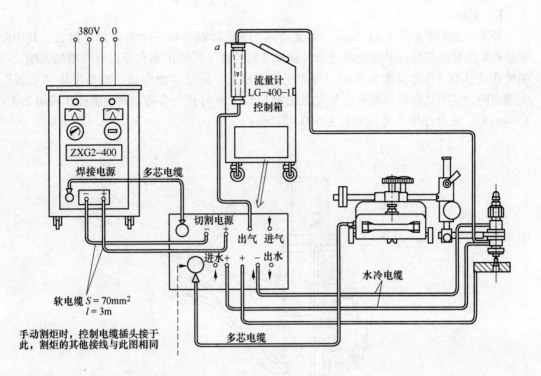

图 5-9　LG-400-1 型等离子弧切割机及外部接线示意图

行手工切割又可进行自动切割。

B　控制箱

控制箱主要包括程序控制接触器、高频振荡器和电磁气阀等。控制箱能完成下列过程的控制：接通电源输入回路—使水压开关动作—接通小气流—接通高频振荡器—引燃小电流弧—接通切割电流回路，同时断开小电流回路和高频电流回路—接通切割气流—进入正常切割过程，当停止切割时，全部控制线路复原。

C　水路系统

由于等离子弧切割的割炬在 10000℃ 以上的温度下高温工作，为保持正常切割必须通水冷却，冷却水流量应大于 2~3L/min，水压为 0.15~0.2MPa 水管设置不宜太长，一般自来水即可满足要求，也可采用循环水。

D　气路系统

气路系统如图 5-10 所示。其作用是防止钨极氧化，压缩电弧和保护喷嘴不被烧毁，一般气体压力应为 0.25~0.35MPa。

气路系统中，在控制箱内的三通管接头用于集中分配气体，通过针形调节阀来调节气体流量，并由流量计来测量输出量。由电磁气阀控制等离子小电流弧转为切割弧时，及时供给必需的气体。

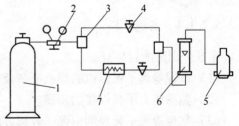

图 5-10　等离子弧切割气路系统示意图

1—气瓶；2—减压器；3—三通管接头；4—针形调节阀；
5—割炬；6—浮子流量计；7—电磁气阀

E　割炬

等离子弧割炬如图 5-11 所示，由上枪体、下枪体和喷嘴三个主要部件组成。其中喷嘴是割炬的核心部分，其结构形式和几何尺寸对等离子弧的压缩和稳定有重要的影响。当喷嘴孔径过小、孔道长度太长时，等离子弧不稳定，甚至不能引弧，容易发生"双弧"。实践证明，喷嘴孔径与压缩孔道长度之比为 1.5～1.8 时较为合适，即喷嘴孔径采用 2.4～4.0mm 时，配合压缩孔道长度约为 4.0～7.5mm。

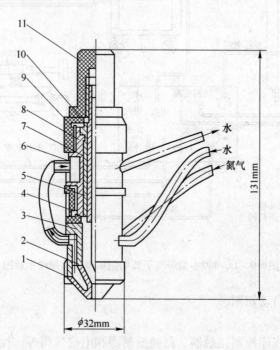

图 5-11　等离子弧割炬示意图

1—螺母；2—喷嘴；3—下枪体；4—绝缘套；5—上枪体；6—套环；7—升降杆；
8—电极尖；9—调节螺母；10—锁紧螺母；11—绝缘帽

5.2　操作技能训练

5.2.1　项目 1：平敷焊训练

5.2.1.1　实训目标

平敷焊训练的目标有：
（1）掌握等离子弧焊机的焊机准备及使用方法。
（2）熟悉等离子弧焊接的步骤。
（3）掌握等离子弧焊的引弧、收弧方法。

5.2.1.2　实训图样

不锈钢等离子弧平敷焊实训图样如图 5-12 所示。

技术要求：

（1）等离子弧平敷焊练习。

（2）画清楚焊缝中心线位置，焊道与焊道之间距离为 20 ~ 30mm。

（3）焊缝起头、接头、收尾无缺陷。

（4）焊缝宽度和余高基本均匀。

5.2.1.3 实训准备

A 焊接设备与工具

LH-30 型等离子弧焊机，氩气瓶，QD-1 型单级式减压器和 LZB 型转子流量计两套，分别用于离子气瓶和保护气瓶的输出设置。

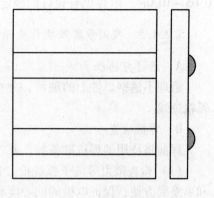

图 5-12 平敷焊实训图样

B 铈钨极

直径为 1.0mm。

C 焊件

不锈钢板，规格为 150mm × 100mm × 1.0mm，若干块。

D 不锈钢焊丝

直径为 1.0mm。

5.2.1.4 实训须知

等离子弧焊接是指借助水冷喷嘴对电弧的约束作用，获得较高能量密度的等离子弧进行焊接的方法。它是利用特殊构造的等离子弧焊枪所产生的高达几万摄氏度的高温等离子弧，有效地熔化焊件而实现焊接的过程。

等离子弧焊接有三种基本方法：小孔型等离子弧焊、熔透型等离子弧焊、微束型等离子弧焊。

A 小孔型等离子弧焊

小孔型焊又称穿孔、锁孔或穿透焊。利用等离子弧能量密度大、电弧挺度好的特点，将焊件的焊接处完全熔透，并产生一个贯穿焊件的小孔。在表面张力的作用下，熔化金属不会从小孔中滴落下去（小孔效应）。随着焊枪的前移，小孔在电弧后锁闭，形成完全熔透的焊缝。

小孔型等离子弧焊采用的焊接电流范围在 100 ~ 300A，适宜于焊接 2 ~ 8mm 厚度的合金钢板材，可以不开坡口和背面、不用衬垫进行单面焊双面成形。

B 熔透型等离子弧焊

当等离子气流量较小、弧柱压缩程度较弱时，等离子弧在焊接过程中只熔透焊件，但不产生小孔效应的熔焊过程称为熔透型等离子弧焊，主要用于薄板单面焊双面成形及厚板的多层焊。

C 微束型等离子弧焊

采用 30A 以下的焊接电流进行熔透型的等离子弧焊，称为微束型等离子弧焊。当焊接电流小于 10A 时，电弧不稳定，所以往往采用联合型弧的形式，即使焊接电流小到

0.05~10A时，电弧仍有较好的稳定性。一般用来焊接细丝和箔材。

5.2.1.5　实训步骤及操作要领

A　清理与画线

清理不锈钢焊件上的油污，并在焊件的纵向预先画出如图5-12所示的多条平敷焊运弧轨迹线。

B　焊机检查

焊前将待用的焊机准备好，并作以下检查：

（1）检查微束等离子弧焊枪。包括焊枪的气、水路要密封并畅通，钨极、喷嘴的调整和更换要方便，保证电极的同心度和内缩量并可调，焊枪的控制按钮应好用，焊枪的手柄绝缘可靠。

（2）检查焊机的电源。包括电源的空载电压、极性，焊接电流能否均匀调节。

（3）检查焊机的控制系统。包括气路（分工作气和保护气）应密封和畅通，流量应能均匀调节，气阀电路控制可靠；水路畅通和密封，有水流开关的设备要检查水流开关的灵敏度。检查高频引弧电路的点火（引弧）可靠性，提前送气和滞后断气的控制可靠性。电流衰减电路是否工作可靠和速度可调，焊接过程程序控制的可靠性等。

（4）焊枪电极最好选用铈钨电极，直径按工艺参数中的电流选择。电流较大时选直径1.2mm的电极。电流较小时选用直径0.8mm的电极。电极端部磨成20°~60°的圆锥角。最好是使用专用的电极磨尖机磨制，这样可以保证度数和不偏心。

（5）调整钨极对中时，为了便于观察，可在焊机电源不接通情况下只打高频火花，从喷嘴观察火花。火花在孔内圆周分布达1/2~2/3时，可认为对中正确。

（6）检查焊机循环水的冷却效果。焊机在额定状态下正常运行，冷却水的出口水温以40~50℃为宜或以手感比体温稍高些即可。焊机不通冷却水不可使用。

C　确定焊接工艺参数

焊接工艺参数见表5-3。

表5-3　焊接工艺参数

焊接电流/A	电弧电压/V	焊接速度/cm·min^{-1}	离子气体 Ar 流量/L·min^{-1}	保护气体 Ar 流量/L·min^{-1}	喷嘴直径/mm
2.6~2.8	25	27.5	0.6	11	1.2

D　引弧

首先打开气路和水路开关，接通焊接电源。手工操纵等离子弧焊枪，与焊件的夹角为75°~85°，按动启动按钮，接通高频振荡装置及电极与喷嘴的电源回路，非转移弧点燃。接着焊枪对准焊件，转移弧建立，主弧电流形成，保持喷嘴与焊件距离3~5mm，即可进行等离子弧的焊接。此时维弧（非转移弧）电路的高频电路自动断开，维弧电流消失。

采用熔透型等离子弧焊接时，可不采用引弧板引弧，而在焊件上直接引弧。但对于小孔型焊接，若焊件厚度较大，需要较大的等离子弧焊接电流，引弧处容易产生气孔和下凹等缺陷，就要考虑在焊件端面安装引弧板（平板焊件）。即先在引弧板上做出小孔，然后再过渡到焊件上去。对管子环缝因无法用引弧板，需要采用焊接电流和离子气流量斜率递增控制法在焊件上引弧。即先预通离子气，然后引燃非转移弧，当引燃转移弧时，加大焊接电流，同时递增离子气，对焊件预热片刻之后，并使焊件转动，待形成"小孔效应"后进入正常焊接。

E 焊接

等离子弧焊接过程焊丝的送丝方法，焊枪、焊丝、焊件之间的相对位置及操作方法均与钨极氩弧焊相似。

F 收弧

采用熔透法焊接时，收弧可在焊件上进行，但离子气流量和焊接电流应有衰减装置，收弧时适当加入一定量的焊丝填满弧坑，避免产生弧坑缺陷。采用小孔型焊接厚板时，应采用引出板使小孔闭合在引出板上；厚壁管子环缝收弧时与引弧时相似，采取焊接电流和离子气流量斜率递减控制法收弧，逐渐闭合小孔。

在不锈钢焊件的纵向，预先划出多条平敷焊道轨迹线，进行熔透型等离子弧平敷焊操作练习，以熟悉等离子弧焊机的操作步骤，掌握等离子弧焊操作方法。

5.2.1.6 评分标准

评分标准见表5-4。

表 5-4 评分标准

项　目	序　号	实训要求	配　分	评分标准	检测结果	得　分
操作实践	1	操作姿势	10	酌情扣分		
	2	焊道起头	10	酌情扣分		
	3	焊道接头	10	酌情扣分		
	4	焊道收尾	10	酌情扣分		
	5	运条方法	15	酌情扣分		
	6	焊缝宽度（10±2）mm	15	1处不合格扣2分		
	7	焊缝余高（3±1）mm	15	1处不合格扣2分		
	8	安全生产	15	酌情扣分		
总　分			100	总得分		

5.2.2 项目2：等离子薄板不锈钢I形坡口对接平焊

5.2.2.1 实训目标

等离子薄板不锈钢I形坡口对接平焊的训练目标有：
(1) 掌握熔透型等离子弧焊机的使用。
(2) 掌握熔透型等离子弧的焊接技能。

5.2.2.2 实训图样

等离子薄板不锈钢I形坡口对接平位焊实训图样如图5-13所示。

技术要求：

（1）Ⅰ形坡口平位单面焊双面成形。

（2）允许将焊件刚性固定。

（3）焊缝表面清理干净，并保持焊缝原始状态。

5.2.2.3　实训须知

对于低碳钢、低合金钢及不锈钢焊件，其厚度在 1.6 ~ 8mm 之间时，可不开坡口，采用小孔型单面焊双面成形。对于厚度较大的焊件，需开坡口采用对接焊。与钨极氩弧焊相比，其应采用较大的钝边和较小的坡口角度。

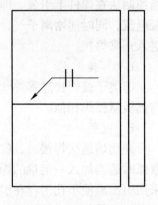

图 5-13　等离子薄板不锈钢
Ⅰ形坡口对接平位焊实训图样

焊件厚度在 0.05 ~ 1.6mm 之间，通常采用微束等离子弧焊接，常用接头形式为Ⅰ形接头、卷边对接接头、端接接头。焊接时要采取可靠的焊接夹具，以保证焊件的装配质量，间隙和错边越小越好。

微束等离子弧焊是采用熔池无小孔效应的熔透型焊接法，即用微弧将工件焊接处熔化到一定深度或熔透成双面成形的焊缝。

微束等离子弧焊电源空载电压高，易使操作者触电，应注意防止。由于微束等离子弧焊枪体积小，在换喷嘴、换电极或电极对中时，都极易发生电极与喷嘴的接触，这时若误触动焊枪手把上的微动按钮，便会发生电极与喷嘴的电短路（打弧），损坏喷嘴和电极。因此在更换电极、喷嘴或电极对中时，应将电源切断才能保证安全进行。

5.2.2.4　实训准备

A　焊接设备与工具

LH-30 型等离子弧焊机，氩气瓶，QD-1 型单级式减压器和 LZB 型转子流量计两套，分别用于离子气瓶和保护气瓶的输出设置。

B　铈钨极

直径为 1.0mm。

C　焊件

不锈钢板，规格为 150mm × 100mm × 1.0mm，若干块。

D　焊丝

焊丝选用不锈钢焊丝，直径为 1.0mm。

5.2.2.5　实训步骤及操作要领

A　焊件装配

a　清理

清除坡口及其正、反两侧 20mm 范围内的油、锈及其他污物至露出金属光泽，并再用丙酮清洗该处。

b　装配

采用Ⅰ形坡口，不留间隙对接，并控制根部间隙不超过板厚的 1/10，不出现错边。焊前将焊件油污清理干净，置于铜垫板上夹紧，如图 5-14 所示。

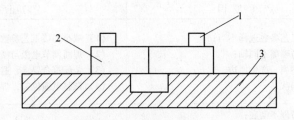

图 5-14 薄板对接焊件装配示意图

1—不锈钢压板；2—焊件；3—紫铜板

c 定位焊

采用表 5-5 所列的焊接工艺参数进行点焊，或用手工钨极氩弧焊点焊，固定焊缝应从中间向两头进行，焊点间距为 60mm，共 6 点，定位焊后焊件应矫平。定位焊缝长约 5mm。

B 确定焊接工艺参数

采用一层一道焊接，工艺参数见表 5-5。

表 5-5 焊接工艺参数

焊接电流 /A	电弧电压 /V	钨极直径 /mm	焊接速度 /cm·min^{-1}	离子气体 Ar 流量 /L·min^{-1}		钨极内缩 距离/mm	喷嘴至工件 距离/mm	喷嘴直径 /mm
				离子气	保护气			
2.2~2.7	25	1.0	27.5	0.6	11	2	3~3.4	1.2

C 焊接

薄板的等离子弧一次焊接双面成形可采用添加焊丝法，也可采用不添加焊丝法，本例采用添加焊丝法。

焊接时，转移弧产生后不要立即移动焊枪，要在原地维持一段时间使母材熔化，形成熔池后开始填丝并移动焊枪。

采用左向焊法，焊枪在运行中要保持前倾，手工焊时前倾角保持在 60°~80°，焊丝与焊枪间的夹角约为 90°，焊枪要始终对准焊件接口，并注意焊件的熔透情况，适时、有规律地添加焊丝。焊枪移动要平稳，焊接速度要均匀，喷嘴与焊件之间的距离保持在 4~5mm。

当焊缝间隙稍大，出现焊缝余高不够或呈现下陷时，说明焊缝金属填充不够，应该使用填充焊丝。填充焊丝要选用与母材金属同成分的专用焊丝，也可以使用从母材上剪下来的边条。

焊接过程中的电弧熄灭或焊接结束时的熄弧，焊枪均要在原处停留几秒，使保护气继续保护高温的焊缝，以免氧化。

当焊至焊缝终端时，适当添加焊丝。断开按钮，随电流衰减熄灭电弧。

5.2.2.6 缺陷及防止措施

不锈钢薄板等离子弧焊时容易出现的缺陷及防止措施见表 5-6。

表 5-6　不锈钢薄板等离子弧焊时容易出现的缺陷及防止措施

焊接缺陷	产 生 原 因	防 止 措 施
咬 边	(1) 焊接工艺参数选择不当； (2) 电极与喷嘴不同轴； (3) 装配不当，产生错边； (4) 电弧偏吹	(1) 减小焊接工艺参数并相互匹配； (2) 焊前调节电极与喷嘴同心； (3) 装配符合要求，避免错边； (4) 调整电缆位置，焊枪对准焊缝
气 孔	(1) 焊前清理不彻底； (2) 焊接电流过大，焊接速度过快，电弧电压太高，填充焊丝进入熔池太快； (3) 使用穿透焊法时，离子气体未能从背面小孔中排出	(1) 焊前彻底清理焊件及焊丝； (2) 调整焊接工艺参数； (3) 焊接工艺参数要相互匹配
未焊透	(1) 焊接速度过快； (2) 焊接电流过小	(1) 焊接速度要适当； (2) 调节合适的焊接电流

5.2.3　项目 3：中厚板不锈钢等离子弧切割

5.2.3.1　实训目标

中厚板不锈钢等离子弧切割训练目标有：
(1) 熟悉等离子弧切割机的使用方法。
(2) 掌握等离子弧切割的操作技能。

5.2.3.2　实训图样

中厚板不锈钢等离子弧切割实训图样如图 5-15 所示。
技术要求：
(1) 不锈钢等离子直线手工切割。
(2) 画清楚切割中心线位置。
(3) 割件表面清理干净，保持割件原始
表面。
(4) 严格按安全操作规程执行操作。

图 5-15　中厚板不锈钢等离子弧切割实训图样

5.2.3.3　实训须知

LGK-100 型空气等离子切割机的介绍如下。

A　切割机前面板

(1) 气检/切割转换开关（K1）。置于气检位置时，检查气路是否正常；置于切割位置时，进行正常切割。

(2) 自锁/非自锁转换开关（K2）。置于非自锁位置时，按下割枪开关可正常切割，松开开关即停止切割，适合于短割缝的切割；置于自锁位置时，按下割枪开关引弧成功后，可松开开关正常切割，当再次按下割枪开关时停止切割，适合于长割缝的切割。

(3) 工作指示灯。指示切割机是否接通输入电源。

（4）保护指示灯。指示切割机内是否温度过高，指示灯亮时自动停止工作。

（5）电流调节旋钮。用于调节切割电流的大小。

（6）输出电缆接线柱。通过输出电缆连接被割工件。

（7）转移弧接线柱。接切割枪的转移弧引线。

（8）切割枪气电接线柱。接切割枪的气电接头。

（9）控制插座。接切割枪的控制插头。

B　切割机后面板

（1）自动空气开关。主要作用是在切割机过载或发生故障时自动断电，以保护切割机。一般情况下，此开关向上扳至接通位置。

（2）空气过滤器。通过气管接空气压缩机，其作用是减压及滤除空气水分。调节其旋钮，可改变过滤器输出空气压力，压力值见压力表，一般不应超过 0.7MPa。积水杯积水不应触及滤芯，应及时松开下部水阀，将水放出。如果积水过多进入切割枪，将会影响引弧和切割质量。

5.2.3.4　实训准备

A　切割设备

LGK-100 型等离子切割机（配备空气压缩机）。

B　割件

不锈钢板，规格为 300mm×200mm×10mm，若干块。

C　工具

防护用具等。

5.2.3.5　实训步骤及操作要领

A　画线

切割练习时，要对焊件仔细清理，使其导电良好，然后用石笔沿割件纵向每隔20mm画一条割线，并在割线上打样冲眼。

B　确定切割工艺参数

切割工艺参数见表5-7。

表 5-7　板厚 10mm 不锈钢等离子弧切割工艺参数

喷嘴至割件距离/mm	气体流量压力/MPa	切割电流/A	切割速度/cm·min^{-1}
3～5	0.9	90	53～67

C　切割机操作步骤

（1）连接好切割机的气路、水路和电路。通电后应观察到工作指示灯亮，轴流风扇工作。

（2）把小车、割件安放在适当的位置，使割件与电路正极牢固连接。

（3）打开水路并检查是否有漏水现象；将 K1 拨至"气检"位置，机内气阀开通，预通气 1min，以除去割枪中的冷凝水汽，调节非转移弧气流和转移弧气流的流量，然后将 KI 拨至"切割"位置。

（4）接通控制线路，检查电极同心度是否最佳。

（5）启动切割电源，查看空载电压是否正常，并初步选定工作电流。

（6）拿好面罩准备切割。

D 切割

（1）将切割割枪喷嘴离开工件 3～5mm 后启动高频引弧，引弧后高频自动被切断，其白色焰流（非转移弧）接触被割割件。

（2）按动切割按钮，转移弧电流接通并自动接通切割气流和切断非转移弧电流。

在非转移弧向转移弧过渡时，割件温度偏低，而且转移过程本身就对电弧燃烧不利，因此要求用非转移弧在起割点稍稍停顿一下，待电弧稳定燃烧后，用转移弧割透割件，并向前移动和切割。

（3）在整个切割过程中，割炬应与割缝两侧平面保持垂直，以保证割口垂直平整。为了提高切割效率，割炬在割缝所在平面内，沿切割方向的反方向应倾斜一个角度（割炬倾角），可在 10°～45°的范围内调整。当切割厚件采用大功率时，割炬倾角应小一些；切割薄板采用小功率时，割炬倾角应大一些。

（4）切割过程中，割炬移动的快慢影响着割口质量。切割速度过快会在割口的前端产生翻弧现象，切割不透；切割速度过慢，切口宽而不齐，而且因割透的割口前沿金属远离电弧，相对电弧变长而造成电弧不稳，甚至息弧，使切割中断。因此，割炬移动速度应在保证割透的前提下尽量快一些。

（5）等离子切割的空载电压较高，操作时要防止触电。电源一定要接地，割炬的手柄绝缘要可靠。切割过程中如发现割缝异常、断弧、引弧困难等问题，应检查喷嘴、电极等易损件，如损耗过大应及时更换。

（6）停止切割时，应先等待离子弧熄灭后再将割枪移开割件。

（7）切断电源电路，关闭水路和气路。

（8）清理现场，检查割件质量。

通过反复训练起割和正常等离子弧切割，达到起割准确、起弧稳定、割缝平直、割口表面光洁的要求。

5.2.3.6 常见故障及防止措施

等离子弧切割过程中常见故障及防止措施见表 5-8。

表 5-8 等离子弧切割过程中常见故障及防止措施

故障特征	产 生 原 因	防 止 措 施
产生双弧	（1）电极不对中； （2）割炬气室压缩角太小或压缩孔道长； （3）喷嘴漏水； （4）切割时等离子焰流上翻或熔渣飞溅至喷嘴； （5）钨极内伸长度较大，气体流量太小； （6）喷嘴离割件太近	（1）调整电极与喷嘴的同心度； （2）改进气割炬结构尺寸； （3）修好漏水处； （4）改变割炬角度或先在割件上钻好切割孔； （5）减少钨极内伸长度，增大气体流量； （6）把割炬稍加提高

故障特征	产 生 原 因	防 止 措 施
切口面 不光洁	（1）割件表面有污物； （2）气体流量小； （3）割速与割炬高低不均	（1）严格清理割件表面； （2）适当加大气体流量； （3）加强训练，提高操作技能
切割不透	（1）等离子弧功率不够； （2）切割速度太快； （3）气体流量太大； （4）喷嘴离割件距离太远	（1）增大等离子弧功率； （2）降低切割速度； （3）适当减小气体流量； （4）把喷嘴向割件压低一 　　些

6 碳 弧 气 刨

6.1 概述

6.1.1 碳弧气刨原理及特点

6.1.1.1 碳弧气刨的原理

碳弧气刨是利用碳棒和金属工件之间产生的电弧热将工件局部加热到熔化状态，同时借助压缩空气流的动力把熔融金属吹除，实现刨削或切断金属的一种工艺方法。碳弧气刨具有操作使用方便、切割质量好、能切割气割法不能或难以切割的金属等优点，被广泛应用于碳钢、不锈钢、铸铁等金属材料的切割。碳弧气刨原理如图 6-1 所示。

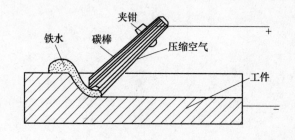

图 6-1　碳弧气刨示意图

6.1.1.2 碳弧气刨的特点

目前比较常用的是手工碳弧气刨及自动碳弧气刨。碳弧气刨的特点如下：

（1）生产效率高。生产效率比风铲高 4 倍左右，尤其是在全位置时优越性更大，降低了工件的加工费用。

（2）劳动强度低。劳动强度明显降低，尤其在空间位置刨槽时更为明显，噪声也比风铲低。

（3）设备简单。与等离子弧气刨相比，设备简单，压缩空气容易获得且成本低，操作简单，对操作要求较低，工人稍加培训即能从事操作，便于推广应用。

（4）切割质量好。在清除焊缝或铸件缺陷时，刨削面光洁，有利于提高焊接质量，在狭窄部位使用碳弧气刨时，操作方便。

（5）可切割金属范围广。碳弧气刨是利用高温而不是利用氧化作用刨削金属，不但适用于碳钢和低合金钢，还可用于不能用氧气切割或难以切割的金属，如铸铁、不锈钢和铜等材料。

碳弧气刨的主要缺点是：操作不当时易使刨槽增碳，碳弧有烟雾、粉尘等污染物，在狭小的空间内及通风不良处操作时，应采用相应的通风设备。

6.1.2　碳弧气刨设备

碳弧气刨所采用的设备主要包括有电源、气刨枪、碳棒、电缆、气管和压缩空气源等，如图 6-2 所示。

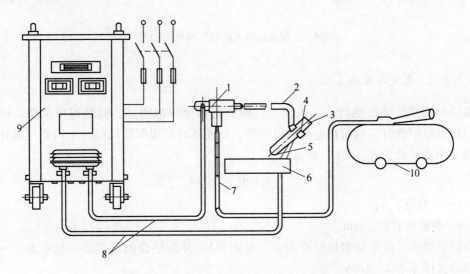

图 6-2　碳弧气刨及外部接线示意图

1—接头；2—软管；3—碳棒；4—刨枪钳口；5—压缩空气源；6—工件；
7—进气胶管；8—电缆线；9—弧焊整流器；10—空气压缩机

6.1.2.1　电源

碳弧气刨应采用具有下降特性的直流弧焊：由于碳弧气刨所使用的电流较大，且连续工作时间长，故应选用功率较大的电源。例如 ZXG-500、ZXG-630 等整流电源，切勿超载运行。当一台弧焊电源功率不够时，可将两台弧焊电源并联使用，但必须保证两台并联弧焊电源性能相一致。

6.1.2.2　气刨枪

气刨枪同时要能完成夹持碳棒、传导电流、输送压缩空气的工作。因此，要求碳弧气刨枪具有夹持牢固、导电良好、更换方便、安全轻便的特点。气刨枪有侧面送风式（图6-3）、圆周送风式两种形式。

6.1.3　碳弧气刨工艺

6.1.3.1　电源极性

碳弧气刨一般用直流反接，以便使熔化金属中的含碳量增多，流动性改善，凝固点也较低，刨削过程稳定，刨槽光滑。

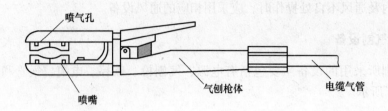

图6-3　侧面送风式碳弧气刨枪结构图

6.1.3.2　电流与碳棒直径

电流对刨槽尺寸影响较大。电流大，则槽宽和槽深都增加，刨削速度加快，刨槽光滑。但在返修焊缝时，则需将电流取得小些，以便随时发现焊接缺陷。不同直径碳棒所用的电流大小由经验公式（6-1）确定：

$$I = (30 \sim 50)d \qquad\qquad (6-1)$$

式中　I——电流，A；

　　　d——碳极直径，mm。

选择碳棒直径应根据钢板厚度而定，见表6-1，并需结合刨槽宽度一起考虑，一般碳棒直径应比槽宽小 $2 \sim 4$mm。

表 6-1　碳棒直径与钢板厚度的关系

钢板厚度/mm	碳棒直径/mm	钢板厚度/mm	碳棒直径/mm
<4 ~ 6	4	>10	7 ~ 10
<6 ~ 8	5 ~ 6	>15	10
<8 ~ 12	6 ~ 7		

6.1.3.3　压缩空气的压力

常用的压缩空气压力为 $0.39 \sim 0.59$MPa（$40 \sim 60$N/cm^2）。

6.1.3.4　碳棒的伸出长度

碳棒伸出长度是指碳棒伸出导电嘴的距离。伸出长度长，可能造成压缩空气对熔池的吹力不足，碳棒的烧损增大；而伸出的长度短，会引起操作不便，一般伸出长度为 $80 \sim 100$mm，碳棒烧损到 $20 \sim 30$mm 就需更换。

6.2　操作技能训练

6.2.1　项目1：碳钢板材的碳弧气刨

6.2.1.1　实训目标

碳钢板材的碳弧气刨操作技能训练目标有：

（1）熟练掌握碳弧气刨的引弧、气刨、收弧和清渣工序的操作要领。

（2）掌握钢板的手工碳弧气刨开 U 形刨槽的技能。

6.2.1.2 实训图样

在 20mm 厚的钢板上加工如图 6-4 所示的 U 形刨槽。

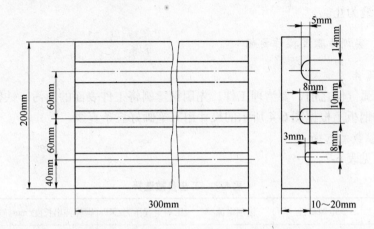

图 6-4 碳钢板材的手工碳弧气刨实训图样

6.2.1.3 实训准备

A 工件

Q235 钢板，板厚 $\delta = 10 \sim 20$mm，规格为 300mm × 200mm。

B 碳棒

镀铜实心碳棒，直径为 8mm，长度为 355mm。

技术要求：

（1）材料为 Q235。

（2）画清楚刨缝中心线位置。

（3）刨槽深度 $(h \pm 2)$mm，刨槽深度误差不超过 2mm；刨槽中心直线误差不超过 2mm；刨槽宽度 $(B \pm 2)$mm，刨槽宽度误差不超过 2mm。

C 电源

ZXG-800 型焊机、空气压缩机、碳弧气刨枪等。

D 工具

防护用具、角向磨光机、直尺、石笔。

6.2.1.4 实训须知

碳弧气刨的生产过程包括准备、引弧、气刨、收弧和清渣等几个工序。采用正确的操作技术，可以避免产生各种缺陷，提高气刨质量。

气刨过程中，碳弧有烟雾、粉尘污染及弧光辐射，不仅对于手工碳弧气刨的操作技术要求较高，更对操作者的劳动保护措施提出了更高的要求。

实际生产中，采用焊条电弧焊或自动埋弧焊焊接厚度大于 12mm 的钢板时，通常都要双面焊。由于每条焊缝根部的质量一般都较差，含有较多的杂质，为保证焊接质量，应该在正面焊缝焊完以后，将焊件翻转，在反面将正面焊缝的根部铲除干净，然后再焊反面焊缝。铲除正面焊缝根部的工作称为清根。

清根常常利用碳弧气刨的方法进行。它的操作方法和开小 U 形坡口相似，但是应该清楚看见正面焊缝为止。

6.2.1.5　实训步骤及操作要领

A　准备工作

在进行碳弧气刨之前，要清理工件，先用钢丝刷将工件表面的油污、铁锈等污物清理干净，然后在钢板上根据图 6-4 所示的尺寸用石笔画好三条直线。

B　工艺参数的选择

工艺参数见表 6-2。

表 6-2　工艺参数选择

碳棒直径/mm	电源极性	刨削电流/A	压缩空气压力/MPa	碳棒伸出长度/mm	刨削速度/cm·s⁻¹
8	直流反接	300～350	0.5	80～100	0.9～1.2

C　引弧

a　引弧技术要领

引弧前必须先送风，因为在引弧时，碳棒与刨件接触造成短路。如不预先送风冷却，很大的短路电流会使碳棒烧红，又因钢板在很短时间内来不及熔化，碳棒与钢板之间相碰就很容易产生夹碳。

b　引弧技法

若对引弧处的槽深要求不同，引弧时碳棒的运动方式也不一样，如图 6-5 所示。若要求引弧处的槽深与整个槽的深度相同时，可只将碳棒向下运行，如图 6-5(a) 所示，待刨到所要求的槽深时，再将碳棒平稳地向前移动；若允许开始时的槽深可浅一些，则将碳棒一边往前移动，一边往下送进，如图 6-5(b) 所示。本例采用如图 6-5(a) 所示的引弧方法。

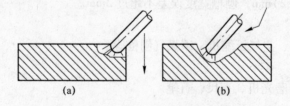

图 6-5　引弧时碳棒的运动方式
(a) 要求槽深相同；(b) 要求槽深不同

D　气刨

气刨引弧成功以后，可将电弧长度控制在 1～2mm 之间，碳棒沿着钢板表面所画基准线作直线往前移动，既不能作横向摆动，也不能作前后往复摆动，因为摆动时不容易保持操作平稳，刨出的刨槽也不整齐光洁。

a 操作要领

操作要领可总结为"准"、"平"、"正"三个字。

（1）准。气刨时对刨槽的基准线要看得准，眼睛还应盯住基准线，使碳棒紧紧沿着基准线往前移动，同时还要掌握好刨槽的深浅。气刨时，由于压缩空气和空气的摩擦作用会发出嘶嘶的响声，当弧长发生变化时，响声也随之变化。因此在操作时，焊工可凭借响声的变化来判断和控制弧长的变化：若能够保持均匀而清脆的嘶嘶声，表示电弧稳定，弧长无变化，则所刨出的刨槽既光滑又深浅均匀。

（2）平。气刨时手把要端得平稳，不应上、下抖动，否则刨槽表面就会出现明显的凹凸不平。

同时，手把在移动过程中要保持速度平稳，不能忽快忽慢。

（3）正。气刨时碳棒夹持要端正。碳棒在移动过程中与工件的倾角要保持前后一致，不能忽大忽小。碳棒的中心线要与刨槽的中心线相重合，否则会造成刨槽的形状不对称，影响质量，如图6-6所示。

如果一次刨槽宽度不够，可以重复多刨几次，以达到所要求的宽度。

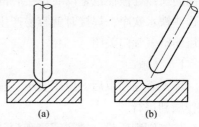

图6-6 刨槽形状

(a) 刨槽形状对称；(b) 刨槽形状不对称

如果一次刨槽不够深，则可继续顺着原来的浅槽往深处刨，每段刨槽衔接时，应在原来的弧坑上引弧，以防止触伤刨槽或产生严重凹陷。

b 操作技法

控制刨槽尺寸的方法可分为"轻而快"操作法和"重而慢"操作法两种。

（1）"轻而快"操作法。气刨时手把下按轻一点，刨出的刨槽深度较浅，而刨削速度则略快一些，这样得到的刨槽底部呈圆形，有时近似V形，但没有尖角部分。采用这种轻而快的手法又取较大电流时，刨削出的刨槽表面光滑，熔渣容易清除。对一般不太深的槽（如在12～16mm厚板上刨4～6mm的槽），采用这种方法最合适。如果刨削速度太慢，即采用轻而慢的操作法，则碳弧的热量会把槽壁的两侧熔化，引起黏渣缺陷。

（2）"重而慢"操作法。气刨时手把下按重一点，往深处刨，刨削速度则稍慢一些。采用这种操作法，如果取大电流，则得到的刨槽较深；如果取小电流，所得到的槽形与"轻而快"操作法得到的槽形相似。采用"重而慢"操作法，碳弧散发到空气中的热量较少，并且由于刨削速度较慢，通过钢板传导散失的热量较多，同时由于碳弧的位置深，离刨槽的边缘远，所以不会引起黏渣。但是操作中如将手把按得过重，会造成夹碳缺陷。另外，由于刨槽较深，熔渣不容易被吹上来，停留在后面的铁水往往会把电弧挡住，使电弧不能直接对准未熔化的金属上面。这样，不仅刨削效率下降，而且刨槽表面不光滑，还会产生黏渣。所以采用这种刨削操作方法，对操作技术上的要求较高。

刨削一段长度后，当碳棒变短时，需停弧调整碳棒伸出长度，其端部距夹持部位不得小于30mm，调整过程中无需停止送风。

当操作过程中发现有夹碳、黏渣、铜斑等缺陷时，应及时采取措施排除缺陷。

c　排渣技术

气刨时，由于压缩空气是从碳弧后面吹来，如果操作中压缩空气的方向稍微偏一点，熔渣就会离开中心偏向槽的一侧。如果压缩空气吹得很正，那么熔渣就会被吹到电弧的正前部，而且一直往前，直到刨完为止。此时刨槽两侧的熔渣最少，可节省很多清渣时间，但是技术较难掌握，并且还会影响到刨削速度，同时前面的基准线容易被熔渣盖住，影响刨削方向的准确性。因此，通常采用的刨削方式是将压缩空气吹偏一点，使大部分熔渣能翻到槽的外侧，但不能使熔渣吹向操作者一侧，否则会造成烧伤。

E　收弧

收弧时应防止熔化的铁水留在刨槽里。因为熔化的铁水含碳和氧的量都较高，而碳弧气刨的熄弧处往往也是以后焊接时的收弧处，收弧处又容易出现气孔和裂纹，所以如果不将这些铁水吹净，焊接时就容易产生弧坑缺陷。收弧的方法是先断弧，过几秒钟以后，再把压缩空气气门关闭。

F　清渣

碳弧气刨结束后，应用錾子、扁头或尖头手锤及时将熔渣清除干净，便于下一步焊接工作顺利进行。

检查刨削质量，槽形宽窄和深浅应均匀一致，槽口表面应光滑平整而且不能有裂纹、黏渣和铜斑。

6.2.1.6　评分标准

评分标准见表6-3。

表 6-3　评分标准

序号	检测项目	配分	技术标准	实测情况	得分	备注
1	刨槽的深度	20	刨槽深分别为 3mm、8mm、5mm，超差 2mm 1 处扣 4 分			
2	刨槽宽度	20	刨槽深度分别为 8mm、10mm、14mm，超差 2mm 1 处扣 4 分			
3	刨槽的不直度	20	不直度≤2mm，超差 1 处扣 4 分			
4	刨槽底部圆弧	10	刨槽底部圆弧分别为 4mm、5mm、7mm，超差 1mm 1 处扣 4 分			
5	刨槽外观质量	20	出现铜斑、夹碳 1 处扣 5 分			
6	安全操作规程	7	劳动保护用品不齐全扣 4 分，气刨设备、工具和安全装置使用不当扣 3 分			
7	文明生产规定	3	工作场地整洁，气刨钳等摆放整齐不扣分，稍差扣 1 分，很差扣 3 分			
总　分		100	实训成绩			

6.2.2 项目2：碳弧气刨刨除焊接缺陷

6.2.2.1 实训目标

碳弧气刨刨除焊接缺陷的训练目标有：
(1) 熟练掌握碳弧气刨刨除各种焊接缺陷的工艺过程。
(2) 掌握碳弧气刨刨除焊瘤、焊接裂纹、夹渣等外部、内部焊接缺陷的操作技能。

6.2.2.2 实训图样

碳弧气刨刨除焊瘤、表面焊接裂纹、内部夹渣等焊接缺陷实训图样如图6-7所示。

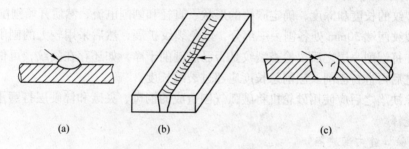

图6-7 碳弧气刨刨除焊接缺陷实训图样
(a) 焊瘤；(b) 表面裂纹；(c) 内部夹渣

技术要求：
(1) 碳弧气刨焊瘤、表面焊接裂纹、内部夹渣等缺陷。
(2) 碳弧气刨造成的铜斑、夹碳和淬硬层打磨干净，直至露出金属光泽。
(3) 严格按照安全操作规程进行操作。

6.2.2.3 实训设备

A 工件
经检测有焊瘤、表面裂纹、内部夹渣等缺陷的中厚板试板若干件。
B 碳棒
镀铜实心碳棒，直径为8mm，长度为355mm。
C 电源
ZXG-800型焊机、空气压缩机、碳弧气刨枪等。
D 工具
防护用具、角向磨光机、石笔或记号笔。

6.2.2.4 实训须知

重要焊件的焊缝经无损检验后，若发现有超标缺陷，应将缺陷清除后再进行返修补焊。清除焊缝缺陷的方法目前在生产中常用的是碳弧气刨。

气刨焊缝缺陷前，焊接检验人员首先在缺陷位置上做出标记，焊工就在标记位置一层一层往下进行气刨，此时不过分要求刨槽质量，但要对每一层仔细检查看有无缺陷。如发现缺陷，可轻轻地再往下刨一、二层，直到将缺陷全部刨净为止。

6.2.2.5　实训步骤及操作要领

操作前检查设备的绝缘性是否良好，压缩空气管路是否畅通，然后穿戴好防护用具，接通设备电源，调节气刨工艺参数。

A　刨除焊瘤

根据焊瘤的高度，确定碳棒的形状、直径和刨削电流，然后开始刨削。刨削时注意控制碳棒的倾角，既要保证将焊瘤刨除，又不可将焊缝刨除太多，刨削速度可以快一些。

B　刨除表面裂纹

根据裂纹的长度和深度，确定碳棒的形状、直径和刨削电流，然后开始刨削。

先在裂纹两端 30mm 处各刨去一部分，以免裂纹扩展，然后采用较大的刨削量连续向下刨削。在每刨削一层之后要检查裂纹是否已经刨削干净，如还存在裂纹，可估计下一层刨削深度之后再进行刨削。刨削总长度应超过裂纹长度。

在刨除缺陷之后应使用砂轮机将碳弧气刨造成的铜斑、夹碳和淬硬层打磨干净，直至露出金属光泽。

C　刨除焊缝内部缺陷

根据缺陷的深度、宽度和面积，确定碳棒直径、刨削电流、刨削速度等工艺参数。

在标记位置上逐层刨削。注意只要能将缺陷清除且便于操作即可，不应将刨槽尺寸刨得过大。每刨削一层要检查缺陷是否已经刨除干净，以确定下一层所需刨削的深度。

刨削操作应采用"轻而快"的刨削手法，即操作时向下按碳棒要轻，每层的刨削量要小，而刨削速度要快，直到缺陷全部刨除为止。如缺陷的深度较深，刨削到板厚的 2/3 还未发现缺陷时，则应先在被清除的部位补焊，然后将焊件翻转，在焊件反面对应的位置进行刨削。

若缺陷有若干处，且相距较近、深度相差不大时，就应将这些缺陷在一个刨槽刨削掉。

在刨除缺陷之后应使用砂轮机将碳弧气刨造成的铜斑、夹碳和淬硬层打磨干净，直至露出金属光泽。

在刨削完毕后应检查已经刨削的部位，切不可存在裂纹。

6.2.2.6　注意事项

(1) 操作场地安全防护设施应齐全，且符合标准，并应注意场地防火。

(2) 操作时，应尽可能顺风向操作，防止铁液及熔渣烧损操作者的工作服及烫伤皮肤。

(3) 刨除过程中，只要能将缺陷清除且便于操作即可，不应将刨槽尺寸刨得过大、过深。

(4) 应将刨除缺陷过程中造成的铜斑、夹碳和淬硬层打磨干净，直至露出金属光泽。

7 焊接工艺图

7.1 焊接工艺相关概念

金属焊接件图是焊接施工所用的一种图样。前面所介绍的有关图样的表达方法和尺寸标注等均适用于焊接件图样。但是，焊接件图中，除了应把焊接件的形状、尺寸和一般技术要求表达清楚外，还必须将与焊接有关的内容表达清楚，如焊缝的标注等。

7.1.1 焊接接头的类型

用焊接方法连接的接头称为焊接接头（简称为接头）。它由焊缝、熔合区、热影响区及其邻近的母材组成。在焊接结构中焊接接头起两方面的作用，第一是连接作用，即把两焊件连接成一个整体；第二是传力作用，即传递焊件所承受的载荷。

根据《焊接名词术语》（GB/T 3375—94）中的规定，焊接接头可分为 10 种类型，即对接接头、T 形接头、十字接头、搭接接头、角接接头、端接接头、套管接头、斜对接接头、卷边接头和锁底接头，如图 7-1 所示。其中以对接接头和 T 形接头应用最为普遍。

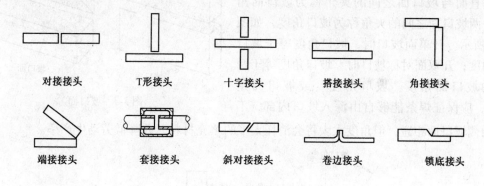

| 对接接头 | T形接头 | 十字接头 | 搭接接头 | 角接接头 |

| 端接接头 | 套接接头 | 斜对接接头 | 卷边接头 | 锁底接头 |

图 7-1 焊接接头类型

（1）对接接头。两构件表面构成大于或等于 135°，小于或等于 180°夹角的接头。

（2）T 形接头。一构件之端面与另一构件表面构成直角或近似直角的接头。

（3）十字接头。三个构件装配成"十字"形的接头。

（4）搭接接头。两构件部分重叠构成的接头。

（5）角接接头。两构件端部构成大于 30°，小于 135°夹角的接头。

（6）端接接头。两构件重叠放置或两件表面之间的夹角不大于 30°构成的端部接头。

（7）套管接头。将一根直径稍大的短管套于需要被连接的两根管子的端部构成的接头。

（8）斜对接接头。接缝在焊件平面上倾斜布置的对接接头。

（9）卷边接头。待焊构件端部预先卷边，焊后卷边只部分熔化的接头。

　　（10）锁底接头。一个构件的端部放在另一构件预留底边上所构成的接头。

7.1.2　常用坡口的形式

　　根据设计或工艺需要，将焊件的待焊部位加工成一定几何形状的沟槽称为坡口。开坡口的目的是为了得到在焊件厚度上全部焊透的焊缝。

　　坡口的形式由《气焊、焊条电弧焊、气体保护焊和高能束焊的推荐坡口》(GB/T 985.1—2008) 等标准制定。常用的坡口形式有：I 形坡口、Y 形坡口、带钝边 U 形坡口、双 Y 形坡口、带钝边单边 V 形坡口等，如图 7-2 所示。

图 7-2　坡口形式

7.1.3　表示坡口几何尺寸的参数

　　（1）坡口面。焊件上所开坡口的表面称为坡口面，如图 7-3 所示。

　　（2）坡口面角度和坡口角度。焊件表面的垂直面与坡口面之间的夹角称为坡口面角度，两坡口面之间的夹角称为坡口角度，如图 7-4 所示。开单面坡口时，坡口角度等于坡口面角度；开双面对称坡口时，坡口角度等于两倍的坡口面角度。坡口角度（或坡口面角度），应保证焊条能够自由深入坡口内部，不

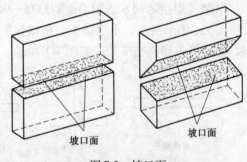

图 7-3　坡口面

和两侧坡口面相碰，但角度太大将会消耗太多的填充材料，并降低劳动生产率。

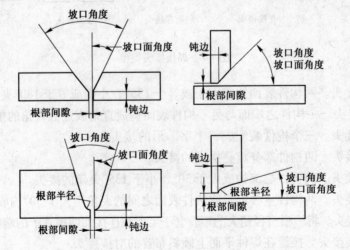

图 7-4　坡口面角度与坡口角度

（3）根部间隙。焊接前，在接头根部之间预留的空隙称为根部间隙，也称装配间隙。根部间隙的作用在于焊接底层焊道时，能保证根部可以焊透。因此，根部间隙太小时，将在根部产生焊不透现象；但太大的根部间隙，又会使根部烧穿，形成焊瘤。

（4）钝边。焊件开坡口时，沿焊件厚度方向未开坡口的端面部分称为钝边。钝边的作用是防止根部烧穿，但钝边值太大，又会使根部焊不透。

（5）根部半径。U形坡口底部的半径称为根部半径。根部半径的作用是增大坡口根部的横向空间，使焊条能够伸入根部，促使根部焊透。

7.1.4　Y形、带钝边U形、双Y形三种坡口的优缺点比较

当焊件厚度相同时，三种坡口的几何形状如图7-5所示。

Y形坡口　　　　　带钝边U形坡口　　　　　双Y形坡口

图7-5　坡口几何形状

（1）Y形坡口：坡口面加工简单；可单面焊接，焊件不用翻身；焊接坡口空间面积大，填充材料多，焊件厚度较大时，生产率低；焊接变形大。

（2）带钝边U形坡口：可单面焊接，焊件不用翻身；焊接坡口空间面积大，填充材料少，焊件厚度较大时，生产率比Y形坡口高；焊接变形较大；坡口面根部半径处加工困难，因而限制了此种坡口的大量推广应用。

（3）双Y形坡口：双面焊接，因此焊接过程中焊件需翻身，但焊接变形小；坡口面加工虽比Y形坡口略复杂，但比带钝边U形坡口的简单；坡口面积介于Y形坡口和带钝边U形坡口之间，因此生产率高于Y形坡口，填充材料也比Y形坡口少。

7.1.5　焊缝的种类

焊接后焊件中所形成的结合部分称为焊缝。按结合形式，焊缝可分为对接焊缝、角焊缝、塞焊缝和端接焊缝四种。

（1）对接焊缝。在焊件的坡口面间或一零件的坡口面与另一零件表面间焊接的焊缝称为对接焊缝。对接焊缝可以由对接接头形成，也可以由T形接头（十字接头）形成，T形接头是指开坡口后进行全焊透焊接而焊脚为零的焊缝，如图7-6所示。

（2）角焊缝。沿两直交或接近直交零件的交线所焊接的焊缝为角焊缝，如图7-7所示。同时由对接焊缝和角焊缝组成的焊缝称为组合焊缝，T形接头（十字接头）开坡口后进行全焊透焊接并且具有一定焊脚的焊缝，即为组合焊缝，坡口内的焊缝为对接焊缝，坡口外连接两焊件的焊缝为角焊缝，如图7-8所示。

（3）塞焊缝。是指两焊件相叠，其中一块开有圆孔，然后在圆孔中焊接所形成的填满圆孔的焊缝，如图7-9所示。

（4）端接焊缝。是指构成端接接头的焊缝，如图7-9所示。

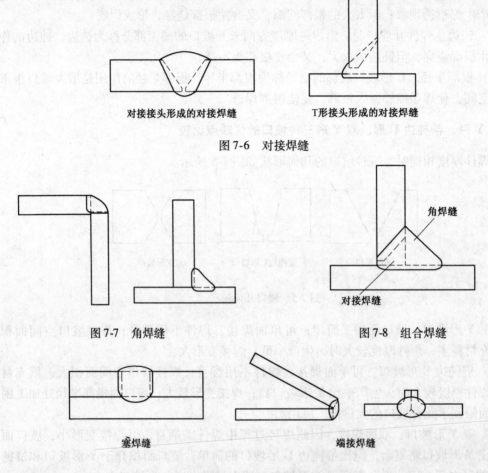

对接接头形成的对接焊缝　　　　　　　　T形接头形成的对接焊缝

图 7-6　对接焊缝

图 7-7　角焊缝　　　　　　　　　　　　图 7-8　组合焊缝

塞焊缝　　　　　　　　　　　　端接焊缝

图 7-9　塞焊缝和端接焊缝

7.1.6　表示对接焊缝几何形状的参数

表示对接焊缝几何形状的参数有焊缝宽度、余高、熔深，如图 7-10 所示。

（1）焊缝宽度。焊缝表面与母材的交界处称为焊趾。而单道焊缝横截面中，两焊趾之间的距离称为焊缝宽度。

（2）余高。指超出焊缝表面焊趾连线上面的那部分焊缝金属的高度称为余高。焊缝的余高使焊缝的横截面增加，承载能力提高，并且能增加射线摄片的灵敏度，但却使焊趾处产生应力集中。通常要求余高不能低于母材，其高度随母材厚度增加而加大，但最大不得超过 3mm。

（3）熔深。在焊接接头横截面上，母材熔化的深度称为熔深。一定的熔深值保证了焊缝和母材的结合强度。当填充金属材料（焊条或焊丝）一定

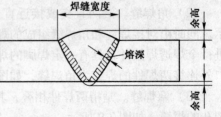

图 7-10　表示对接焊缝几何形状的参数

时，熔深的大小决定了焊缝的化学成分。不同的焊接方法要求不同的熔深值，例如堆焊时，为了保持堆焊的硬度，减少母材对焊缝的稀释作用，在保证熔透的前提下，应要求较小的熔深。

7.1.7　表示角焊缝几何形状的参数

根据角焊缝的外表形状，可将角焊缝分成两类：焊缝表面凸起带有余高的角焊缝称为凸形角焊缝；焊缝表面下凹的角焊缝称为凹形角焊缝，如图 7-11 所示。表示角焊缝几何形状的参数有焊脚、角焊缝凸度和角焊缝凹度。

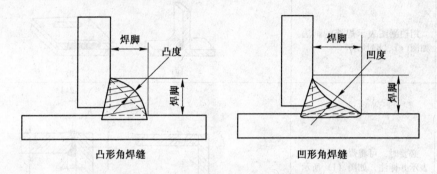

凸形角焊缝　　　　　　　　　　　凹形角焊缝

图 7-11　表示角焊缝几何形状的参数

（1）焊脚。角焊缝的横截面中，从一个焊件上的焊趾到另一个焊件表面的最小距离称为焊脚。焊脚尺寸决定了两焊件的结合强度，它是最主要的一个参数。

（2）凸度。凸角焊缝横截面中，焊趾连线与焊缝表面之间的最大距离。

（3）凹度。凹角焊缝横截面中，焊趾连线与焊缝表面之间的最大距离。

7.2　焊接工艺要求的图示法

用视图、剖视图、断面图等表示焊缝的方法见表 7-1。

表 7-1　焊缝的图示法

图示方法	规　定	图　例
视图	视图中焊缝画法如图（a）、（b）所示。允许采用粗线（2～3 倍粗实线宽度）表示焊缝，如图（c）所示，但同一图样中，只允许采用一种视图画法。 　在表示焊缝端面的视图中，通常用粗实线绘出焊缝的轮廓。必要时，可用细实线画出焊接前的坡口形状等，如图（d）所示	（a）　　　　　（b） （c）　　　　　（d）

图示方法	规　定	图　例
剖视图或断面图	在剖视图或断面图上，焊缝的金属熔焊区，通常应涂黑表示，如图（e）所示。若同时需要表示坡口等的形状时，熔焊区部分也可用细实线画出焊接前的坡口形状，如图（f）所示	(e)　　　　　　　　(f)
轴测图	用轴测图表示焊缝的画法，如图(g)、(h)所示	(g)　　　　　　　　(h)
局部放大图	必要时，可将焊缝部位放大表示并标注，如图（i）所示	(i)
图示法中标注焊缝符号	当在图样中采用图示法绘出焊缝时，通常应同时标注焊缝符号，如图(j)、(k)所示	(j)　　　　　　　　(k)

7.3　焊接工艺要求在图样中的标注

　　在图样上标注焊接方法、焊缝形式和焊缝尺寸的代号称为焊缝符号。为了简化图样上的焊缝，一般应采用标准规定的焊缝符号表示。必要时，也可用一般的技术制图方法表示。焊缝符号应清晰表达所要说明的信息，不使图样增加更多的注解。

7.3.1　焊缝符号的组成

　　根据《焊缝符号表示法》（GB/T 324—2008）的规定，完整的焊缝符号包括基本符号、指引线、补充符号及数据等，如图7-12所示。

7.3.2　基本符号

7.3.2.1　基本符号

　　基本符号表示焊缝横截面的基本形式或特征，常用基本符号见表7-2。

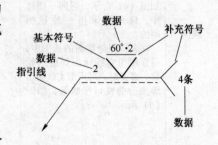

图 7-12　焊缝符号的组成

表 7-2 常用基本符号

序 号	名 称	示 意 图	符 号
1	卷边焊缝（卷边完全熔化）		八
2	I 形焊缝		‖
3	V 形焊缝		∨
4	单边 V 形焊缝		⋁
5	带钝边 V 形焊缝		Y
6	带钝边单边 V 形焊缝		⋎
7	带钝边 U 形焊缝		Ⴚ
8	带钝边 J 形焊缝		⋏
9	封底焊缝		◡
10	角焊缝		◺
11	塞焊缝或槽焊缝		⊓
12	点焊缝		○
13	缝焊缝		⊖
14	堆焊		⌒⌒

7.3.2.2 基本符号的组合

标注双面焊焊缝或接头时，基本符号可以组合使用，见表7-3。

表7-3 基本符号的组合

序 号	名 称	示 意 图	符 号
1	双面 V 形焊缝（X 焊缝）		✕
2	双面单 V 形焊缝（K 焊缝）		Ƙ
3	带钝边双面 V 形焊缝		⅄
4	带钝边双面单 V 形焊缝		ⱪ
5	双面 U 形焊缝		⅄

7.3.2.3 基本符号和指引线的位置规定

A 基本要求

在焊缝符号中，基本符号和指引线为基本要素。焊缝的准确位置通常由基本符号和指引线之间的相对位置决定，具体位置包括：箭头线的位置、基准线的位置、基本符号的位置。

B 指引线

指引线由箭头线和基准线组成，如图 7-13（a）所示。加了尾部符号的指引线如图 7-13（b）所示。

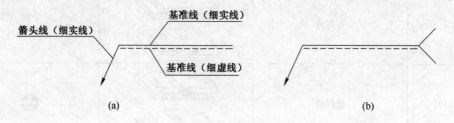

图 7-13 指引线
（a）基本指引线；（b）加了尾部符号的指引线

（1）箭头线。焊缝符号的箭头线用细实线绘制。箭头直接指向的接头侧为"接头的箭头侧",与之相对的则为"接头的非箭头侧",如图7-14所示。

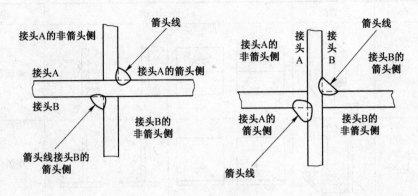

图 7-14 箭头线

（2）箭头线的位置。箭头线相对焊缝的位置一般没有特殊要求，但是在标注⌴、⌴、⌴形焊缝时，箭头线应指向带有坡口一侧的工件（见图7-15）。

（3）基准线。焊缝符号的基准线由两条相互平行的细实线和细虚线组成如图7-13（a）所示。基准线一般应与图样的底边相平行；必要时也可与底边垂直。实线和虚线的位置可根据需要互换。

（4）基本符号与基准线的相对位置。为了能在图样上确切地表示焊缝的位置，基本符号相对基准线的位置规定如下：基本符号在实线侧时，表示焊缝在箭头侧，如图7-16（a）所示；基本符号在虚线侧时，表示焊缝在非箭头侧，如图7-16（b）所示；对称焊缝允许省略虚线，如图7-16（c）所示；在明确焊缝分布位置的情况下，有些双面焊缝也可省略虚线，如图7-16（d）所示。

图 7-15 箭头线的位置

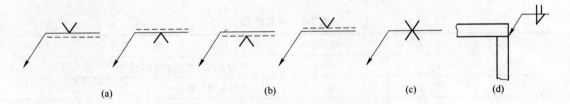

| (a) | (b) | (c) | (d) |

图 7-16 基本符号与基准线的相对位置

7.3.2.4 基本符号的标注示例

基本符号的标注示例见表7-4。

表 7-4 基本符号的标注示例

序号	符号	示意图	标 注 示 例				说 明
1	∨						焊缝在箭头侧

序号	符号	示意图	标 注 示 例	说 明
2	Y			焊缝在箭头侧
3	△			焊缝在箭头侧
4	X			对称焊缝在箭头侧或非箭头侧
5	K			对称焊缝在箭头侧或非箭头侧

7.3.3 补充符号

补充符号用来补充说明有关焊缝或接头的某些特征（如表面形状、衬垫、焊缝分布、施焊地点等）。补充符号见表 7-5。

表 7-5 补充符号

序号	名 称	符 号	说 明
1	平 面	——	焊缝表面通常经过加工后平整
2	凹 面	⌣	焊缝表面凹陷
3	凸 面	⌢	焊缝表面凸起
4	圆滑过渡		焊趾处过渡圆滑
5	永久衬垫	M	衬垫永久保留
6	临时衬垫	MR	衬垫在焊接完成后拆除
7	三面焊缝	⊏	三面带有焊缝
8	周围焊缝	○	沿着工件周边施焊的焊缝 标注位置为基准线与箭头线的交点处
9	现场焊缝	⚑	在现场焊接的焊缝
10	尾 部	<	可以表示所需的信息

7.3.3.1　补充符号的应用示例

补充符号的应用示例见表 7-6。

表 7-6　补充符号的应用示例

序　号	名　　称	符　号	示　意　图
1	平齐的 V 形焊缝		
2	凸起的双面 V 形焊缝		
3	凹陷的角焊缝		
4	平齐的 V 形焊缝 和封底焊缝		
5	表面过渡平滑的角焊缝		

7.3.3.2　补充符号的标注示例

补充符号的标注示例见表 7-7。

表 7-7　补充符号的标注示例

序号	符号	示意图	标　注　示　例	说　明
1				箭头侧为平齐 V 形焊缝，非箭头侧 为封底焊缝
2				箭头侧和非箭头 侧均为凸起的 V 形 焊缝
3				箭头侧为凹陷的 角焊缝

7.3.3.3　其他补充标注及说明

（1）周围焊缝：当焊缝围绕工件周边时，可采用圆形的符号。周
围焊缝的标注如图 7-17 所示。

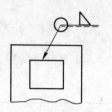

（2）现场焊缝：用一个小旗表示野外或现场焊缝。现场焊缝的表
示如图 7-18 所示。

图 7-17　周围焊缝

（3）焊接方法的标注。必要时，可在焊缝符号的尾部符号内标注焊接方法代号（见
7.3.5 节）。焊接方法的尾部标注如图 7-19 所示。

图 7-18　现场焊缝　　　　　　　　　　　　　图 7-19　焊接方法的局部标注

7.3.4　特殊焊缝的标注

表 7-8 给出了两种常用特殊焊缝的标注示例。

表 7-8　特殊焊缝标注示例

序　号	符号（名称）	示　意　图	标注示例
1	喇叭形焊缝		
2	单边喇叭形焊缝		

7.3.5　焊缝尺寸

7.3.5.1　焊缝尺寸及在焊缝符号中的标注

（1）一般要求必要时，可以在焊缝符号中标注焊缝尺寸。焊缝尺寸参见表 7-9。

表 7-9　焊缝尺寸符号

符　号	名　称	示意图	符　号	名　称	示意图
δ	工作厚度		c	焊缝宽度	
α	坡口角度		K	焊脚尺寸	
β	坡口面角度		d	点焊：熔核直径 塞焊：孔径	
b	根部间隙		n	焊缝段数	
p	钝边		l	焊缝长度	
R	根部半径		e	焊缝间距	
H	坡口深度		N	相同焊缝数量	
S	焊缝有效厚度		h	余高	

　　（2）标注规则。尺寸在焊缝符号中的标注方法如图 7-20 所示。标注规则如下（当箭头线方向改变时，下列规则不变）：焊缝横截面的尺寸标注在基本符号的左侧；焊缝长度方向的尺寸标注在基本符号的右侧；坡口角度、坡口面角度、根部间隙的尺寸标注在基本符号的上方或下方；相同焊缝数量（N）标注在尾部；焊接方法等也可标注在尾部，尾部符号内可以标注的内容和次序见下文的规定；当需要标注的尺寸数据较多容易引起误解时，应在尺寸数据前标注相应的焊缝尺寸符号。

　　（3）焊缝符号尾部标注内容的次序。尾部需要标注的内容较多时，可参照如下次序排

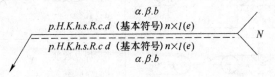

图 7-20　尺寸在焊缝符号中的标注方法

列，且每个款项应用斜线"／"分开：相同焊缝数量；焊接方法代号；缺欠质量等级（按照 GB/T 19418 的规定）；焊接材料（按照相关焊接材料标准）。

7.3.5.2　焊缝尺寸的标注示例

表 7-10 给出了焊缝尺寸的标注示例。

表 7-10　焊缝尺寸的标注示例

序号	名称	示　意　图	焊缝尺寸符号	示　例
1	对接焊缝		S：焊缝有效厚度	$S \vee$ $S \parallel$ $S \curlyvee$
2	连续角焊缝		K：焊脚尺寸	$K \triangle$
3	断续角焊缝		l：焊缝长度 e：间距 n：焊缝段数 K：焊脚尺寸	$K \triangle n \times l(e)$
4	交错断续 角焊缝		l：焊缝长度 e：间距 n：焊缝段数 K：焊脚尺寸	$\dfrac{K}{K} \triangleright \dfrac{n \times l}{n \times l} \dfrac{(e)}{(e)}$
5	塞焊缝或 槽焊缝		l：焊缝长度 e：间距 n：焊缝段数 c：槽宽	$c \sqcup n \times l(e)$
			e：间距 n：焊缝段数 d：孔径	$d \sqcup n \times (e)$
6	点焊缝		n：焊点数量 e：焊点距 d：熔核直径	$d \bigcirc n \times (e)$

序号	名称	示　意　图	焊缝尺寸符号	示　　例
7	缝焊缝		l: 焊缝长度 e: 间距 n: 焊缝段数 c: 焊缝宽度	$c \bigoplus n \times l(e)$

7.3.5.3 关于焊缝尺寸的其他规定

（1）确定焊缝位置的尺寸不在焊缝符号中标注，应将其标注在图样上。

（2）在基本符号右侧无任何尺寸标注和其他说明时，表示焊缝在工件的整个长度方向上连续。

（3）在基本符号的左侧无任何尺寸标注又无其他说明时，表示对接焊缝应完全焊透。

（4）塞焊缝、槽焊缝带有斜边时，应标注其底部的尺寸。

7.3.5.4 焊接方法代号

每种焊接工艺方法可通过代号加以识别。焊接及相关工艺方法一般采用三位数代号表示。其中，一位数代号表示工艺方法大类，二位数代号表示工艺方法分类，而三位数代号表示某种工艺方法。常见的焊接方法代号见表 7-11，其他代号参见 GB/T 5185—2005。在图样上焊接方法代号标注在焊缝符号指引线的尾部。

表 7-11　焊接方法代号

焊　接　方　法	代号	焊　接　方　法	代号
焊条电弧焊（手弧焊）	111	气　焊	3
埋弧焊	12	氧乙炔焊（气焊）	311
单丝埋弧焊（丝极埋弧焊）	121	摩擦焊	42
熔化极气体保护电弧焊	13	冷压焊	48
熔化极惰性气体保护焊（MIG） （含熔化极氩弧焊）	131	高能束焊	5
熔化极非惰性气体保护焊（MAG） （含二氧化碳气体保护焊）	135	非真空电子束焊	512
钨极惰性气体保护焊（TIG）（含钨极氩弧焊）	141	激光焊	52
等离子粉末堆焊	152	电渣焊	72
电阻对焊	25	硬钎焊	91

7.3.6 焊缝符号的简化标注方法

（1）当同一图样上全部焊缝所采用的焊接方法完全相同时，焊缝符号尾部表示焊接方法的代号可省略不注，但必须在技术要求或其他技术文件中注明"全部焊缝均采用××焊"等字样；当大部分焊接方法相同时，也可在技术要求或其他技术文件中注明"除图样中注明的焊接方法外，其余焊缝均采用×焊"等字样。

（2）在焊缝符号中标注交错对称焊缝的尺寸时，允许在基准线上只标注一次，如图7-21所示。

（3）当断续焊缝、对称断续焊缝和交错断续焊缝的段数无严格要求时，允许省略焊缝段数，如图7-22所示。

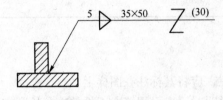

图 7-21　交错对称的焊缝尺寸

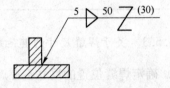

图 7-22　省略焊缝段数标法

（4）在同一图样中，当若干条焊缝的坡口尺寸和焊缝符号均相同时，可采用如图7-23所示的方法集中标；当这些焊缝同时在接头中的位置均相同时，也可采用在焊缝符号的尾部加注相同焊缝数量的方法简化标注，但其他形式的焊缝，仍需分别标注，如图7-24所示。

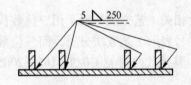

图 7-23　坡口尺寸和焊缝符号相同

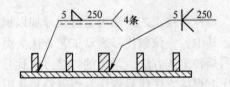

图 7-24　尾部加注

（5）当同一图样中全部焊缝相同且已用图示方法明确表示其位置时，可统一在技术要求中用符号表示或用文字说明，如"全部焊缝为5◺"；当部分焊缝相同时，也可采用同样的方法表示，但剩余焊缝应在图样中明确标注。

（6）为了简化标注方法，或者标注位置受到限制时，可以标注焊缝简化代号，但必须在该图样下方或在标题栏附近说明这些简化代号的意义（见图7-25）。当用简化代号标注焊缝时，在图样下方或标题栏附近的代号和符号应是图形上所注代号和符号的1.4倍（见图7-25）。

（7）在不致引起误解的情况下，当箭头线指向焊缝，而非箭头侧又无焊缝要求时，允许省略非箭头侧的基准线（虚线），如图7-26所示。

（8）当焊缝长度的起始和终止位置明确（已由构件的尺寸等确定）时，允许在焊缝

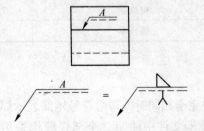

图 7-25　焊缝简化代号

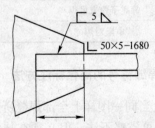

图 7-26　省略非箭头侧的基准线

符号中省略焊缝长度，如图 7-26 所示。

7.3.7　焊缝符号标注综合示例

表 7-12 给出了焊缝符号标注的综合示例。

表 7-12　焊缝符号标注综合示例

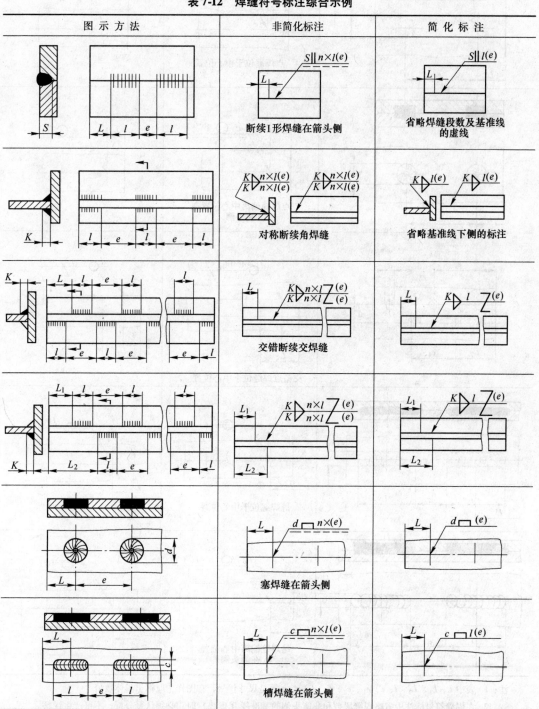

图 示 方 法	非 简 化 标 注	简 化 标 注
	断续I形焊缝在箭头侧	省略焊缝段数及基准线的虚线
	对称断续角焊缝	省略基准线下侧的标注
	交错断续交焊缝	
	塞焊缝在箭头侧	
	槽焊缝在箭头侧	

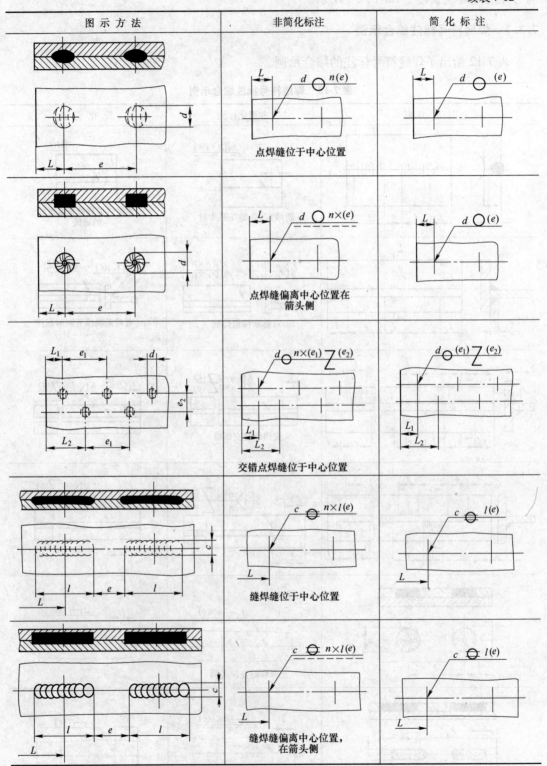

注：1. 表中 L、L_1、L_2、l、e、e_1、e_2、S、d、c、n 等是尺寸代号，在图样中应标出具体数值。

　　2. 在焊缝符号标注中省略焊缝段数和非箭头侧的基准线（虚线）时，必须认真分析，不得产生误解。

【例 7-1】 试说明图 7-27 所示焊缝符号的意义。

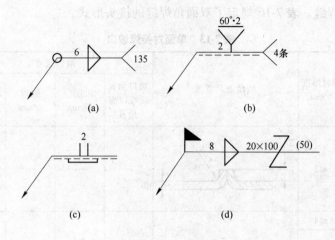

图 7-27 焊缝符号

图 7-27（a）：双面角焊缝，周围焊，焊脚尺寸 6mm，熔化极非惰性气体保护电弧焊（二氧化碳气体保护焊）。

图 7-27（b）：单面 Y 形坡口，坡口角度 60°，装配间隙 2mm，钝边 2mm，焊后焊缝表面须加工成与母材平齐，相同焊缝有四条。

图 7-27（c）：带垫板的对接接头，单面焊，I 形坡口，装配间隙 2mm。

图 7-27（d）：交错断续角焊缝，焊脚尺寸 8mm，焊缝长 100mm，共 20 条，焊缝之间距离 50mm，在工地焊接。

7.4 气焊、焊条电弧焊、气体保护焊和高能束焊的推荐坡口

7.4.1 焊接方法

表 7-13～表 7-16 规定的各类坡口适用于相应的焊接方法。必要时，也可采用两种以上适用方法组合焊接。焊接方法代号参见表 7-11。

7.4.2 坡口底边的打磨

从工艺角度出发，不带钝边的坡口可对其根部的底边进行打磨处理，保留一定的钝边量（2mm 以内）。

7.4.3 坡口的推荐形式和尺寸

（1）单面对接焊坡口。表 7-13 规定了单面对接焊的坡口形式和尺寸。在横焊位置焊接时，坡口角（或坡口面角）可适当加大，而且允许是非对称的。给定的间隙也适用于定位焊条件。

（2）双面对接焊坡口。表 7-14 规定了双面对接焊的坡口形式和尺寸。在横焊位置焊接时，坡口角（或坡口面角）可适当加大，而且允许是非对称的。给定的间隙也适用于定位焊条件。

（3）单面角焊缝。表 7-15 规定了单面角焊缝的接头形式。

（4）双面角焊缝。表 7-16 规定了双面角焊缝的接头形式。

表 7-13　单面对接焊坡口

坡口或接头种类	基本符号	母材厚度 t/mm	横截面示意图	坡口尺寸				适用焊接方法
				坡口角 α 或坡口面角 β	间隙 b/mm	钝边 c/mm	坡口深度 h/mm	
卷边坡口	八	≤2		—				3 111 141 512
I 形坡口	‖	≤4		—	≈t	—	—	3 111 141
		3≤t≤8			≈t			
					3≤b≤8			13
		≤1②			≈t			141①
					≤1②			52
					0			
I 形坡口（带衬垫） I 形坡口（带锁底）	—	≤100		—				51
V 形坡口（必要时加）	∨	3<t≤10		40°≤α≤60°	≤4	≤2	—	3 111 13 141
		8<t≤12		6°≤α≤8°	—			52②
陡边坡口（带衬垫）	∨	>16		5°≤α≤20°	5≤b≤15			111 13
V 形坡口（带钝边）	Y	5<t≤40		α≈60°	1≤b≤4	2≤c≤4	—	111 13 141

坡口或接头种类	基本符号	母材厚度 t/mm	横截面示意图	坡口尺寸				适用焊接方法
				坡口角 α 或坡口面角 β	间隙 b/mm	钝边 c/mm	坡口深度 h/mm	
U 形坡口	Y	>12		$8° \leqslant \beta$ $\leqslant 12°$	$\leqslant 4$	$\leqslant 3$	—	111 13 141
单边 V 形坡口	V	$3 < t \leqslant 10$		$35° \leqslant \beta$ $\leqslant 50°$	$2 \leqslant b \leqslant 4$	$1 \leqslant c \leqslant 2$	—	111 13 141

① 该种焊接方法不一定适用于整个工件厚度范围焊接。

② 需要添加焊接材料。

表 7-14 双面对接焊坡口

坡口或接头种类	基本符号	母材厚度 t/mm	横截面示意图	坡口尺寸				适用焊接方法
				坡口角 α 或坡口面角 β	间隙 b/mm	钝边 c/mm	坡口深度 h/mm	
I 形坡口	‖	$\leqslant 8$		—	$\approx t/2$	—	—	3 111
		$\leqslant 15$			0			141 512
V 形坡口（封底）	Y	$3 \leqslant t \leqslant 40$		$\alpha \approx 60°$	$\leqslant 3$	$\leqslant 2$	—	111 141
				$40° \leqslant \alpha$ $\leqslant 60°$				13
带钝边 V 形坡口（封底）	Y	$\leqslant 100$		—	—	—	—	51

坡口或接头种类	基本符号	母材厚度 t/mm	横截面示意图	坡口尺寸				适用焊接方法
				坡口角 α 或坡口面角 β	间隙 b/mm	钝边 c/mm	坡口深度 h/mm	
双 V 形坡口（带钝边）	⅀	>10		$\alpha \approx 60°$	$1 \leqslant b \leqslant 4$	$2 \leqslant c \leqslant 6$	$h_1 = h_2 = (t-c)/2$	111 141
				$40° \leqslant \alpha \leqslant 60°$	$1 \leqslant b \leqslant 3$			13
双 V 形坡口	⅍	>10		$\alpha \approx 60°$	$1 \leqslant b \leqslant 3$	$\leqslant 2$	$\approx t/2$	111 141
				$40° \leqslant \alpha \leqslant 60°$				13
非对称双 V 形坡口				$\alpha_1 \approx 60°$ $\alpha_2 \approx 60°$			$\approx t/3$	111 141
				$40° \leqslant \alpha_1 \leqslant 60°$ $40° \leqslant \alpha_2 \leqslant 60°$				13

表 7-15　角焊缝的接头形式（单面焊）

接头形式	基本符号	母材厚度 t/mm	横截面示意图	尺寸		适用的焊接方法	焊缝示意图
				角度 α	间隙 b /mm		
T 形接头	◺	$t_1 > 3$ $t_2 > 3$		$70° \leqslant \alpha \leqslant 100°$	$\leqslant 2$	3 111 141 13	
搭接				—	$\leqslant 2$	3 111 141 13	

续表 7-15

接头形式	基本符号	母材厚度 t/mm	横截面示意图	尺寸 角度 α /mm	尺寸 间隙 b /mm	适用的焊接方法	焊缝示意图
角接		$t_1 > 3$ $t_2 > 3$	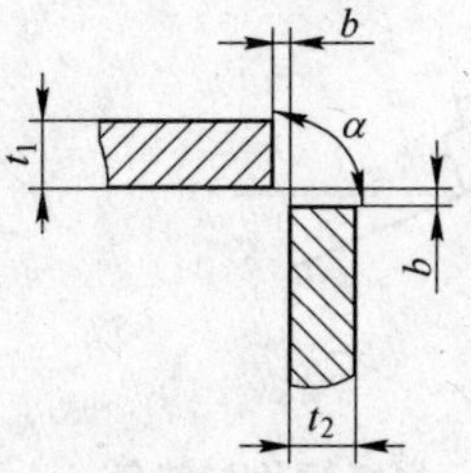	$60° \leqslant \alpha$ $\leqslant 120°$	$\leqslant 2$	3 111 141 13	

表 7-16　角焊缝的接头形式（双面焊）

接头形式	基本符号	母材厚度 t/mm	横截面示意图	尺寸 角度 α	尺寸 间隙 b /mm	适用的焊接方法	焊缝示意图
角接		$t_1 > 3$ $t_2 > 3$	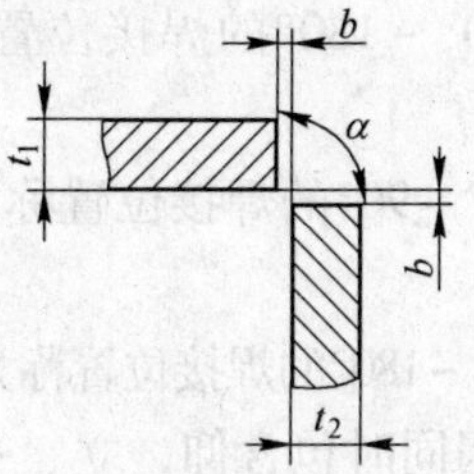	$70° \leqslant \alpha$ $\leqslant 100°$	$\leqslant 2$	3 111 141 13	
角接		$t_1 > 2$ $t_2 > 5$	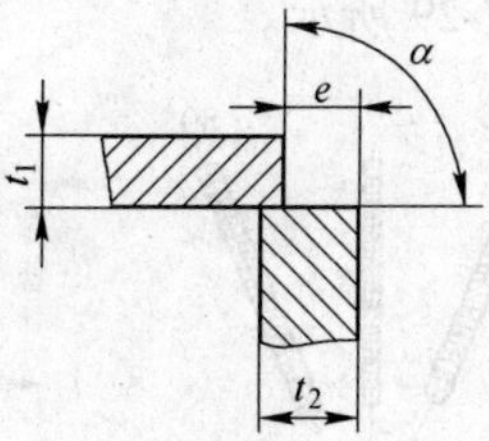	$60° \leqslant \alpha$ $\leqslant 120°$	—	3 111 141 13	
T 形接头		$2 \leqslant t_1 \leqslant 4$ $2 \leqslant t_2 \leqslant 4$	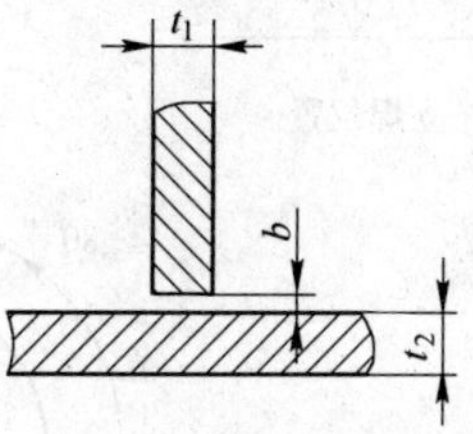	—	$\leqslant 2$	3 111 141 13	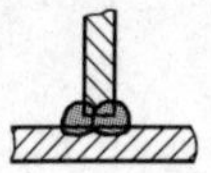
		$t_1 > 4$ $t_2 > 4$		—			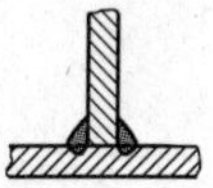

7.5 焊接位置的表示

　　熔焊时，焊件接缝所处的空间位置称为焊接位置，可用焊缝倾角和焊缝转角来表示。焊缝轴线与水平面之间的夹角称为焊缝倾角，如图 7-28 所示。通过焊缝轴线的垂直面与坡口的等分平面之间的夹角称为焊缝转角，如图 7-28 所示。根据焊缝倾角和焊缝转角大小的不同数值，可将焊接位置分为平焊、立焊、横焊和仰焊四种。

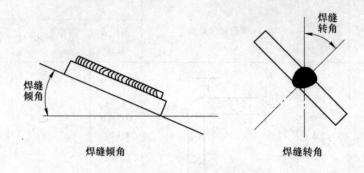

焊缝倾角　　　　　　　　　　焊缝转角

图 7-28　焊缝倾角与转角

7.5.1　平焊、立焊、横焊、仰焊和全位置焊

平焊焊缝倾角 0°～5°、焊缝转角 0°～10°的焊接位置称为平焊位置，如图 7-29 所示。在平焊位置进行的焊接就称为平焊。

立焊焊缝倾角 80°～90°、焊缝转角 0°～180°的焊接位置称为立焊位置，如图 7-29 所示。在立焊位置进行的焊接就称为立焊。

横焊焊缝倾角 0°～5°，焊缝转角 70°～90°的焊接位置称为横焊位置，如图 7-29 所示。在横焊位置进行的焊接就称为横焊。

仰焊焊缝倾角 0°～15°，焊缝转角 165°～180°的焊接位置称为仰焊位置，如图 7-29 所示。

全位置焊管子水平固定对接焊时，因同时包含仰、立、平三种焊接位置，所以称为全位置焊，也称管子的水平固定焊，如图 7-29 所示。

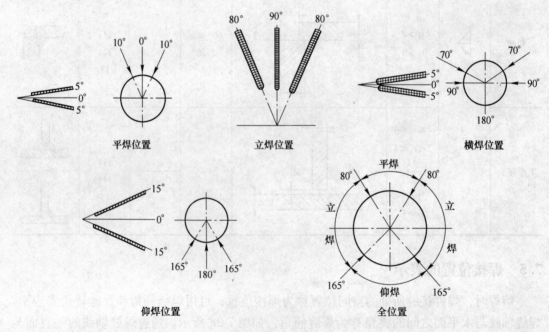

图 7-29　焊接位置

7.5.2 船形焊的优点

T形、十字形和角接接头处于平焊位置进行的焊接称为船形焊，也称平位置角焊，如图 7-30 所示。

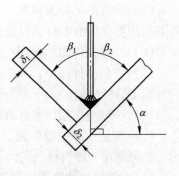

图 7-30 船形焊

船形焊相当于开 90°角 Y 形坡口内的水平对接焊，焊后焊缝成形光滑美观，一次焊成的焊脚尺寸范围较宽，对焊工的操作技能要求也较低，但一次焊成的焊缝凹度较大。调节 α 角即可调节底板和腹板内熔合面积的分配比例。当 $\delta_1 = \delta_2$ 时，取 $\alpha_1 = \alpha_2 = 45°$，当 $\delta_1 < \delta_2$ 时，取 $\alpha < 45°$，使熔合区偏于厚板一侧。

7.6 焊接件图的画法

根据焊接件结构复杂程度的不同，目前大致有两种画法。

整体式。这种画法的图上不仅表达了各零件（构件）的装配、焊接要求，而且还表达了每个零件的形状和尺寸大小以及其他加工要求，不再画零件图了。这种画法的优点是表达集中、出图快，适用于结构简单的焊接件以及修配和小批量生产。

分件式。这种画法的焊接图着重表达装配连接关系、焊接要求等，而每个零件另画零件图表达。这种画法的优点是图形清晰，重点突出，看图方便，适用于结构比较复杂的焊接件和大批量生产。

（1）在焊接件图中，各构件焊后加工的结构形状应全部画出。

（2）焊接件图中构件尺寸标注应遵守以下规定：在构件图中已标注且焊接后不再变动的尺寸，无需在焊接件图中重复标注；构件焊后还要加工的结构，应在焊接件图中再标注出焊后加工的完工尺寸。

（3）绘制在焊接件图中的构件，应在明细栏"名称"栏的构件名称后注出下料尺寸或棒料、型材的规格尺寸，棒料、型材的标准号应填写在"备注"栏中（见图 7-31）。这类构件焊接后如不再加工，则无需在焊接件图样中再标注尺寸；焊接后还需加工的，则应在焊接件图样中标注完工后尺寸。

（4）绘制在焊接件图中的构件应单独编写序号，并在明细栏的代号栏中填写"本图"（见图 7-31）。

2	本图	横梁□100×6—500			45		GB/T 6728—2002
1	本图	上板110×60×5			Q235-A		
序号	代号	名称	数量	材料	单件	总计	备注
					质量/kg		
				标题栏			

图 7-31 焊接件图的标注

（5）构件的毛坯为棒料、型材，且单独绘制构件图的，在焊接件图中名称和规格尺寸等的标注可参见图7-31，只是在"代号"栏中填写其构件图的代号。

（6）在焊接件图的标题栏的"材料标记"栏中填写"焊接件"。

（7）在焊接件图中，无论构件是否单独出构件图，在明细栏的"质量"栏中均填写构件完工后的质量。

（8）一般应选用国家标准推荐的坡口及尺寸。

（9）焊接件图中需要表示焊缝或接头时，应采用焊缝符号进行标注。特殊设计的焊缝，也可采用一般机械制图的方法表示。

（10）焊接件的绘图比例和图纸幅面的选择要适当，以主体结构能够清晰表达、尺寸和焊缝符号等能够清晰标注为度。对无法分辨的细小结构，应适当选择局部放大图，以保证两条图线间的最小空白间隙出图后在0.7mm以上。

7.7　构件图的画法

（1）每个构件一般应单独绘制构件图。

（2）构件图应画出焊接前的完工形状，并标注焊接前的尺寸：焊前需要预加工的结构应画出，并标注预加工的尺寸，该尺寸应留有焊后加工的余量；焊后不再加工的结构形状，应画出完工形状并标注完工尺寸。

（3）以下两种情况允许将构件图绘制在焊接件图样中：棒料和型材垂直切断的构件，且这些构件上没有焊接前机加工的结构；板材裁切为矩形板的构件，且构件上没有焊接前机加工的结构。

（4）构件选用棒料、型材时，应将其规定标记与构件名称一起填写在标题栏的"图样名称"栏中，并在标题栏的"材料标记"栏中填写选用棒料、型材的材料，如Q235-A等（见图7-32）。

（5）构件图标题栏的"质量"栏中，填写构件焊接前的质量。

						Q235-A			（单位名称）
标记	处数	更改文件号	签名	年、月、日					
设计					图样标记	数量	质量	比例	横梁□120×5—600 GB/T 6728—2002
校对									
审核									（图样代号）
工艺					共　张　第　张				

图7-32　构件图的标注

7.8　装配图中焊接件的画法

当绘制焊接件与其他零件的装配图时，如焊接件中各零件的剖面符号相同（见图

7-33），可作为一个整体画出（见图 7-34）。如剖面符号不相同，则应分别画出。

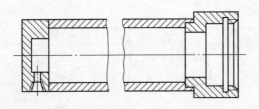

图 7-33　各零件的剖面符号相同

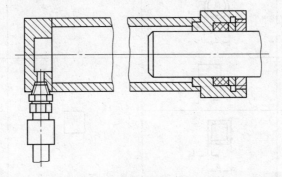

图 7-34　各零件的剖面符号不同

7.9　棒料、型材及其断面的简化注法

7.9.1　棒料、型材及其断面的标记

棒料、型材及其断面的标记由以下部分组成。名称：棒料或型材的名称，如角钢、扁钢等；也可图形代号或字母代号表示（见表 7-17 和表 7-18）；必要尺寸：棒料或型材的断面尺寸（见表 7-17 和表 7-18）；切割长度：棒料或型材的下料长度；标准编号：棒料或型材的相应国家标准编号。

7.9.2　标记示例

（1）角钢，尺寸为 50mm×50mm，长度为 1000mm。

标记为：∟ 50×50—1000　GB/T 9787—1988；

也可标记为：角钢 50×50—1000　GB/T 9787—1988。

（2）方形冷弯空心型钢，尺寸为 120mm×5mm，长度为 600mm。

标记为：□120×5—600　GB/T 6728—2002；

也可标记为：方形冷弯空心型钢 120×5—600　GB/T 6728—2002。

7.9.3　棒料及其断面的标记

棒料及其断面的标记见表 7-17。

7.9.4　型材及其断面的标记

型材及其断面的标记见表 7-18。

表 7-17　棒料及其断面的标记

棒料断面	尺寸	标记	
		图形符合	尺寸
圆形	d	⌀	d
圆形管	d　t		$d \cdot t$
方形	b	□	b
空心方形管	b　t		$b \cdot t$
扁矩形	b　h	▭	$b \cdot h$
空心扁矩形	b　h　t		$b \cdot h \cdot t$
六角形	s	⬡	s
空心六角形	s　t		$s \cdot t$
三角形	b	△	b
半圆形	b　h		$b \cdot h$

表 7-18 型材及其断面的标记

型 材	标 记		
角钢	∟	L	
T 型钢	⊤	T	
工字钢	I	I	
H 钢	H	H	
槽钢	⊏	U	特征尺寸
Z 型钢	Z	Z	
钢轨	(钢轨符号)		
球头角钢	(球头角钢符号)		
球扁钢	(球扁钢符号)		

参 考 文 献

[1] 陈祝年. 焊接工程师手册[M]. 北京: 机械工业出版社, 2006.

[2] 王新民. 焊接技能实训[M]. 北京: 机械工业出版社, 2004.

[3] 雷世明. 焊接方法与设备[M]. 北京: 机械工业出版社, 2004.

[4] 杨兵兵. 焊接实训[M]. 北京: 高等教育出版社, 2009.

[5] 曾平. 船舶材料与焊接[M]. 哈尔滨: 哈尔滨工程大学出版社, 2006.

[6] 王鸿斌. 船舶焊接工艺[M]. 北京: 人民交通出版社, 2006.

[7] 劳动和社会保障部教材办公室. 电焊工技能实训[M]. 北京: 中国劳动社会保障出版社, 2005.

[8] 许志安. 焊接技能强化训练[M]. 北京: 机械工业出版社, 2002.

[9] 邓洪军. 焊接结构生产[M]. 北京: 机械工业出版社, 2004.